新一代计算机网络

主　编　蔡政英

副主编　屈　静　熊泽平　左紫怡

科学出版社

北　京

内 容 简 介

本书系统介绍了计算机网络的前沿技术领域及最新进展，包括各类网络协议、无线互联网与 5G/6G 网络、激光通信网络、光纤通信网络、可见光通信网络、有线和无线电力线通信网络、IPv6 网络及其各类隧道技术、信息中心网络与区块链技术、QoE、Internet 2 与数据中心网络、网络安全体系、生物信息网络、量子通信网络、网络建模与仿真方法等。

本书结合"前沿技术与案例分析"进行介绍，书中含有 100 余幅图表、30 余个案例，有助于读者了解计算机网络领域的发展趋势，加深理论知识的理解和实际应用，提高复杂工程问题的分析能力、研究能力、设计/开发能力和创新思维能力，培养读者的科研视野和学术研究兴趣。

本书可作为高等院校计算机、软件工程、电子、通信、电气工程、智能电网等专业的研究生、本科生教材，工程教育专业认证系列教材，也可作为计算机技术与软件专业技术资格(水平)考试、全国计算机等级考试的培训教材，还可以作为全国研究生入学考试用书，同时可供相关领域科研人员和工程技术人员参考使用。

图书在版编目（CIP）数据

新一代计算机网络 / 蔡政英主编. — 北京：科学出版社，2022.3
ISBN 978-7-03-071504-3

Ⅰ. ①新… Ⅱ. ①蔡… Ⅲ. ①计算机网络 Ⅳ.①TP393

中国版本图书馆 CIP 数据核字(2022)第 027453 号

责任编辑：张丽花 / 责任校对：崔向琳
责任印制：张　伟 / 封面设计：迷底书装

科学出版社 出版
北京东黄城根北街 16 号
邮政编码：100717
http://www.sciencep.com
北京中科印刷有限公司 印刷
科学出版社发行　各地新华书店经销
*
2022 年 3 月第 一 版　开本：787×1092　1/16
2023 年 1 月第二次印刷　印张：15 1/2
字数：368 000

定价：79.00 元
(如有印装质量问题，我社负责调换)

前　　言

本书无论是对关心下一代计算机网络新技术的读者，还是关心计算机网络设计能力和配置技术的读者，都是一本不可多得的计算机网络实用参考书。

1. 本书特点

（1）系统性、前沿性。本书覆盖了新一代计算机网络的主要内容，包括人们非常关心的5G/6G 网络、可见光通信网络、电力线通信网络、IPv6、信息中心网络、区块链、QoE、Internet 2、生物信息网络、量子通信网络、网络建模与仿真方法等技术。本书在内容取舍上下了很大功夫，并参考了国务院学位委员会第七届学科评议组编制的《学术学位研究生核心课程指南》，可以帮助读者深入理解计算机网络研究和应用领域中的高新技术、前沿技术、建模方法与仿真工具。

（2）应用性、实践性。本书含有编者精心设计的 100 多幅图表和 30 多个案例。案例精选于全国研究生入学考试、计算机技术与软件专业技术资格（水平）考试、全国计算机等级考试、国内外著名路由器和交换机的配置案例。这些精心挑选的案例能够帮助读者理解和分析计算机网络领域的复杂工程问题，设计和配置符合要求的计算机网络方案，为从事计算机网络领域的学习、研究与开发工作打下坚实的基础。

2. 本书结构

全书共 13 章，主要内容如下：

第 1 章介绍计算机网络的发展，包括网络信息交换技术、网络分类、OSI 网络体系结构和 TCP/IP 网络体系结构等内容。

第 2 章介绍计算机网络协议和路由交换技术，包括虚拟专用网（VPN）、网络地址转换（NAT）、第三层交换技术和 MPLS 技术等。

第 3 章介绍无线互联网技术，包括 Ad hoc 网络、Wi-Fi、WiMAX、无线 Mesh 网络、移动机会网络、红外通信网络、5G/6G 网络、新空口、天线阵列、互操作技术、软件定义网络（SDN）、网络功能虚拟化（NFV）、切片分组网、物联网、蓝牙和 ZigBee 等技术。

第 4 章介绍光网络技术，包括自由空间激光通信网络、光纤通信网络、可见光通信网络、IP over SONET/SDH 和 IP over WDM 等。

第 5 章介绍电力线通信网络技术，包括有线电力线通信网络和无线电力线通信网络。

第 6 章介绍 IPv6 和各类 IPv4/IPv6 隧道技术，包括 6 over 4 隧道、手动隧道、GRE 隧道、自动兼容隧道、6 to 4 隧道、ISATAP 隧道、6PE 隧道、Teredo 隧道和隧道代理等。

第 7 章介绍信息中心网络，包括 P2P 网络、区块链、覆盖网络、内容分发网络（CDN）、内容中心网络(CCN)和命名数据网络(NDN)。

第 8 章介绍 QoE 控制，包括网络的拥塞控制技术、QoE 控制技术、网络微积分、QoS 和 QoE 的基本概念及模型。

第 9 章介绍 Internet 2 技术，包括单播路由协议的 RIP、OSPF、IS-IS、IGRP、BGP，多播路由协议，数据中心网络和云计算技术。

第 10 章介绍网络安全技术，包括网络安全体系、病毒及反病毒技术、网络攻击及入侵检测、防火墙技术、数据加密技术和网络安全协议。

第 11 章介绍生物信息网络技术，主要包括生物分子网络、神经网络和社交网络。

第 12 章介绍量子通信网络，包括量子通信协议、量子通信网络的交换技术、光学量子通信网络和量子攻击算法。

第 13 章介绍网络建模与仿真方法，主要包括排队论及网络建模、网络协议工程及形式化方法、网络仿真技术与方法。

3. 案例说明

本书案例配置过程仅为说明配置原理，不表示与某品牌产品的具体软、硬件版本严格对应，在使用过程中请以相关产品手册为准，本书所有案例设计情况与此相同。

本书的出版得到了湖北省科技重大专项"工业区块链智能合约关键技术研发与应用示范"（项目编号：2020AEA012）的资助，在此表示感谢。本书借鉴了大量参考资料，在此对相关作者表示感谢。有兴趣的读者可以对本书参考文献提供的资料进行拓展阅读和研究。

本书由蔡政英、屈静、熊泽平、左紫怡编写。董家慧子、唐思佳、杨珊珊、李蕊、高琪、杨佳、卢梦园、马喆、江珊等参与了文字录入和绘图工作，在此表示感谢。

由于编者水平有限，书中难免有疏漏之处，敬请读者批评指正。

编　者

2021 年 4 月

目　　录

第1章 绪 论

网络是图论的概念，包括节点和连接两个要素，能够表示不同节点间的相互联系。计算机网络是由若干计算机节点(如计算机、集线器、交换机或路由器等)和节点之间的连接(链路)组成的系统。在网络结构图中通常会用一朵云来表示网络。

1.1 计算机网络的发展

计算机网络的发展大致可划分为四代。

1. 第1代：以主机为核心的计算机网络

20世纪50年代末，出现了第1代以主机为核心的计算机网络，即面向终端的网络，如图1.1所示。这一代计算机网络将主机作为核心，与远程终端进行通信，可实现数据集中处理，便于维护管理，网络系统性能完全受主机约束，传输速率和通信线路利用率不高。

2. 第2代：以通信子网为核心的计算机网络

20世纪60年代中期，出现了第2代计算机网络，即以通信子网为核心的计算机网络，如图1.2所示。这一代计算机网络通过多台计算机互联形成通信子系统，再由子系统相互通信。1969年12月，美国国防部高级研究计划局建立了高级研究计划局网络(Advanced Research Projects Agency Network，ARPANet)，它是世界上第一个运营的数据包交换网络，具备现代网络的基本形态和功能，被称作全球互联网的鼻祖。1973年，英国国家物理实验室(National Physical Laboratory，NPL)开通了分组交换试验网。

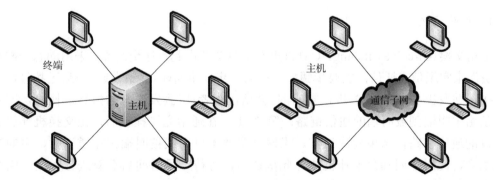

图 1.1 以主机为核心的计算机网络　　图 1.2 以通信子网为核心的计算机网络

在该阶段，瑟夫(Cerf)和卡恩(Kahn)发明了 TCP/IP 协议，传输控制协议(Transmission Control Protocol，TCP)和互联网协议(Internet Protocol，IP)是 Internet 所采用的协议族中的

两个核心协议，二人因此在 2004 年获得了美国计算机协会(Association for Computing Machinery，ACM)颁发的图灵奖(A. M. Turing Award)，被称为"互联网之父"。

3. 第 3 代：标准化的计算机网络

20 世纪 70 年代，微型计算机、工作站、小型计算机开始大量普及，对网络互联提出了更高的要求，包括资源共享、开销与通信效率等指标。这一阶段，各大公司相继推出了自己的网络体系结构，包括 IBM 公司的系统网络体系结构(Systems Network Architecture，SNA)、DEC 公司的数字网络体系结构(Digital Network Architecture，DNA)、Univac 公司的数字通信体系结构(Digital Communications Architecture，DCA)、Burroughs 公司的宝来网络体系结构(Bora Network Architecture，BNA)。此时，形成了以太网、公用数据网等标准，如 X 系列标准，以及 Web 技术与浏览器。

第 3 代计算机网络普遍使用了 4 层的 TCP/IP 系统结构，形成了事实上的互联网工业标准。1984 年，国际标准化组织(International Standardization Organization，ISO)公布了包括七个子层的开放系统互连(Open System Interconnection，OSI)概念模型，即 ISO 7498。

4. 第 4 代：全球化的计算机网络

20 世纪 90 年代以后，第 4 代计算机网络进入面向全球互联阶段。1993 年美国政府发布《国家信息基础设施行动计划》，致力于推进构建国家信息高速公路，实现网络通信的全球化、高速化和智能化。这个阶段，出现了高速以太网、无线网络、虚拟专用网(Virtual Private Network，VPN)、P2P 网络、下一代网络(Next Generation Network，NGN)等技术。世界各国通过网络互联构成了覆盖全球的 Internet(因特网)，将每个人融入了地球村(Global Village)。

1.2 网络信息交换

计算机网络的核心是网络信息交换，主要包括 3 种交换方式，即电路交换、报文交换、分组交换，如图 1.3 所示。

1. 电路交换

电路交换(Circuit Switching, CS)将报文信息全部由起点送至终点，采用动态分配传输线路资源来实现信息通信。主要步骤如下：第 1 步，主叫端(会话发起者)通过拨号请求建立连接，并发出振铃；第 2 步，被叫端(会话接收者)听到发送来的振铃后摘机，即建立了一条由主叫端到被叫端的通信链路；第 3 步，在通话完毕挂机后，由交换机释放这条使用过的通信链路，结束此次通信。当网络资源不可用或被叫端正在通话时，主叫端会收到忙音，此时主叫端只能挂机放弃此次通信，等待一段时间后重新进行呼叫。因此，在整个通信中主叫端与被叫端始终占用通信资源，直至通信结束后才会释放通信资源以供下一次通信使用。由于网络通信的随机性，电路交换的通信传输时间占比低，通信资源利用率低。

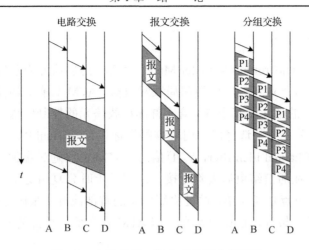

图 1.3　电路交换、报文交换和分组交换

2．报文交换

报文交换（Message Switching，MS）基于存储转发技术，即将报文通过节点传送，先存储后再查找转发表，送到下一个节点。其类似于古代的驿站转发通信和 20 世纪 40 年代的电报通信。1964 年 8 月，美国兰德（Rand）公司的巴兰（Baran）在《论分布式通信》的研究报告中首次提出了存储转发（Store and Forward）的概念，被誉为"交换机之父"。由于报文交换的周期较长，在现代通信中已经被淘汰。

3．分组交换

分组交换（Packet Switching，PS）中单个分组只是整个报文的一部分，每次将一个分组传送到相邻节点，先存储再查找转发表，送到下一个节点，直到全部报文传送完成。1966年 6 月，戴维斯（Davies）首次提出分组概念。分组交换同样采用了存储转发原理，由于使用计算机进行处理，转发速率比报文交换高。分组交换中，要发送的整个数据称为一个报文（Message），首先将报文等长分解成若干数据块作为分组或数据包（Packet），在每个数据包前面加上其控制信息，使用目的地址和源地址等作为分组首部或包头，一个分组即为一个数据通信单元。

在分组交换中存在两种计算机：一种是位于网络边缘的主机，用来处理信息和与其他主机进行网络交换；另一种是位于网络核心部分的路由器，用来进行信息分组交换。主要步骤如下：第 1 步，由一个路由器收到一个分组，并暂时将其存储；第 2 步，通过读取分组首部来查找转发表，再根据首部中的目的地址，寻找合适的接口将其转发出去，把分组交给下一个路由器；第 3 步，通过若干路由器级联将分组依次传递下去，直到交付给目的主机，完成分组交换。分组交换在网络通信过程中以断续或动态方式分配传输带宽，特别适合突发式数据通信，提高了数据交换的效率和利用率。但是，分组交换仍然存在路由器的存储转发延时和通信带宽不够的问题，路由器之间交换路由信息和路由转发表的动态创建及更新也增加了开销。

4. 异步传输模式

异步传输模式(Asynchronous Transfer Mode,ATM)是以信元为基础的一种分组交换和复用技术,特别适合多种业务的广域网和局域网通信。ATM 具有分组交换的特点,采用较小且固定长度为 53B 的信元,其中 5B 信元首部承载信元的控制信息,48B 信元体承载数据信息,信元首部部分包含了选择路由用的虚路径标识符(Virtual Path Identifier,VPI)和虚通道标识符(Virtual Channel Identifier,VCI)信息。ATM 网络通过虚通道进行通信,即在双方通信时建立连接,在通信结束后去除连接;采用异步时分复用交换方式,对通信双方的时钟没有固定要求;节点功能简单,通过检测信息的首部或标头来区分信道;转发时延小、传输效率高,且误码率极低,信道容量高。但 ATM 存在信元首部的开销,技术较复杂。

5. 多址接入

多址(Multiple Access,MA)接入是一种信道共享技术,主要包括频分多址、时分多址、码分多址、载波监听多路访问等技术。

1)频分多址

频分多址(Frequency Division Multiple Access,FDMA)可将信道带宽划分为多个互不相交的更窄的子频带,并将每个子频带分给一个用户作为专用地址,支持多用户并行通信。在 1G 蜂窝移动通信系统中,首先由通信方向基站申请频率,基站通过滤波分离信号以完成频分多址接入。卫星通信系统常设置两个频段用于双向通信,若直通电路已满,则再要求第 3 个地面站进行转接。但是,FDMA 滤波器需要一定的防护频带才可有效分离信号,而且模拟信号对频带利用率低。

2)时分多址

时分多址(Time Division Multiple Access,TDMA)采用时间片(时隙)来划分用户通信,允许多个通信方在不同的时隙使用相同的频率,由基站分离各用户的信号。在 2G 移动通信网中采用了数字信号,以及时分多址和码分多址的接入方式,由于没有频带的占用,提高了信道利用率。时分多址中,基站通过门电路分离不同用户信号,把信号分成帧,每帧又包含若干时隙。TDMA 使用纠错编码,可以进一步改善通信准确率和通信质量,但其比FDMA 更复杂。

3)码分多址

码分多址(Code Division Multiple Access,CDMA)通过不同的地址码区别通信用户,包含不同码型的信息送入基站后,通过运算将码型分离,实现多信道传输。由于 CDMA 中不同码型一般不正交,能够方便地扩充用户,提高了频带利用率及通信质量,使得码分多址成为 3G 以后新一代移动通信的主流。然而,CDMA 存在不同用户信号难以同步的问题,容易出现多址干扰。

4)载波监听多路访问

载波监听多路访问(Carrier Sense Multiple Access,CSMA)协议要求站点在发送数据之前先侦听信道；若信道空闲，则站点可发送数据；若信道忙，则站点无法发送数据。带冲突检测的载波监听多路访问(Carrier Sense Multiple Access with Collision Detection，CSMA/CD)协议是对 CSMA 协议的改进，发送站点在传输过程中继续监听媒体(介质)以检测是否发生冲突，是一种分布式控制方法和竞争型访问方法，所有节点间不存在控制与被控制关系，常用于以太网和广播型信道。带冲突避免的载波侦监听多路访问(Carrier Sense Multiple Access with Collision Avoid，CSMA/CA)也是一种避免发生各站点之间数据传输冲突的算法，其在发送数据包的同时无法检测到信道上是否有冲突，只能设法避免冲突发生，主要用于无线局域网。

1.3　计算机网络的种类

计算机网络有不同的分类方式，不同分类方式也可以互相重叠。

1. 按网络范围分类

1)广域网

广域网(Wide Area Network，WAN)，也称为远程网，是互联网的核心部分，主要负责几十千米到几千千米的远距离通信，能够通过大容量的高速链路连接相隔甚远的局域网或城域网。

2)城域网

城域网(Metropolitan Area Network，MAN)主要负责几千米到几十千米的中距离通信，能够通过中等容量的高速链路(常用光缆)连接同一城市内不同地点的局域网、主机、数据库，传输时延较小。

3)局域网

局域网(Local Area Network，LAN)主要负责 1km 以内的短距离通信，通常是一种私有网或专用网，能够将学校、企业、工厂、政府部门区域内的计算机、外设和数据库连接起来。

2. 按网络用户分类

1)公用网

公用网(Public Network)主要作为公共网络基础设施使用，面向所有公共用户，一般是由国家的邮电部门或运营商建造的大型网络，可以共享给所有的公共用户使用。

2)专用网

专用网(Private Network)主要用于企业、银行、军事、电力等部门的内部资源共享，私密性较高，仅限于内部人员访问，外部人员无权访问，因此需要额外的设施保护系统内部安全。

3. 按网络介质分类

网络介质是发送端和接收端间的数据传输媒体和通路，分为导引型传输介质和非导引型传输介质。在导引型传输介质中，信号以电磁波的形式在固体介质中传播；而非导引型传输介质中，信号是在自由环境下无线传播。

1)双绞线网络

双绞线(Twisted Pair，TP)又称双扭线，由两根互相绝缘的铜导线绞合形成，两根导线辐射的电磁波相互抵消以减小电磁干扰。双绞线支持传输模拟信号和数字信号，传输距离最远达十多千米。当使用双绞线进行长距离传输模拟信号时，需要加入放大器减少信号的衰减；当长距离传输数字信号时，需要使用中继器对数字信号进行整形，确保数据传输正确性。

根据是否使用屏蔽层，双绞线可分为非屏蔽双绞线(Unshielded Twisted Pair，UTP)和屏蔽双绞线(Shielded Twisted Pair，STP)。在STP中，使用了一层金属丝制作的屏蔽层包裹在双绞线外，提高了抗电磁干扰能力。图1.4为UTP和STP的示意图。

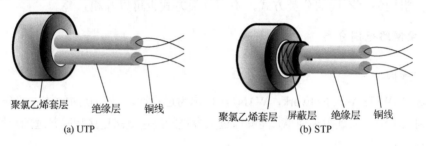

聚氯乙烯套层　　绝缘层　　铜线　　　　　聚氯乙烯套层　　屏蔽层　　绝缘层　　铜线
(a) UTP　　　　　　　　　　　　　　(b) STP

图1.4　UTP和STP的示意图

1991年，美国电子工业协会(Electronic Industries Association，EIA)和通信工业协会(Telecommunications Industries Association，TIA)联合发布了标准EIA/TIA-568，该标准称为商用建筑物电信布线标准(Commercial Building Telecommunications Cabling Standard)，对非屏蔽双绞线和屏蔽双绞线进行了规定。1995年，标准更新为EIA/TIA-568-A，规定了从1类线到5类线的UTP标准。表1.1给出了常用的绞合线的类型、带宽、特征及其应用。

表1.1　常用的绞线

绞线类型	带宽/MHz	绞线特征	应用
3	16	2对4芯双绞线	模拟电话
4	20	4对8芯双绞线	令牌局域网
5	100	绞合度高于4类线	速率低于100Mbit/s
5E	125	衰减小于5类线	速率低于1Gbit/s
6	250	串扰小于5类线	速率高于1Gbit/s
7	600	屏蔽双绞线	速率高于10Gbit/s

在双绞线传输中，传输信号的频率越高，相应的衰减越大。使用更大的功率，有助于减少噪声对信号的影响，加粗导线也有助于抑制衰减，但也增加了导线重量与成本。

2)同轴电缆网络

同轴电缆由内到外分别为内铜芯导体、绝缘层、外导体屏蔽层和绝缘保护套层，如图1.5

所示。外导体屏蔽层提高了同轴电缆的抗
干扰性，支持在无中继器环境下的相对较
长的高带宽传输。同轴电缆由于体积较大，
需要占用大量的管道空间，不易承受形变
且成本高，主要用于有线电视网。

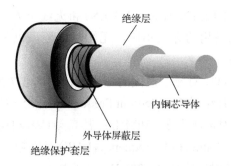

图 1.5　同轴电缆的结构

3) 光纤网络

20 世纪 60 年代，科学家高锟提出了
光纤通信理论，并因此获 2009 年诺贝尔物
理学奖。光纤通信通过控制光纤中的光脉冲实现数据通信，即在有光脉冲时记为 1，无光
脉冲时记为 0。光纤通信的发送端可以采用电光二极管或半导体激光器在电脉冲作用下产
生光脉冲，将电信号转换为光信号。接收端使用光电二极管作为光检测器，将检测到的光
信号还原成电信号。光纤一般通过采用透明的石英玻璃进行拉丝而制成，由纤芯和包层制
成双层通信圆柱体。当光波由高折射率的纤芯射向低折射率的包层时，其折射角将大于入
射角。当入射角足够大时，会出现全反射，即光线碰到
包层时就会折射回纤芯。图 1.6 为光波在光纤中传播示
意图，光在连续的全反射中沿着光纤传输下去。

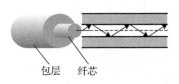

图 1.6　光波在光纤中的传播示意图

单模光纤的直径足够小，甚至只有一个光的波长，
类似一根波导。单模光纤对光源要求较高，制作工艺复
杂，成本较高，但信号衰减较小，可在 100km 无中继器
时实现 100Gbit/s 的高速率传输。多模光纤可供多条不同方向的入射光在一条光纤中传输，
可支持多路光波并行通信。由于光脉冲传输时存在展宽引起的失真，因此多模光纤只适合
短距离传输。

由于光纤直径很小，并且易碎，需要做成更结实的光缆。光缆主要由光导纤维、塑料
保护套和塑料外皮组成，包含一根至数百根光纤，还有填充物等以增强其机械强度。光纤
通信常用的波段中心分别位于 850nm、1300nm 和 1550nm 处，衰减依次减小，均具有 25000~
30000GHz 的带宽容量。光纤通信量大，传输信息损耗小；中继距离长，适合远距离传输；
抗雷电和电磁干扰性能好；无串扰，保密性好；重量轻，节约重金属；体积小，更适合
铺设。

4) 电力线通信网络

电力线和架空明线也是一种导引型传输介质，传输材料主要是铜线或铁线。在 20 世纪
初就已经出现了在电线杆上架设的互相绝缘的明线，它制作简单，但容易受到外界干扰。
随着智能电网技术的迅猛发展，电力线通信再次兴起。

5) 无线网络

无线网络指使用非导引型传输介质的网络，无须布线就能实现发送端和接收端之间的
通信。根据覆盖范围不同，无线网络可分为无线广域网（Wireless Wide Area Network，
WWAN）、无线城域网（Wireless Metropolitan Area Network，WMAN）、无线局域网（Wireless

Local Area Network，WLAN)和无线个人区域网(Wireless Personal Area Network，WPAN)。根据使用的介质不同，无线网络还可以分为微波、红外、激光、无线电磁波、可见光等网络。

ITU 对无线波段的正式名称如图 1.7 所示。低频(Low Frequency，LF)对应频率 30～300kHz；中频(Medium Frequency，MF)对应频率 300kHz～3MHz；高频(High Frequency，HF)对应频率 3～30MHz；甚高频(Very High Frequency，VHF)对应频率 30～300MHz；特高频(Ultra High Frequency，UHF)对应频率 300MHz～3GHz；超高频(Super High Frequency，SHF)对应频率 3～30GHz；极高频(Extremely High Frequency，EHF)对应频率 30～300GHz；至高频(Tremendously High Frequency，THF)对应频率 300GHz 以上。在低频(LF)以下还有几个更低的波段，一般用于水下通信。

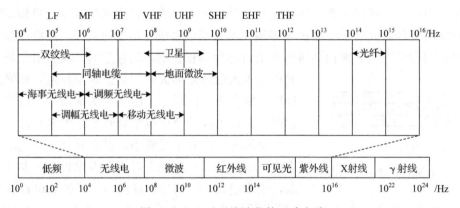

图 1.7 ITU 对无线波段的正式名称

无线通信容易受到地球表面、地形地物和气象条件的影响而导致通信距离不足，往往需要增设中继站来延伸其通信距离。短波通信和高频通信可以依靠电离层的反射来延伸通信距离。激光、微波可以穿透电离层，一般通过地面接力通信和卫星通信等方式延伸通信距离。

4. 按服务架构分类

客户端/服务器(Client/Server，C/S)架构是常见的网络服务架构。其中，服务器用于管理数据，客户端负责完成交互。分布式 Web 应用可以将业务交由 Web 或 Client/Server 应用处理，通过应用不同的模块共享逻辑组件。由于 C/S 架构没有实现完全的开放环境，所以 C/S 架构的适用性较差，在不同的操作系统中需要开发不同的网络应用。

浏览器/服务器(Browser/Server，B/S)架构对 C/S 架构做出改进，通过浏览器进行用户工作界面管理，服务器管理主要的事务逻辑，前端浏览器仅处理极少的事务逻辑，从而形成三层结构。这种架构作为一个一次性到位的开发，支持多人员、多地点、多址接入方式访问和操作相同的数据库，极大地减小了客户端压力、系统维护或升级的成本和工作量。另外，B/S 架构有一定的安全机制，能够有效地保护数据平台和管理访问权限。

5. 按管理架构分类

按管理架构分类，计算机网络可分为集中式网络和分布式网络两种，如图 1.8 所示。

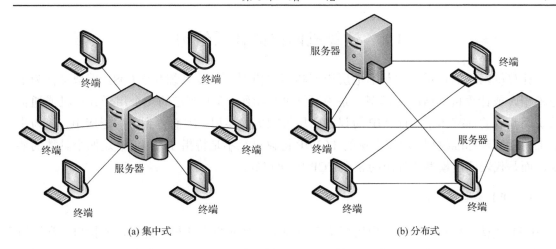

(a) 集中式　　　　　　　　　　　　　　　　(b) 分布式

图 1.8　集中式和分布式架构

　　集中式网络使用一台或多台性能优异的主计算机作为中心节点，完成所有数据的集中存储和所有业务单元的部署，数据录入和输出主要由每个终端或客户端负责。集中式网络不需要考虑多个节点的服务部署及多个节点之间的分布式协作问题，部署结构简单。

　　分布式网络没有明显的中心节点，通常使用多台计算机部署相应的硬件或软件组件，不同计算机之间需要传递消息进行通信与协调。分布式网络具有地理分布性，所有的计算机节点在空间上随机分布，并且分布情况也会随机变化，所有的计算机都没有主从关系。分布式系统还为数据服务提供了副本冗余，包括数据副本和服务副本。所有的计算机都具有发送任何形式故障报文的能力，以提高系统的可靠性。分布式网络具有程序并发性操作的能力，同一个分布式系统的多个节点能够同时运行并发进程，共享资源。分布式网络没有一个全局的时钟序列，进程的分布及进程之间的消息交换也是任意的。

　　6.　按拓扑结构分类

　　根据网络拓扑结构的不同，计算机有线网络可以划分为总线网、星型网、环型网，如图 1.9 所示。另外，还有树型网、网状网和混合型网。但是，在无线网络中，只有星型和网状两种拓扑结构。

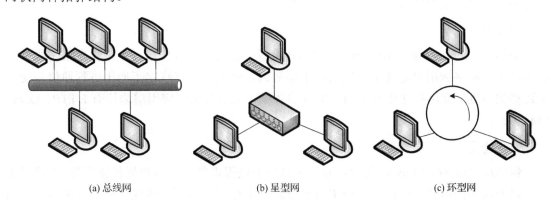

(a) 总线网　　　　　　　　　　　(b) 星型网　　　　　　　　　　　(c) 环型网

图 1.9　常见网络的拓扑结构

1.4　计算机网络的体系结构

计算机网络的体系结构包括七层模型和四层模型。开放系统互连(OSI)模型又称为七层模型，或计算机网络参考模型，是国际标准化组织(ISO)制定的一个用于计算机或通信系统间互联的标准体系。TCP/IP协议的四层模型更为实用，因而得到了广泛应用，成为事实上的互联网标准模型。现在常说的TCP/IP协议已经不是特指TCP和IP这两个具体的协议，而是代表四层模型所使用的整个TCP/IP协议族。

1. OSI 模型

OSI模型如图1.10所示。应用层位于最顶层，是网络服务与最终用户的接口，常用协议包括HTTP、FTP、TFTP、SMTP、SNMP、DNS、TELNET、HTTPS、POP3、DHCP等。表示层用于数据的表示、安全、压缩，常用协议有JPEG、ASCII、EBCDIC、加密格式等。会话层用于建立、管理、终止本地主机与远程主机的会话。传输层用于定义数据传输的协议端口号，并进行流量控制和差错校验，数据包一旦离开网卡即进入传输层，常用协议有TCP、UDP。网络层用于寻址主机逻辑地址，完成不同网络间的路由选择，常用协议有ICMP、IGMP、IP(IPv4、IPv6)。数据链路层用于建立逻辑连接、寻址硬件地址、差错校验(能发现错误但不能纠正)等，将比特(位)组合成字节，再将字节组合成帧，使用MAC地址访问介质。物理层位于最低层，用于建立、维护、断开计算机网络的物理连接。

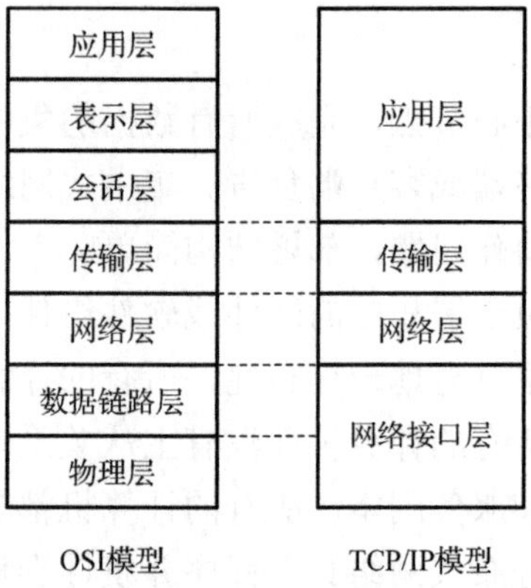

图 1.10　计算机网络体系结构

2. TCP/IP 模型

TCP/IP模型中包括应用层、传输层、网络层和网络接口层四层，有时还会将网络接口层分为数据链路层和物理层，成为五层模型。

1)应用层

应用层(Application Layer)作为TCP/IP模型中的顶层，直接运行应用程序来完成网络服务，不同网络应用中定义了不同的应用层协议。应用层协议规定了应用进程通信与交互应遵循的规则，使用报文作为应用层交互的数据单元。常见的应用层协议有HTTP、DNS、SMTP等。

2)传输层

传输层(Transport Layer)为两台通信主机中的进程提供通用的数据传输服务，传输层服务可以面向不同的网络应用，一台主机可以同时运行多个不同的进程，具有复用与分用的功能。应用层进程中的报文通过传输层进行传送，复用可使多个应用层进程共享传输层的

服务，分用可将传输层收到的信息分别运送到应用层中对应的不同进程。传输层协议主要
有 TCP、UDP。

网关(Gateway)是在网络层以上(传输层和应用层)使用的中间设备，能够翻译和转换
不同的数据链路层、会话层、表示层和应用层协议。

3) 网络层

网络层(Network Layer)为分组交换网上的不同主机提供通信服务，负责将传输层产生
的报文段或数据报封装成分组或包，并选择路由进行发送。网络层协议包括无连接的互联
网协议(IP)和许多种路由选择协议，所以网络层也称为互联网层或 IP 层。

路由器(Router)是在网络层使用的中间设备，能找到网络中最合适的传输路径，即路
由选择，可以分割冲突域和广播域。互联网是由大量的异构(Heterogeneous)网络通过路由
器相互连接起来的，源主机传输层所传下来的分组能够通过网络中的路由器找到目的主机。

4) 数据链路层

数据链路层(Data Link Layer)协议定义了两台主机之间的通信数据在数据链路层的传
输格式。由网络层发送的 IP 数据报将会被数据链路层组装成帧(Frame)，在每帧中包括传
输的数据和一些必要的控制信息，如同步信息、地址信息、差错控制等。因此，两个相邻
节点使用组装好的帧在链路上传送信息。接收端在接收一个帧后，借助控制信息分析帧中
具体的信息开始位与结束位，并提取数据部分发送给网络层。数据链路层具有差错校验功
能，当检测到差错时，数据链路层直接丢弃该帧，还可使用可靠传输协议以修正传输时出
现的差错数据。

网桥或桥接器(Bridge)是在数据链路层使用的中间设备，用于连接两个独立的、仅在
低两层有差异的子网。交换机(Switch)是一种简化的网桥，能分辨出帧中的源 MAC 地址
和目的 MAC 地址，可以分割冲突域，但不能分割广播域。

5) 物理层

物理层(Physical Layer)需要定义发送端用多大的电压来描述 0 或 1，以及接收端如何
识别接收的信号，物理层以比特为传输数据的单位。发送端发送 1 或 0 时，接收端应当收
到 1 或 0。同时，物理层还要定义连接电缆的插头的引脚数量及各引脚的连接方式。

集线器(Hub)是物理层使用的设备，类似一个多接口的转发器，每个接口通过 RJ-45
插头用两对双绞线连接一台计算机。集线器采用广播方式把数据包发送到与集线器相连的
所有节点，每个接口只是简单地转发收到的 0 或 1。当多个接口都有信号送入时，所有的
接口都将失去正确的帧，即集线器无碰撞检测，网络中各主机需要竞争集线器接口的控制
权。使用集线器的以太网在逻辑上仍是一个总线网，在物理上是一个星型网，使用
CSMA/CD 协议。

转发器(Repeater)又称为中继器或放大器，工作在物理层，用于连接两个相同类型的
网段，实现电气信号的再生放大，一般不执行信号过滤功能。

使用集线器或转发器作为中间设备时，从逻辑角度来看属于一个网络，一般不称为网络
互联。通常的网络互联指用路由器(作为一台专用路由选择的计算机)、网关进行的互联。

1.5　计算机网络的性能

1. 速率

计算机网络中的速率是指数据的传送速率，也称为数据率或比特率，单位是 bit/s(b/s，比特每秒)，是计算机网络中一个重要的指标。通常的网络速率指标是指额定速率或标称速率，而网络实际运行速率取决于网络工作情况。

2. 带宽

带宽指计算机网络具有的频带宽度，有时域表示和频域表示两种表示方式。在时域表示中，带宽用来描述网络的通信传输能力，指单位时间内信道传输的最大数据率，单位是 bit/s。在频域表示中，带宽用来描述不同频率信号所占的频率范围，单位是赫兹(Hz)。早期模拟通信的信道频率范围就是信道带宽。带宽越大，网络的最高数据率就越大。

3. 吞吐量

吞吐量是指在单位时间内通过计算机网络的实际数据量(包括上传和下载)，单位是 bit/s，它受网络带宽和额定速率的影响。吞吐量常用于网络数据流量的测量，有时还可用每秒传送的字节数或帧数来表示。

4. 时延

时延是指计算机网络数据传输过程中花费的时间，通常包含发送时延、传播时延、处理时延与排队时延。发送时延是指从发送器发送数据帧中第 1 个比特开始至最后一个比特结束的时间，描述发送数据所花费的时间，数值上等于数据帧长度与发送速率的比值。传播时延是指信息在信道中传输花费的时间，数值上等于信道长度与传播速率的比值。处理时延是指主机或路由器在接收到信息后，处理接收到的信息而花费的时间，包括数据头分析、数据提取、数据校验等的处理时延。排队时延是指分组进入路由器后需要排队等候而花费的时间。网络通信中的总时延为上述 4 种时延之和。

5. 时延带宽积

时延带宽积是将网络的传播时延与带宽做乘积所得到的物理量。假设通信链路为一个圆柱，传播时延为圆柱的长度(这里以时间为单位表示通信链路长度)，带宽为圆柱的横截面积，这时时延带宽积即为该圆柱的体积，即为链路中容纳的数据量，所以时延带宽积又可称为单位链路长度。

6. 往返时间

往返时间(Round-Trip Time，RTT)是指在计算机网络中通信双方完成一次交互所花费的时间。在网络通信中，先由发送端发送数据给接收端，发送时间等于数据长度与发送速率的比值；当接收端收到数据后，需要给发送端发送确认消息，当发送端接收到确认消息后再发送下一个数据。在这个过程中发送端就需要等待一个往返时间，此时的有效数据率等于数据长度与发送时间和往返时间的总时间的比值。

7．利用率

利用率是指网络设施的工作负荷强度，包括信道利用率和网络利用率。信道利用率是指信道中有数据传输的时间与总时间的比值。网络利用率是整个通信网络中信道利用率的加权平均。注意，信道利用率并非越高越好。因为当信道利用率提高时，相应的时延也会增大。当网络利用率趋于 1 时，网络时延将趋于无穷大。通常地，主干网中信道利用率应当低于 50%。

8．非性能指标

非性能指标包括费用或性价比、质量或可靠性、可维护性、标准化、可扩展性和兼容性等。

(1)费用或性价比。网络的性能与其价格有着关联，通常网络性能越高，其价格也越高。盲目追求性能而不顾成本是不可取的，实际工程往往需要考虑费用和性价比。

(2)质量或可靠性。它描述计算机网络的持续工作能力，通常由网络构件的质量及其组成方式决定，常用指标包括平均故障间隔时间(Mean Time Between Failure，MTBF)、平均故障修复时间(Mean Time Between Repairs，MTBR)。

(3)可维护性。它描述网络投入运营后适时进行管理和维护的能力，以确保网络性能。

(4)标准化。网络的硬件和软件设计需要参考通用的国际/国家/行业标准，以便提高互操作性，获取更广泛的技术支持(扩展、升级换代和维修)。

(5)可扩展性和兼容性。在前期设计与构造网络时应该考虑到后期的网络扩展和升级问题。可扩展性衡量网络升级更新版本的能力，兼容性衡量网络运行在更低版本或不同版本上的能力。

【案例 1.1】某月球卫星和地球接收站相距 40 万千米，每拍摄一幅 Q 比特的照片就立即将其向地球接收站发送，数据链路吞吐率为 3Mbit/s，电磁波在太空中的传播速度为每秒 30 万千米。假设该卫星发送完一幅照片后，无须等待接收站回答就开始下一次同样的拍摄和发送，忽略拍摄、发送和接收的设备时延。试求：

(1)太空数据链路的时延带宽积是多少比特？链路上每比特的带宽是多少？

(2)假设每幅照片为 Q 比特，发送完一幅照片的时间是多少秒？

(3)若拍摄一幅 10Mbit 的非压缩高清照片，则数据链路带宽应该提高到多少？

解 (1)时延带宽积为

$$\frac{40\times10^4\times10^3}{30\times10^4\times10^3}\times3\times10^6\,\text{bit} = 4\times10^6\,\text{bit} = 4\text{Mbit}$$

链路上每比特的带宽为

$$\frac{40 \times 10^4}{4 \times 10^6}\,\text{km} = 0.1\,\text{km}$$

(2) 发送完一幅照片的时间为

$$\frac{Q\,\text{bit}}{3 \times 10^6\,\text{bit/s}} = \frac{Q}{3}\,\mu\text{s}$$

(3) 数据链路带宽应为

$$10 \times 10^6\,\text{bit}\Big/ \frac{40 \times 10^4 \times 10^3}{30 \times 10^4 \times 10^3}\,\text{s} = 7.5 \times 10^6\,\text{bit/s}$$

1.6　计算机网络的应用

1. 万维网

1989 年 3 月，欧洲粒子物理研究所的科学家(2016 年图灵奖得主)蒂姆·伯纳斯·李(Tim Berners-Lee)提出了万维网。万维网(World Wide Web，WWW)是在超文本(Hypertext)系统基础上的扩充，是一个分布式的超媒体(Hypermedia)系统，既可以直接通过统一资源定位符(Uniform Resource Locator，URL)访问已知站点，也可以采用搜索引擎的方式查询未知站点。1993 年 2 月，第一个图形界面的浏览器 Mosaic 开发成功。超链接(Hyperlink)是 Web 页面区别于其他媒体的重要特征之一。

2. 搜索引擎

搜索引擎包括全文搜索引擎、分类目录搜索引擎、垂直搜索引擎和元搜索引擎。全文搜索引擎通过搜索软件在互联网上收集信息，按照一定规则建立一个在线索引数据库供用户进行查询。分类目录搜索引擎以用户输入的信息作为关键字，在索引数据库里进行直接分类查询。垂直搜索引擎也使用关键字搜索，但仅针对某一特定领域、特定人群或特定需求。元搜索引擎把用户的检索发送到多个独立的搜索引擎上，具有较高的查全率和查准率。

3. 信息推送

信息推送又称 Web 广播，在互联网上按照一定的技术标准或协议，根据用户的爱好来搜索、过滤信息，定期、自动向用户推荐所需信息，帮助用户高效发掘有价值的信息。

4. 电子邮件

1982 年，ARPANet 的电子邮件问世。电子邮件的协议包括简单邮件传送协议(Simple Mail Transfer Protocol，SMTP)[RFC 5321]和互联网文本报文格式[RFC 5322]。但 SMTP 只可传送 7 位 ASCII 码邮件，之后又提出了可支持多种类型的多用途互联网邮件扩展(Multipurpose Internet Mail Extensions，MIME)。电子邮件系统包括 3 个主要构件：用户代理、邮件服务器和邮件发送协议(如 SMTP)/邮件读取协议(如邮局协议 Post Office Protocol，POP3)。在发送电子邮件时，电子邮件将送到收件人的邮件服务器中，并将邮件送入邮箱便于收件人进行查阅，相当于建立了一个可以存放邮件的电子信箱。

5. 公告板系统

公告板系统(Bulletin Board System，BBS)又称网络论坛，是用户进行网上交流的场所。1978 年，美国两位计算机科学家 Christiansen 和 Seuss 开发的基于 Intel 8080 芯片的 CBBS/Chicago(Computerized Bulletin Board System/Chicago)是最早的一套 BBS。即时通信(Instant Messaging，IM)可帮助用户在网络上直接建立私人实时聊天和通信服务，包括大众 IM(如腾讯 QQ、微信)、商务 IM(如微软 MSN)等。

6. 博客

1997 年，Jorn Barger 创造了 weblog 这个新词。1999 年，Peter Merholz 创造了 blog(博客)这一术语。博客允许其作者在个人博客中填写和修改内容、浏览阅读博客、发表评论等。博客不仅使网民成为互联网上内容的消费者，还成为互联网上内容的生产者。微博又称微博客，记录更加灵活自由，内容简单，甚至不需要标题和段落。2006 年 3 月，博客创始人 Evan Williams 推出了最早的微博服务 Twitter。

7. 虚拟社交

社交网站(Social Networking Site，SNS)支持在线聊天、即时通信、电子邮件、撰写博客、共享、视频上传、发布广告、创建社团等。2004 年，社交网站脸书(Facebook)在美国诞生。国内流行的社交网站有微信、腾讯 QQ 等。

第 2 章 网 络 协 议

在计算机网络的信息交互中需要遵循一些规则，规范信息同步和信息交换的格式，以保证信息传输的稳定性和可靠性。网络协议（Network Protocol）是指建立计算机网络数据交换的规则、标准或约定，由三要素组成：语法（用户数据与控制信息的结构与格式，以及数据出现的顺序）、语义（用于约束控制信息、动作和响应）、同步（对事件出现顺序的说明）。注意，计算机网络的同步并非同频或同相，而是遵循特定的时序关系。

2.1 物 理 层

物理层在 OSI 模型中位于最底层，是各种计算机数据信息传输的基础。物理层的功能是控制调制解调器和数据服务单元（Data Service Unit，DSU），并以位为单位通过 WAN 和 LAN 等通信线路传输信号。物理层的工作任务实质上是确定数据终端设备接口的相关特性，通常包括以下 4 个特性。

（1）机械特性：描述数据终端设备接口的硬件外形、大小、引脚、固定方式等。

（2）电气特性：描述数据终端设备接口的电气参数，线路上的电压、电流参数。

（3）功能特性：描述接口线上不同电平代表的功能意义。

（4）过程特性：描述在各种不同的功能中，可能发生的事件的处理次序。

在计算机内部大多采用并行传输，而在通信线路上则多采用串行传输。物理层连接方式很多，包括点对点连接、点对多点连接、广播连接。物理层使用的传输介质有多种，如双绞线、同轴电缆、光纤，以及无线信道的各个波段。

计算机通过网络接口卡（Network Interface Card，NIC）、网卡或网络适配器（Network Adapter）连接到网络。网卡是一种工作在数据链路层的网络接口组件，配有处理器和存储器，具有串行/并行转换功能。网卡通过主板上的 I/O 总线来完成与计算机的（并行）通信，通过同轴电缆、光纤等传输介质来完成与局域网的（串行）通信。

2.1.1 信道复用

复用（Multiplexing）是通信领域中提高信道利用率的技术。多路复用器（Multiplexer）和分用器（Demultiplexer）是信道复用技术中的重要设备，经常成对使用。多路复用器用于在多个模拟或数字输入信号之间进行选择，被选择的信号将转发、合成到单个输出信号中。分用器是把高速信道传送过来的合成信号进行还原，并将其分别移交到原来对应的独立信道中。

1. 时分复用

时分复用（Time Division Multiplexing，TDM）用于数字信号的传输，在同一个信道中，时分复用将时域划分为好几个固定长度的循环时隙，即时分复用帧（TDM 帧）。每一路信号单独占用一个时隙来传输数据,有时也称为同步时分复用。其缺点是子信道的利用率不太高。

统计时分多路复用(Statistic TDM,STDM)是一种通信链路共享,类似于动态带宽分配(Dynamic Bandwidth Allocation,DBA),通信信道分成任意数量的可变比特率的数字信道或数据流,链路共享取决于在每个信道上传输的数据流瞬时流量需求。统计时分多路复用不是为每个 TDM 中的数据流分配相同的循环时隙,而是为每个长度可变的数据流或数据帧分配时隙(固定长度),又称为异步时分复用。因此,统计时分多路复用可以提高链路利用率,但也有额外的开销保留用户的地址信息。分组交换网络通过分组模式实现 STDM。

T1 TDM 和 E1 TDM 最初用于电话线路的数字化语音传输,现在用于同轴电缆或光纤。其中 T1 TDM 是美国标准,E1 TDM 是欧洲和中国标准,允许用户以 64Kbit/s 为单位重划信道分配。T1 TDM 链路带宽为 1.544Mbit/s,可按间隔 64Kbit/s 划分为 24 个时隙,其中 8Kbit/s 用于同步操作和系统维护。E1 TDM 链路带宽为 2.048Mbit/s,可按间隔 64Kbit/s 划分为 32 个时隙。

2. 频分复用

频分复用(Frequency Division Multiplexing,FDM)常用于无线电载波通信中,可将信道带宽分割为若干不同频带的子信道,在每个子信道均可并行传送一路信号。在 FDM 中不同频带的信道通过并行的方式来传输信号,并且它们每个频带单独传输信号,各自互不影响,也无须担心传输延时。

3. 波分复用

波分复用(Wavelength Division Multiplexing,WDM)常用于光通信中,可在一根光纤上同时传送多个不同波长的光信号,使得一根光纤上的双向通信成为可能,实现了高速、大容量的信息通信功能。

WDM 系统有 3 种波长模式,即普通波分复用、粗波分复用和密集波分复用。普通波分复用也称为带通波分复用(Bandpass Wavelength Division Multiplexing,BWDM),在一个光纤上同时使用两个普通波长,如 1310nm 和 1550nm。粗波分复用(Coarse Wavelength Division Multiplexing,CWDM)提供了 16 个通道、跨越多个传输窗口的石英光纤。密集波分复用(Dense Wavelength Division Multiplexing,DWDM)使用 c 波段(1530~1565nm)传输窗口,信道间距更密集,12.5GHz 的间距有时称为超高密度波分复用。

4. 码分复用

码分复用(Code Division Multiplexing,CDM)是一种以不同用户编码来共享信道的方法,常用的是码分多址(CDMA)。CDMA 使用了编码方案和扩频技术以确保每台发射机仅被分配一个编码,允许几台发射机在一个通信信道上同时发送信息以实现频带共享。2000年 5 月,国际电信联盟(International Telecommunication Union,ITU)确定 3G 通信的主要标准是宽带码分多址(Wideband CDMA,WCDMA)接入、码分多址接入 CDMA 2000 和时分同步码分多址(Time Division-Synchronous CDMA,TD-SCDMA)接入。2007 年,全球微波接入互操作性（World Interoperability for Microwave Access，WiMAX）成为第 4 个 3G 标准，是基于 IEEE 802.16 标准的宽带无线接入城域网（BWA-MAN）技术，也称 IEEE Wireless MAN。

CDMA 系统把每一个比特时间平均地划分成 m 个时间码片（Chip），不同站点都会被分配唯一的 m bit 码片序列。若某站点需要发送比特 1，就发送其 m bit 码片序列；若发送比特 0，就发送其码片的二进制反码。通常将码片中的 1 写成+1，0 写成−1。例如，站点 A 的 8bit 码片序列为 0011 0010，则 A 站点发送比特 1 时即发送原始码片序列（−1−1+1+1−1−1+1−1），其发送比特 0 时即发送原码片序列的反码（+1+1−1−1+1+1−1+1）。

CDMA 系统分配码片时，要求不同站点分配的码片不一样，且它们之间必须相互正交（Orthogonal）。假设向量 A 代表 A 站点的码片序列，T 表示其他站点的码片序列，有

$$A \cdot T = \frac{1}{m} \sum_{i=1}^{m} A_i T_i = 0 \tag{2.1}$$

两个码片正交要求向量 A 和 T 的规格化内积（Innerproduct）为 0，一个码片向量和该码片反码向量的规格化内积为−1，任何一个码片向量和该码片向量本身的规格化内积为 1。

$$A \cdot A = \frac{1}{m} \sum_{i=1}^{m} A_i A_i = \frac{1}{m} \sum_{i=1}^{m} A_i^2 = \frac{1}{m} \sum_{i=1}^{m} (\pm 1)^2 = 1 \tag{2.2}$$

2.1.2　宽带接入

1. 数字用户线 xDSL

数字用户线（Digital Subscriber Line，DSL）是以电话线为传输介质的传输技术组合，包括非对称数字用户线（Asymmetric Digital Subscriber Line，ADSL）、速率自适应数字用户线（Rate Adaptive DSL，RADSL）、高比特率数字用户线（High-bit-rate DSL，HDSL）、超高速数字用户线（Very-high-speed DSL，VDSL）、综合业务数字网数字用户线（Integrated Services Digital Network DSL，ISDN DSL），以及对称数字用户线（Symmetric DSL，SDSL）等。新一代的技术还包括多虚拟数字用户线（Multiple Virtual DSL，MVDSL）和超高速数字用户线（Ultrahigh-bit-rate DSL，UDSL）。

（1）非对称数字用户线（ADSL）带宽和比特率是不对称的，下行比上行更大。ADSL 线路通常在接入多路复用器（DSLAM）处使用 DSL 滤波器（即分离器）隔离频带，从而将一条电话线同时用于 ADSL 服务和电话呼叫。ADSL 的接入网络的设备主要有 ADSL 调制解调器和分离器，通常是配对使用的。更新的高速 G.fast 可以支持高于 500Mbit/s 的接入速率。

（2）速率自适应数字用户线（RADSL）允许因特网服务提供方（Internet Service Provider，ISP）根据实际带宽需求情况对带宽参数进行调整，使用一对双绞线。RADSL 的下行传输速率为 640Kbit/s～12Mbit/s，上行传输速率为 128Kbit/s～1Mbit/s，支持数据与语音同步传输。

（3）高比特率数字用户线（HDSL）支持 $N \times 64$Kbit/s 多种速率，最高可达 E1 速率，数据传输使用两对双绞线，无须使用放大器便可实现 3.6km 以内的高速数据传输。

（4）超高速数字用户线（UDSL）是 xDSL 技术中传输速率最快的一种，可视为 ADSL 的

下一代技术，平均传输速率比 ADSL 高 5～10 倍。VDSL 可以设置成对称的或不对称的。

（5）综合业务数字网数字用户线（ISDN IDSL）与 HDSL 相似，客户端使用 ISDN 终端适配器并在另一端使用兼容 ISDN 的接口卡，可提供 ISDN 的基本速率（2B+D）或基群速率（30B+D）的双向业务，速率不低于 128Kbit/s。但有别于 ISDN，IDSL 的数据交换不通过交换机。

（6）对称数字用户线（SDSL）是 HDSL 的单线版本，仅使用一对铜双绞线，支持双向高速可变比特率连接，可支持最高达 E1 速率的多种连接速率，速率高达 2.084Mbit/s。SDSL 比 HDSL 节省一对双绞线，在 0.4mm 双绞线上的最大传输距离高达 3km。

2. 混合光纤同轴电缆网

混合光纤同轴电缆（Hybrid Fiber Coaxial，HFC）网常用于有线电视布线，也称为光纤到节点（Fiber to the Node，FTTN）网。从社区公共天线电视（Community Antenna TeleVision，CATV）系统的中心站（头端）用光纤布线，中间通过光-电转换器用同轴电缆布线到每个家庭。在 HFC 中，光纤干线提供足够的带宽，以允许将来扩展新的带宽密集型服务。在当地社区，一个称为光节点的盒子将信号从光束转换为射频（Radio Frequency，RF），并通过同轴电缆线路发送给用户。通过使用频分复用，HFC 网可以承载各种服务，包括模拟电视、数字电视（SDTV 或 HDTV）、视频点播、电话和高速数据。这些系统上的服务可用 5～1000MHz 频带的 RF 信号承载。

3. FTTx

FTTx（Fiber to the x）是任何使用光纤来提供最后一公里通信（全部或部分）的本地宽带网络体系结构的通称。为充分利用光纤资源，还需要在光纤干线和用户之间铺设一段中间转换装置——光分配网（Optical Distribution Network，ODN），以便多个用户共享一根光纤干线。FTTx 包括光纤到大楼 FTTB（FTT Building）、光纤到路边 FTTC（FTT Curb）、光纤到桌面 FTTD（FTT Desk）、光纤到楼层 FTTF（FTT Floor）、光纤到户 FTTH（FTT Home）、光纤到节点 FTTN（FTT Node）、光纤到办公室 FTTO（FTT Office）、光纤到驻地 FTTP（FTT Premises），以及光纤到小区 FTTZ（FTT Zone）等。其中，FTTB、FTTF、FTTH、FTTP 中的光纤一直铺设到房屋/建筑物；而 FTTC、FTTD、FTTO、FTTN 中的光纤铺设到机柜/节点，再使用铜线、电线完成连接。

FTTx 是驱动下一代访问（Next Generation Access，NGA）的关键技术，通常是不对称的，其下载速度为 24Mbit/s 以上，而上传速度则低于下载速度。2014 年，英国通信管理局（Office of Communications）定义 NGA 为超高速宽带，指提供大于 30Mbit/s 最大下载速度的宽带产品，该阈值被认为是当时（基于铜的）网络可支持的最大速度。

4. 无线接入

无线局域网是使用无线通信技术发送和接收数据的局域网系统，包括蜂窝移动通信、无绳电话通信、集群移动通信、卫星移动通信等。

蜂窝移动通信又称为小区制移动通信，把网络服务区划分成许多小区，即蜂窝（Cell），每个小区设置一个基站负责本小区的通信与控制，所有移动站的通信都必须通过基站进行。

　　早期的无线通信主要使用 IrDA 标准的红外通信，并广泛安装在笔记本电脑、手机、IC 公用电话上，组成本地多点分配系统(Local Multipoint Distribution System，LMDS)。

　　1999 年，电气电子工程师学会(Institute of Electrical and Electronics Engineers，IEEE) 成立了 802.16 委员会以制定无线城域网的标准。2002 年 4 月，IEEE 通过了 802.16 无线城域网的标准(又称为 IEEE 无线城域网空中接口标准)。2009 年 9 月，IEEE 正式制定了 IEEE 802.11n，用于在 2.4/5GHz 频段上实现 600Mbit/s 的最大传输速度(40MHz 通道绑定，4 个流)和 100Mbit/s 或更高的有效速度。802.11n 使用多输入多输出(Multi-Input Multi-Output，MIMO)，由多条天线和多个信道通过耦合带宽的通道耦合来提高速度和稳定性。

　　2012 年，符合 IEEE 802.11ac 草案标准的无线宽带路由器商业化，被指定为在与 IEEE 802.11a 和 IEEE 802.11n 相同的 5GHz 频带中提供千兆位吞吐量。与 IEEE 802.11n 相比，该标准得到了简化，通过采用 80MHz(基本)信道绑定、160MHz 信道绑定、80MHz+80MHz 信道绑定、256QAM 和 MU-MIMO(可选)，可以进一步提高传输速度。

2.2　数据链路层

　　数据链路层处于 OSI 模型中的物理层之上，响应来自网络层的服务请求，向物理层请求服务。数据链路层的协议数据单元称为数据链路帧，不跨越局域网的边界。数据链路层完成在同一网络层的节点之间进行本地传送帧，并说明了如何检测介质使用时发生的帧冲突和帧冲突恢复机制。数据链路层主要将网络层数据包封装为帧，实现帧同步。通常，媒体访问控制有分散控制型和集中控制型两种方式。

　　数据链路层帧的首部包含源地址和目的地址，指明哪个设备起源于该帧，以及期望哪个设备接收和处理该帧。与网络层的分层地址和路由地址不同，第 2 层数据链路层地址是平坦的，即该地址任何部分都不能用来标识该地址所属的逻辑或物理组。

　　数据链路层又可以分为两个子层：逻辑链路控制(Logical Link Control，LLC)子层和媒体访问控制(Medium Access Control，MAC)子层，如图 2.1 所示。

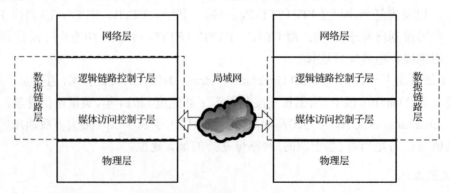

图 2.1　数据链路层的两个子层

　　逻辑链路控制(LLC)子层是复用在数据链路层上运行的协议，提供数据链接的地址机制和控制机制，规定传输介质(媒体)上的站点地址方式和收发装置之间数据交换的控制方式。逻辑链路控制子层负责差错控制和流量控制，如数据链路层的自动重传请求(Automatic

Repeat Request，ARQ)、物理层提供的前向纠错(Forward Error Correction，FEC)，以及包括网络层在内的所有层提供的错误检测和数据包取消。在无线网络和电话网络的调制解调器中提供了数据链路层错误控制和流量控制，如错误数据包的 ARQ，但一般不用于以太网。

媒体访问控制(MAC)子层用于通道访问控制的多种访问协议，如用于以太网总线网络和集线器网络中冲突检测和重传的 CSMA/CD 协议，或用于无线网络中避免冲突的 CSMA/CA 协议。媒体访问控制子层也可描述为任何时间点对介质访问权的子层，负责物理寻址(MAC 寻址)和 LAN 交换(数据包交换)，充当逻辑链路控制子层和网络层、物理层之间的接口，包括 MAC 过滤、生成树协议(Spanning Tree Protocol，STP)和最短路径桥接(Shortest Path Bridging，SPB)。该层还负责数据包排队或调度、存储转发切换或直通切换、服务质量(QoS)控制和虚拟局域网(Virtual Local Area Network，VLAN)。

数据链路层的主要协议有点对点协议(Point-to-Point Protocol，PPP)、高级数据链路协议(High Level Data Link Protocol，HDLP)、帧中继(Frame Relay，FR)协议、以太网(Ethernet)协议和异步传输模式(ATM)。

帧中继是工作于 OSI 数据链路层的数据包交换技术，使用数据链路连接标识符(Data Link Connection Identifier，DLCI)来标识各端点，在物理网络交换虚电路(Switched Visual Circuit，SVC)上构建端到端的永久虚电路(Permanent Virtual Circuit，PVC)作为逻辑链接。PVC 通常指定承诺信息速率(Committed Information Rate，CIR)和额外信息速率(Excess Information Rate，EIR)，多个 PVC 可连接至同一个物理终端。帧中继最早于 1992 年为 X.25 协议而设计，目前正逐渐被 ATM、IP 虚拟专用网等取代。

2.2.1 媒体访问控制

MAC 子层提供了一种称为物理地址或 MAC 地址的寻址机制。设备的媒体访问控制(MAC)地址是分配给网络接口控制器的唯一标识符，也称为以太网硬件地址，用作大多数 IEEE 802 技术的网段内通信地址。在 OSI 模型内，MAC 地址位于数据链路层的媒体访问控制子层中，提供了寻址和多种访问控制机制。MAC 地址使数据包能够传输到子网中的通信伙伴，而不通过以太网之类的路由器和物理网络。对于全双工点对点通信，不需要 MAC 协议。在半双工一对一通信中，可以使用全双工仿真，并使用 MAC 子层。

MAC 地址由 IEEE 地址注册机构(Registration Authority，RA)分配。MAC 地址段中前 3 字节是分配给世界上所有制造商的，每个制造商拥有组织唯一标识符(Organizationally Unique Identifier，OUI)，即公司标识符[RFC 7042]，且该标识符固定不变。MAC 地址段中的后 3 字节称为扩展标识符，由制造商自行分配，且每一台网络适配器的地址都不允许重复。MAC 地址采用 EUI-48 地址的标准格式，一共有 6 组，每组有两个十六进制数字，共 6 字节 48 位，称为扩展的唯一标识符(Extended Unique Identifier，EUI)。EUI-48 使用连字符或者冒号分割，如 12-34-56-78-90-AB 或者 12:34:56:78:90:AB。EUI-48 不仅充当局域网的硬件地址，也能用于软件接口。

网络适配器具有过滤功能。每当接收到 MAC 帧时，网络适配器就会扫描匹配 MAC 帧中目的地址的硬件；当该地址是本站点需要的帧时，网络适配器会将它接收并处理；否则将丢弃此帧。发送到站点的帧包括 3 种：单播帧(一对一)，即适配器接收到的 MAC 目的地址与本机的 MAC 地址相同；广播帧(一对多)，即发送到广播地址(全 1 地址)的数据包能被局域网上所有计算机接收；多播帧(一对多)，即发送的帧能被局域网中某些计算机接收。

2.2.2　点对点协议

点对点协议(PPP)是国际因特网工程任务组(Internet Engineering Task Force，IETF)在1992 年制定的，经过多次修订，在 1994 年成为正式标准[RFC 1661]。PPP 协议包括 3 部分：一个封装组件，需要将 PPP 帧中的信息，即 IP 数据报封装到串行链路中传送；一个链路控制协议(Link Control Protocol，LCP)，用于配置、测试链路及设置参数；一种或多种网络控制协议(Network Control Protocol，NCP)，用于协商网络层的可选配置参数和功能，每个更高层协议都有一个 NCP。

PPP 帧的格式如图 2.2 所示，帧的开始和结束标志(F)均为 7EH。PPP 的地址域(A)和控制域(C)分别为固定值 A=FFH，C=03H。PPP 的协议域包括 2 字节，取 0021H 表示 IP 分组，取 8021H 表示网络控制数据，取 C021H 表示链路控制数据。当信息域中出现 7EH 时，则该字符转换为(7DH,5EH)两个字符；当信息域出现 7DH 时，则该字符转换为(7DH,5DH)两个字符；当信息域中出现小于 20H 的 ASCII 码控制字符时，则在该字符前加入一个 7DH 字符。PPP 帧校验序列(Frame Check Sequence，FCS)进行信息域的校验，包括 2 字节。

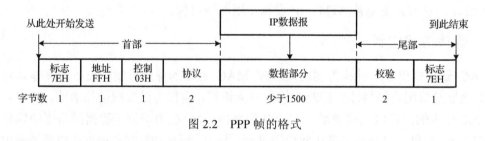

图 2.2　PPP 帧的格式

1. 串行线路互联网协议

串行线路互联网协议(Serial Line Internet Protocol，SLIP)用于通过串行通信线或电话线等低速线路将计算机内置的串行端口临时连接到 TCP/IP 网络。SLIP 无循环冗余校验(Cyclic Redundancy Check，CRC)之类的错误检测机制，常用于 Telnet 等，已被 PPP 取代。

2. 以太网上的点对点协议

以太网上的点对点协议(Point-to-Point Protocol over Ethernet，PPPoE)[RFC 2516]由UUNET、Redback Networks(现爱立信)和 Router Ware(现 Wind River Systems)开发，可将PPP 帧封装到以太网帧中，用于以太网点对点通信。PPPoE 支持身份验证和加密，使用密码认证协议(Password Authentication Protocol，PAP)，而非挑战握手认证协议(Challenge Handshake Authentication Protocol，CHAP)。

2.2.3　虚拟局域网

虚拟局域网(VLAN)可以借助局域网网段构成一种与物理位置无关的逻辑组,虚拟是指通过附加逻辑重新创建和更改的物理对象。VLAN 将标记应用于网络帧,并在网络系统中处理这些标记。VLAN 创建网络流量的外观和功能,这些流量就好像被分割到不同的网络中一样,但实际上它位于各自的单个物理网络上。VLAN 能够实现终端的分组,并使网络应用程序分离。VLAN 仅是局域网提供给用户的一种服务,而非一种新局域网。

VLAN 标志段在以太网 MAC 帧中位于源地址段和类型段之间,如图 2.3 所示。VLAN 标志段长为 4 字节,前 2 字节固定为十六进制 0x8100,也称为 802.1Q 标记类型。优先级代码点(Priority Code Point,PCP)标记发送帧的优先级,规范格式指示符(Canonical Format Indicator,CFI)标记拥塞出现时可丢弃的帧。VLAN 标识符(VLAN Identifier,VID)指定该帧所属的 VLAN 区域。使用 VLAN 的以太网帧在首部增加了 4 字节,以太网的最大帧长从原来的 1518 字节(18 字节的首部)变为 1522 字节(22 字节的首部)。

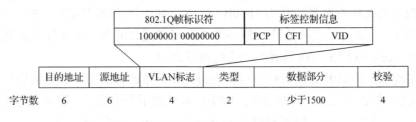

图 2.3　802.1Q 帧(包含 VLAN 标志)

2.2.4　高速以太网

高速以太网通常是物理层传输速率大于 100Mbit/s,在 1995 年引入 IEEE 802.3u 标准。常见的高速以太网有 100BASE-TX,其中,10/100/1000 指用 MHz 表示的工作频率;BASE 是指基带传输;T/F/C 表示承载信号的通信介质,双绞线为 T,光纤为 F,特制电缆为 C;最后一个字符(X/4 等)表示同一速率的不同标准,如表 2.1 所示。

表 2.1　高速以太网的标准

名称	介质	最大长度	特点	适用标准
100BASE-TX	铜缆	100m	两对 UTP5 类线或屏蔽双绞线	100Mbit/s 以太网物理层标准
100BASE-T4			四对 UTP3 类线或 5 类线	
100BASE-FX		2000m	两根光纤,发送接收各一根	
1000BASE-SX	光缆	550m	多模光纤(50μm 和 62.5μm)	吉比特以太网物理层标准
1000BASE-LX		5000m	单模光纤(10μm)、多模光纤(50μm 和 62.5μm)	
1000BASE-CX	铜缆	25m	使用两对屏蔽双绞线电缆	
1000BASE-T		100m	使用四对 UTP5 类线	
10GBASE-SR	光缆	300m	多模光纤(0.85μm)	10GE 的物理层标准
10GBASE-LR		10km	单模光纤(1.3μm)	

续表

名称	介质	最大长度	特点	适用标准
10GBASE-ER	光缆	40km	单模光纤(1.5μm)	10GE 的物理层标准
10GBASE-CX4	铜缆	15m	使用四对双芯同轴电缆(Twinax)	
10GBASE-T		100m	使用四对 6A 类 UTP	

　　在 20 世纪 70 年代早期，以太网源于施乐帕洛阿尔托研究中心(Xerox PARC)的研究成果。100BASE 运行在星型有线总线拓扑的双绞线或光缆上，类似于 IEEE 标准 802.3i(10BASE-T)，是 10BASE5(802.3) 和 10BASE2(802.3a)的演进。高速以太网设备 10BASE-T 系统向后兼容，可进行即插即用升级。如果 10BASE-T 设备本身无法自动协商，则由支持高速以太网端口的交换机和其他联网设备自动协商，检测 10BASE-T 设备并将端口设置为半双工。

　　千兆以太网(Gigabit Ethernet，GbE)，又称吉比特以太网，将速度提高到 1000Mbit/s。1998 年 6 月，IEEE 提出了最早的吉比特以太网标准，当时的标准是 IEEE 802.3z，要求使用光纤。IEEE 802.3z 有时候也称为 1000BASE-X，其中-X 指的是-CX、-SX、-LX 或(非标准)-ZX。目前，吉比特以太网是以 IEEE 802.3ab 标准定义的每秒千兆比特的速率传输以太网帧的技术，逐渐取代了有线局域网中的高速以太网。

　　10 吉比特以太网(10GE 或 10GbE)是以每秒 10 千兆比特的速率传输帧的新一代高速以太网，由 IEEE 802.3ae-2002 标准定义。10GbE 可以使用铜电缆(铜缆)或光纤电缆(光缆)。铜缆上的最大距离为 100m，但需要更高等级的电缆。10 吉比特以太网只定义全双工点对点链路，通常由网络交换机连接，没有继承前几代以太网标准中的共享介质 CSMA/CD 操作，不存在半双工操作和中继集线器。10 吉比特以太网标准包含许多不同的物理层(PHY)标准，网络设备(如交换机或网络接口控制器)可通过可插接的 PHY 模块拥有不同的 PHY 类型。

2.3　网　络　层

　　网络层向传输层提供了一种简单的、无连接的、尽可能交付的数据报服务，数据报有时也称为 IP 数据报或者分组。网络层传输数据时，发送数据报是无连接的，每个数据报单独发送，不进行编号，与它前面和后面发送的数据报并无关系。网络层不保证服务质量，也无法保证传输时间，因此，有助于简化网络路由器设备设计，运用灵活，降低成本。

2.3.1　互联网协议

　　互联网协议(IP)是 TCP/IP 体系中的网络层互联协议,瑟夫(Cerf)和卡恩(Kahn)于 1974 年提出传输控制程序中无连接数据报服务，最早是为了解决大规模异构网络的互联问题。IP 的第一个版本 IPv4 是 Internet 的主要协议，后继版本是 IPv6。IPv4 地址使用 4 段各 8 位二进制表示，每段用圆点隔开，共有 32 位二进制值。IPv6 地址使用 8 段 16 位的二进制表示，每段用冒号隔开，共有 128 位二进制值。为了表示方便，地址通常也会转换为点分十进制或冒号十六进制表示。

　　与 IP 协议配套使用的还有 3 个协议，即互联网控制报文协议(Internet Control Message

Protocol，ICMP)、互联网组管理协议(Internet Group Management Protocol，IGMP)和地址解析协议(Address Resolution Protocol，ARP)。

IP 地址充当网络通信地址的角色，通过互联网名称与数字地址分配机构(Internet Corporation for Assigned Names and Numbers，ICANN)进行分配，发送者和接收者由 IP 地址指定。全局 IP 地址首先从 Internet 注册表(如 APNIC 和 JPNIC)分配给 ISP；ISP 根据使用合同向最终用户分配 IP 地址，或将注册表分配给它们。Internet 注册表还具有分层结构，如 IANA→RIR(区域 Internet 注册表)→NIR(国家 Internet 注册表)→LIR(本地 Internet 注册表)。企业通常分配固定数量的全局 IP 地址(大多数为 4~16 个)，家庭或组织中的私有 IP 地址的分配通常由动态主机配置协议(Dynamic Host Configuration Protocol，DHCP)进行。

IP 所服务的网络层部分称为数据报。IP 协议采取的是端到端的设计原则，其任务是根据数据包头中的 IP 地址将数据包从源主机传递到目的主机，提供无连接、不可靠的、尽力而为的数据报传输服务。数据报由包括发送方和接收方地址信息的 IP 头(最少 20 个 8 位位组，最多 60 个 8 位位组)和用于存储通信内容的有效载荷组成。

IP 地址的编址方法主要有 3 个发展阶段：第 1 阶段，分类的 IP 地址，于 1981 年通过了标准协议，是最基本的编址方法；第 2 阶段，改进子网的划分，于 1985 年通过标准[RFC 950]；第 3 阶段，无分类编址方法 CIDR，于 1993 年提出，用于构成超网。

分类的 IP 地址是指把 IP 地址划分成 5 个固定类型，分别为 A、B、C、D、E 类地址，如表 2.2 所示。每类地址均包括两个固定长度的字段。前一个字段代表网络号(Net-ID)，即路由器或主机所在的网络地址，其在整个互联网中是唯一的。后一个字段代表主机号(Host-ID)，即主机或路由器的地址，且该主机号在本网络内必须唯一。

表 2.2 分类的 IP 地址

IP 地址类型	IP 地址范围	网络号	主机号
A 类	1.0.0.1~126.255.255.254	8 位(第 1 位为 0)	24 位
B 类	128.1.0.1~191.254.255.254	16 位(前 2 位为 10)	16 位
C 类	192.0.1.1~223.255.254.254	24 位(前 3 位为 110)	8 位
D 类	224.0.0.0~239.255.255.255	多播(前 4 位为 1110)	—
E 类	240.0.0.0~255.255.255.254	保留(前 4 位为 1111)	—

如表 2.2 所示，A 类、B 类和 C 类地址的网络号字段分别为 8 位、16 位和 24 位，而在网络号字段的最前面有 1~3 位的类别位。A 类、B 类和 C 类地址的主机号字段分别为 24 位、16 位和 8 位。D 类地址通常用于多播。E 类地址保留使用。从 A 类到 C 类，网络号和主机号每次以 8 位为划分边界的单元。A 类具有较短的网络号字段(8 位)和较长的主机号字段(24 位)，C 类则相反，可以划分成更多的子网，如表 2.3 所示。

在大多数网络中，A 类太大而 C 类太小，而 B 类网络却很少，仅连接 65534 台主机。为了避免子网划分方法中的 IP 地址浪费，从而出现无分类编址。可变长子网掩码(Variable Length Subnet Mask，VLSM)和无类别域间路由选择(Classless Inter-Domain Routing，CIDR)不使用固定地址类型就能完成网络号和主机号单元划分，地址划分不再固定为 8 位单元。

表 2.3　IP 地址指派范围

IP 地址类型	最大可指派的网络数	第一个可指派的网络号	最后一个可指派的网络号	每个网络中的最大主机数/台
A 类	$126(2^7-2)$	1	126	16777214
B 类	$16383(2^{14}-1)$	128.1	191.255	65534
C 类	$2097151(2^{21}-1)$	192.0.1	223.255.255	254

2.3.2　地址解析协议

地址解析协议是一种请求-响应协议，其消息由链路层协议封装。其在单个网络的边界内通信，而不是跨网络节点路由，主要将 IP 地址映射到物理地址(MAC 地址)。地址解析协议使用消息的大小取决于链路层和网络层地址的大小，消息中包含一个地址解析请求或响应。消息头指定每层的网络类型以及每层地址的大小，消息头中包含请求和答复的操作代码。数据包的有效负载由 4 个地址组成，即发送方和接收方主机的硬件与协议地址。

2.3.3　IP 数据报

IP 数据报由报头和数据两部分组成，其不同格式能够实现 IP 协议的不同功能。每个 IP 数据报必须有报头，报头长度是固定不变的 20 字节。IP 数据报共分为 12 个字段，各字段定义如下。

(1)IP 版本(Version)，占 4 位，其中，IPv4 的版本号为 4，IPv6 的版本号为 6。

(2)首部长度，占 4 位，首部长度的最小值为 5(IP 报头的固定长度是 20 字节)，最大值为 15(使用 32 位字长为单位表示数，即 4 字节)。数据部分永远从 4 字节的整数倍开始。若 IP 分组的首部长度值为 1111(即最大值 15)，其首部长度为 60 字节。若 IP 分组的首部长度不是 4 字节的整数倍，则利用最后的填充字段进行填充。

(3)服务类型(ToS，优先级)，占 8 位，指定在传输数据包时需要使用的服务，使用 8 个级别指示分组的优先级，使用 8 个分组传输队列，要求数据包到达目的地没有丢失(QoS)。1998 年，IETF 把此字段改名为区分服务(Differentiated Services，DS)，其仅在使用区分服务时才起作用。在 IPv6 数据包中，定义了流标签而不是服务类型。

(4)总长度，占 16 位，单位为字节，表示该数据报的总长度(包括 IP 报头和数据)。可知，数据报最大值为 $2^{16}-1=65535$ (字节)。

(5)标识号(Identification)，占 16 位，存储数据报计数值。IP 系统在存储器中使用一个计数器，每产生一个数据报就使计数器加 1。但是 IP 数据报的标识号并非序号。

(6)控制标志，占 3 位，用于控制分段。其最低位为 MF(More Fragment)，MF=1，表示后面还有数据报片；MF=0，表示该数据报片是最后一个。标志字段中间的一位为 DF(Don't Fragment)，即无法分片，仅当 DF=0 时才允许分片。

(7)分段偏移，占 13 位，以 8 字节为偏移单位，说明某数据报片在原分组中的相对位置。可知，每个分片的长度一定是 8 字节(64 位)的整数倍。

(8)生存时间(Time to Live，TTL)，占 8 位，表示分组的剩余时间。发送者设置报文可通过路由器的数量上限，数据报每经过一次路由器，该值减 1，当该值达到 0 时丢弃该报文。TTL 可设置为 $0\sim255(2^8-1)$，能有效防止分组在网络上无限循环。

(9)协议，占 8 位，指明数据使用何种协议。常用的有 ICMP(1)、IGMP(2)、IP(4)、TCP(6)、EGP(8)、IGP(9)、UDP(17)、IPv6(41)、ESP(50)、OSPF(89)。

(10)首部校验和(Header Checksum)，占 16 位，用于 IP 报头(不包括数据部分)错误检查，不能省略(必填项)。IP 首部的校验和没有采用 CRC。IPv6 中取消了该字段。

(11)源地址，占 32 位，设置数据报的源 IP 地址。

(12)目的地址，占 32 位，设置数据报的目的 IP 地址。

2.3.4　可变长子网掩码

可变长子网掩码(VLSM)[RFC 950]，在 IP 地址里加入了子网号字段，把两级 IP 地址转变为三级 IP 地址，IP 地址::={V 网络号,V 子网号,V 主机号}。子网掩码(Subnet Mask)即网络掩码、地址掩码，用于标识 IP 地址中的网络地址和主机地址。A 类地址的默认子网掩码是 255.0.0.0 或 0xFF00 0000；B 类地址的默认子网掩码是 255.255.0.0，或 0xFFFF 0000；C 类地址的默认子网掩码是 255.255.255.0，或 0xFFFF FF00。使用可变长子网掩码后，路由表也必须包含 3 项内容：目的网络地址、子网掩码和下一跳地址。

【案例 2.1】已知某主机 IP 地址是 192.168.10.100，子网掩码是 255.255.192.0，试求网络地址。

【解】子网掩码二进制是 11111111 11111111 11000000 00000000。

由于子网掩码的前 10 个二进制位都是 1，因此该 IP 地址 192.168.10.100 与该掩码运算后可得到网络地址 192.168.0.0。

IP地址(十进制表达)	192	168	10	100
IP地址(二进制表达)	1100 0000	1010 1000	0000 1010	0110 0100
子网掩码(二进制表达)	1111 1111	1111 1111	1100 0000	0000 0000
子网掩码和IP地址逐位相与	1100 0000	1010 1000	0000 0000	0000 0000
网络地址(十进制表达)	192	168	0	0

2.3.5　无类别域间路由选择

无类别域间路由选择(CIDR)基于可变长子网掩码(VLSM)技术，可完成任意长度的前缀分配，即任意长度前缀的可变长子网掩码技术。CIDR 地址使用一个"/"后缀来说明前缀网络地址的位数，可根据个人需求来分配 IP 地址。使用 CIDR 能够轻松将多个连续的前缀聚合成超网，也有助于减少路由表的表项数目。

IPv4 的 CIDR 地址块的表示法使用由 4 部分组成的点分十进制地址，后跟一个斜杠作为后缀，后缀后的数字是 0~32 的一个数字，即 D1.D2.D3.D4/N。后缀部分，即斜杠后面的数字指明了前缀长度，即地址从左到右被网络地址块所共享的位的个数。例如，案例 2.1 的某主机 IP 地址是 192.168.10.100，子网掩码为 255.255.192.0，即前 18 位均为网络地址，可标记为 192.168.0.0/18，其网络标识前缀有 18 位，可得到路由器地址为 192.168.0.0。

CIDR 子网中主机的地址数可以计算为 $2^{\text{地址总长度-前缀长度}} - 2$，其中 IPv4 的地址总长度是 32 位，IPv6 的地址总长度是 128 位。

注意：在划分子网时，主机号全 0 表示本机地址，全 1 表示广播地址。例如，在 IPv4 中，前缀长度 18 给出最多 2^{18} 个子网地址(部分子网地址不可用)，子网中可有 $2^{32-18} - 2$ 个主机地址。

【案例 2.2】 使用 CIDR 技术把 4 个 C 类网络 192.168.145.0/24、192.168.147.0/24、192.168.149.0/24 和 192.168.150.0/24 汇聚成一个超网，求得到的地址。

【解】 将其分别写成二进制进行与运算：

	192.168.145.0/24	**1100 0000. 1010 1000. 1001 0001. 0000 0000**
	192.168.147.0/24	**1100 0000. 1010 1000. 1001 0011. 0000 0000**
	192.168.149.0/24	**1100 0000. 1010 1000. 1001 0101. 0000 0000**
	192.168.150.0/24	**1100 0000. 1010 1000. 1001 0110. 0000 0000**
AND	192.168.144.0/21	**1100 0000. 1010 1000. 1001 0000. 0000 0000**

对应的超网地址为 192.168.144.0/21。

2.3.6 互联网控制报文协议

互联网控制报文协议(ICMP)运行在网络层，可检测以太网数据报中出现的差错或问题，并将错误通知其发送端，以便发送端及时处理。ICMP 还可协助查询主机或路由器的信息。ICMP 不会把数据信息直接传送给数据链路层，而是把数据封装到 IP 数据报中再传到数据链路层。ICMP 报文封装在 IP 数据报中作为其数据的一部分，在 IP 数据报中将 ICMP 报文协议字段设为 1。

ICMP 数据报包含一个 8 字节的报头和可变大小的数据段。报头的前 4 字节具有固定格式，分为类型、代码、校验和 3 个字段，而报头后 4 字节表示 ICMP 数据包的类型代码。ICMP 有两种类型的报文，即 ICMP 查询报文和 ICMP 差错报告报文，如表 2.4 所示。

表 2.4 ICMP 报文类型及描述

ICMP 报文类型	类型的值	描述
ICMP 查询报文	0 或 8	回送请求或回答
	13 或 14	时间戳请求或回答
ICMP 差错报告报文	3	终点不可达
	5	路由重定向
	11	超时
	12	参数问题

ICMP 查询报文有两种类型，即回送请求(Echo)或回答报文，以及时间戳(Timestamp)请求或回答报文。前者常用来测试目的主机的状态是否可达，后者用于时钟同步和时间测量。ICMP 时间戳回答报文中使用 32 位字段记录从 1900 年 1 月 1 日到当前时间经历的秒数。

ICMP 差错报告报文有 4 种类型，即终点不可达、路由重定向(Redirect)、超时(生存时间为 0 的数据报，或在预定时间内没有收到全部数据报片)、参数问题。

2.3.7 互联网组管理协议

互联网组管理协议(IGMP)是 IP 多播的组成部分,为每个端口都建立一张主机组成员表,定期查询表中的成员和主机组是否存在。IGMPv1 主要使用查询和响应机制来管理多播组成员,并定义了两种消息类型,即主机成员询问及主机成员报告。IGMPv2 增加了主机离开成员组的信息,并定义了 4 种消息类型,即成员询问、IGMPv1 成员报告、IGMPv2 成员报告和主动退出主机组。所有 IGMPv2 路由器初始化自身为查询器,并向本网段所有节点发送 IGMP 普遍组查询报文,目的地址为 224.0.0.1。当 IGMPv2 中的一个节点离开某多播组时,向本网段所有多播路由器发送离开组报文,目的地址为 224.0.0.2。IGMPv3 增强了主机的控制能力及查询和报告报文的功能,报告报文可携带一个以上的组记录,目的地址为 224.0.0.22。

2.3.8 虚拟专用网

虚拟专用网(VPN)将私有网络扩展到公共网络,使用户能够通过共享或公共网络发送和接收数据,就如同他们的计算设备直接连接到私有网络一样。为确保安全,使用加密的分层隧道协议建立私有网络连接,VPN 用户使用身份验证方法(包括密码或证书)访问 VPN。在其他应用程序中,互联网用户可以通过 VPN 保护他们的连接,以绕过地理限制和审查,或连接代理服务器以保护个人身份和位置,在互联网上进行匿名操作。

1. IP-VPN

RFC 1918 提供了一些专用地址(Private Address)用于机构的内部通信,仅可用于本地地址而无法用于互联网上的主机通信,互联网上所有路由器一律不转发以目的地址为专用地址的数据报。使用此类专用 IP 地址的互联网络称为 IP-VPN、专用网或本地互联网。2013 年 4 月,RFC 6890 给出了所有特殊用途的 IPv4 地址,包括以下 3 个专用地址块:

(1)10.0.0.0~10.255.255.255(或记为 10.0.0.0/8,又称为 24 位块)。

(2)172.16.0.0~172.31.255.255(或记为 172.16.0.0/12,又称为 20 位块)。

(3)192.168.0.0~192.168.255.255(或记为 192.168.0.0/16,又称为 16 位块)。

这 3 个专用地址块分别相当于 A 类地址、16 个连续的 B 类地址和 256 个连续的 C 类地址。这种专用 IP 地址也称为可重用地址(Reusable Address)。全球很多专用网可以使用相同的专用 IP 地址,但专用地址仅用于机构内部。Internet 上的任何路由器都不会转发专用地址,专用地址必须通过 NAT/PAT 转换,以公有 IP 的形式接入 Internet。

2. 专用封闭网络的 VPN

更复杂的机构搭建专用网有两种方法。一是租用电信公司的线路为本机构专用,构成专用封闭网络的 VPN,虽然方法简单,但租金高。二是利用公用的互联网作为专用网的通信载体,这就是虚拟专用网(VPN)。VPN 通过使用专用电路或在现有网络上使用隧道协议建立虚拟点对点连接来创建,大致分为 3 种类型:专用封闭网络的 VPN、互联网 VPN 和第 2 层 VPN。VPN 常用的协议包括 SSH/TLS(SSL)、IPsec、PPTP、L2TP、L2FP 等。

3. 互联网 VPN

互联网 VPN 使用 IPsec、PPTP、SoftEther 等协议，通过在多个站点之间封装隧道传输加密数据来执行通信，可以在 Internet 公用互联网上实现专用网通信。互联网 VPN 使用基于 LAN 的 VPN（站点对站点 VPN 连接站点对站点 VPN）连接基本 LAN，并在终端设备上安装 VPN 客户端软件。互联网 VPN 可以降低通信线路的成本，而无须 ISP 提供专用网。但是，互联网 VPN 性能取决于所使用的 Internet 和 ISP。尽管进行了加密，但是其数据传输仍然是通过 Internet 进行的，有一定的安全风险。

互联网络层安全协议（Internet Protocol Security，IPsec）通过加密和认证 IP 协议的分组来保护 IP 协议的网络传输协议族。IPsec 在 IPv4 中是可选的，在 IPv6 协议标准 RFC 6434 以前成为必选项。在 RFCs 2401～RFCs 2409 中定义了第 1 版 IPsec 协议。IPsec 主要包括认证头（Authentication Header，AH）、封装安全负载（Encapsulating Security Payload，ESP）和安全关联（Security Association，SA）。

点对点隧道协议（Point-to-Point Tunneling Protocol，PPTP）是由 Microsoft、3Com、ECI Telematies、U.S.Roboties 等多家公司为支持 VPN 而专门开发的一种隧道技术。PPTP 对点对点协议（PPP）进行了扩展，隧道内传送的是数据链路层的 PPP 协议。PPTP 隧道是基于通用路由封装（Generic Routing Encapsulation，GRE）协议[RFC 1701/RFC 1702]来建立的，但仍将其视为第 2 层隧道协议。PPTP 保持了传统的拨号终端通过网络访问服务器（Network Access Server，NAS）的 C/S 访问模式，将 NAS 拆分为拨号用户侧的 PPTP 访问控制集中器（PPTP Access Concentrator，PAC）和应用服务器侧的 PPTP 网络服务器（PPTP Network Server，PNS），并在两者间用 TCP/IP 连接来建立 GRE 隧道。

4. 第 2 层 VPN

第 2 层 VPN 技术使用支持以太网数据包的隧道通信和桥接，可实现与广域以太网相同的优势，不依赖于 IP，可借助 Internet VPN 进行低成本构建。通过使用 VPN 协议便可将虚拟 LAN 卡连接到虚拟 HUB 和现有物理 LAN，实现桥接，其使用集线器和第 3 层交换机的方式与广域以太网完全相同，甚至局域网可以通过 VPN 连接。当第 2 层 VPN 远程使用 IP 电话（Voice over Internet Protocel，VoIP）或视频会议系统时，可视为同一以太网段上的设备，实现在以太网上远程访问 LAN。第 2 层隧道协议可以利用公用数据网与用户的远程节点建立隧道，相同或不同的用户能够在多条第 2 层连接上实现安全中继。

第 2 层转发协议（Layer 2 Forwarding Protocol，L2FP）是由 Cisco 系统公司专为隧道 PPP 通信开发的隧道协议，可创建在互联网上的 VPN 连接。L2FP 协议没有提供信息加密，仅依赖于协议传输提供保密性，能在多种介质（如 IP、ATM、FR）上建立多协议的安全 VPN 通信。L2FP 链路层与用户链路层协议完全独立，其将链路层的协议全部封装起来传送。

第 2 层隧道协议（Layer 2 Tunneling Protocol，L2TP）与 PPTP 协议类似，扩展了 PPP 模型，但其第 2 层和 PPP 端点可处于不同的包交换网络中。L2TP 能够支持 IP、ATM、帧中继、X.25 等多种网络，常与 IPsec 协议组合成 L2TP/IPsec。L2TP 协议默认端口号为 UDP

1701。但是 PPTP 要求使用 IP 网络，单一隧道，且不支持包头压缩和隧道验证；而 L2TP 使用面向数据包的 PPP 连接，多重隧道，且支持包头压缩和隧道验证。

2.3.9　网络地址转换

网络地址转换(Network Address Translation，NAT)[RFC 1631]是 IETF 标准，可把内部私有网络地址转换成合法的网络 IP 地址，允许一个机构以一个公用 IP 地址出现在 Internet 上。NAT 技术可将专用 IP 地址分配给 LAN 中的主机，仅在连接到 Internet 时才使用全局 IP 地址。NAT 通过修改 IP 数据报中报头的网络地址信息，将一个 IP 地址映射到另一个 IP 地址。但是，专用网连至互联网的路由器上则需要安装 NAT 软件，该路由器称为 NAT 路由器。

IP 伪装技术可以将整个 IP 地址空间(通常是私有 IP 地址)隐藏在另一个 IP 地址空间(通常为公共地址空间)之中，隐藏地址更改为单个(公共)IP 地址作为发送 IP 数据包的源地址。因此，IP 伪装看起来不是来自隐藏主机，而是来自路由设备本身。

NAT 可分为 3 类：静态 NAT、动态 NAT、网络端口地址转换 NAT。

(1)静态 NAT(Static NAT)可以将 LAN 内部的 IP 地址静态映射到相同的外部 IP 地址，始终可以通过指定相同的 IP 地址从 LAN 外部访问内部服务器。

(2)动态 NAT(Pooled NAT)可以从预先准备的外部 IP 地址中选择 IP 地址，并将其动态映射到 LAN 内部的 IP 地址。动态 NAT 对于解决安全性和 IP 地址不足的问题很有用，但存在 IP 地址不固定的问题。

(3)网络端口地址转换 NAT(Network Port Address Translation，NPAT)或端口地址转换(Port Address Translation，PAT)采用端口多路复用(Port Multiplexing)技术或修改外出数据的源端口(Port)，可把内部网络连接映射至外部网络上一个单独 IP 地址，并在该地址上添加一个 NAT 设备确定的 TCP 端口号。PAT 可将多个内部 IP 地址映射至同一个外部 IP 地址，将整个小型网络隐藏于合法的 IP 地址之后，如 Home Gateway。NPAT 有两种转换方式：SNAT 和 DNAT。源 NAT(Source NAT，SNAT)会在数据包发送到网络之前修改数据包的源地址，可用于数据包伪装。目的 NAT(Destination NAT，DNAT)会在数据包发送到网络之前修改第 1 个数据包的目的地址，可用于负载平衡、端口转发、透明代理等。

服务器 NAT(NAT Server)是一种基于目的地址的 NAT，能够将内网服务器映射为公共网 IP 地址对外提供服务，地址转换方式包括静态 IP(Global IP)及动态 IP(接口 IP)两种。当通过静态 IP 地址配置 NAT Server 后，需使用基于接口地址的方式配置 NAT Server；当被映射的接口地址与静态 IP 地址相同时，则为冲突，NAT 不生效。

【案例 2.3】网络地址转换案例如图 2.4 所示。有两台路由器 RouterA、RouterB 和两台计算机 PC1、PC2。请使用 NAT 技术，配置为静态 NAT、动态 NAT、PAT、NAT Server 发布，将内网用户私有 IP 地址转换为公共网 IP 地址进行上网。

【解】(1)静态 NAT 配置。

```
[RouterA] interface E1/0/0                //RouterA 配置
[RouterA-E1/0/0] ip address 192.168.10.1  255.255.255.0
[RouterA] interface E2/0/0
[RouterA-E2/0/0] ip address 192.168.20.1  255.255.255.0
```

```
[RouterA] interface E3/0/0
[RouterA-E3/0/0] ip address 10.1.1.1  255.255.255.0
[RouterA-E3/0/0] nat server global 10.1.1.10  inside 192.168.20.2
                                    //NAT 转换访问公共网
[RouterA-E3/0/0] nat static enable     //启用 NAT 功能(全局或接口均可配置)
```

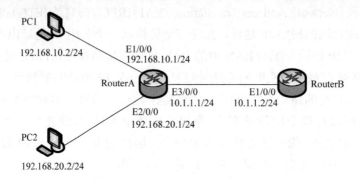

图 2.4　网络地址转换案例

除了上述接口配置方法以外，RouterA 全局配置下也可以配置静态 NAT，如下：

```
[RouterA] nat static global  10.1.1.10  inside  192.168.20.2  netmask
255.255.255.255
[RouterB] interface E1/0/0           //RouterB 配置
[RouterB-E1/0/0] ip address 10.1.1.2 255.255.255.0
                                    //RouterB 模拟 Internet 设备配置公共网 IP
```

(2)动态 NAT 配置。

```
[RouterA] acl number 100             //RouterA 配置 ACL 匹配 NAT
[RouterA-acl-basic-100] rule 1 permit source 192.168.10.0  0.0.0.7
                                    //NAT 内网 IP 地址
[RouterA-acl-basic-100] nat address-group 1 10.1.1.10 10.1.1.18
                                    //NAT 公共网地址池 1
[RouterA] interface E1/0/0
[RouterA-E1/0/0] ip address 192.168.10.1  255.255.255.0
[RouterA] interface E2/0/0
[RouterA-E2/0/0] ip address 192.168.20.1  255.255.255.0
[RouterA] interface E3/0/0
[RouterA-E3/0/0] ip address 10.1.1.1  255.255.255.0
[RouterA-E3/0/0] nat outbound 100 address-group 1 no-pat
                                    //出口方向动态 NAT，无 PAT
[RouterB] interface E1/0/0               //RouterB 配置
[RouterB-E1/0/0] ip address 10.1.1.2  255.255.255.0
[RouterB-E1/0/0] nat static enable      //RouterB 全局配置下配置静态 NAT
```

(3)端口多路复用 PAT 配置。

```
[RouterA] acl number 200                //RouterA 配置 ACL 匹配 PAT
[RouterA-acl-basic-200] rule 1 permit   //使用 ACL 匹配所有 IP 流量
[RouterA] interface E1/0/0
```

```
[RouterA-E1/0/0] ip address 192.168.10.1  255.255.255.0
[RouterA] interface E3/0/0
[RouterA-E3/0/0] ip address 10.1.1.1  255.255.255.0
[RouterA-E3/0/0] nat outbound 200          //在出口方向使用 NAT 端口复用
[RouterB] interface E1/0/0                 //RouterB 配置
[RouterB-E1/0/0] ip address 10.1.1.2  255.255.255.0
[RouterB-E1/0/0] nat static enable         //RouterB 全局配置下配置静态 NAT
```

(4)NATServer 发布内网服务器到公共网供访问。

```
[RouterA] interface E1/0/0                         //RouterA 配置
[RouterA-E1/0/0] ip address 192.168.10.1  255.255.255.0
[RouterA] interface E3/0/0
[RouterA-E3/0/0] ip address 10.1.1.1  255.255.255.0
[RouterA-E3/0/0] nat server global 10.1.1.10  inside 192.168.10.1
                                                   //发布内网 PC 到公共网
[RouterB] interface E1/0/0                         //RouterB 配置
[RouterB-E1/0/0] ip address 10.1.1.2  255.255.255.0
[RouterB-E1/0/0] nat static enable
```

2.3.10 第三层交换技术

三层交换技术，又称多层交换技术或 IP 交换技术，可在第三层实现分组的高速转发。传统的数据交换技术在 OSI 模型的第二层，即数据链路层进行。三层交换技术相当于"二层交换技术+三层转发"的有机结合，即一台具备第三层路由功能的第二层交换机。三层交换技术并非把路由器设备的硬件和软件简单地叠加在局域网交换机上。三层交换技术直接利用交换技术实现第三层功能，而第三层主要是使用第三层地址实现报文路由功能，而且报文的路由和转发采用硬件技术实现。三层交换技术还使用了快速的背板交换技术，提高了报文路由转发效率，本质上是由硬件实现的高速路由器。三层交换技术解决了传统路由器低速、复杂导致的局域网瓶颈问题，避免产生局域网划分子网之后对路由器的依赖。

2.3.11 多协议标记交换

多协议标记交换(Multi-Protocol Label Switching，MPLS)可以封装各种网络协议的包，不但支持网络层上的协议，还可兼容数据链路层技术，包括 T1/E1、ATM、帧中继和 DSL。MPLS 在帧或分组的前面附加称为标记(Label)的识别符，当分组到达交换机时，交换机(或标记交换路由器)读取分组的标记，并根据标记值来查找分组转发表，查找速度比通过检索路由表来转发分组要快。MPLS 标记交换路由器是运行 MPLS 协议的交换节点，根据其所处位置不同，可分为 MPLS 标记交换路由器(Label Switching Router，LSR)和 MPLS 标记边缘路由器(Label Edge Router，LER)。

标记交换路径(Label Switched Path，LSP)是 MPLS 网络中一个转发等价类经过的路径，即一个从入口到出口的单向路径，在功能上类似于 ATM 和 Frame Relay 的虚电路。LSP 中的每个节点均由 LSR 组成，其相邻的 LSR 称为上游 LSR 和下游 LSR。LSP 有静态 LSP 和动态 LSP 两种。其中，静态 LSP 由管理员手工配置，动态 LSP 根据标记发布协议及路由协议动态产生。基于 MPLS 的 VPN 可通过 LSP 连接私有网络的不同分支。

2.3.12 X.25

X.25 是国际电报电话咨询委员会(Consultative Committee of International Telegraph and Telephone，CCITT)提出的架构广域网的网络协议，使用电话或 ISDN 设备作为网络硬件设备。X.25 协议组包括物理层、数据链路层和分组层 3 个层次，按照 OSI 模型的数据链路层和网络层(1~3 层)来架构其实体层，有时也称为分组交换网(Packet Switched Network)。

(1)X.25 的物理层称为 X.21 接口，定义从数据终端设备(DTE)到 X.25 分组交换网中附件节点的物理和电气接口，也常用 RS232C 接口。

(2)X.25 的数据链路层定义类似帧的数据传输，使用平衡式链路访问规程(Balanced Link Access Procedure，LAP-B)作为高级数据链路控制(HDLC)协议部分。LAP-B 专为点对点连接而设计，为异步平衡方式会话提供错误检查和流控机制。

(3)X.25 的分组层相当于 OSI 模型的网络层，使用临时虚电路和永久虚电路两种电路。临时虚电路(Temporary Virtual Circuit，TVC)也称交换虚电路(Switched Virtual Circuit，SVC)，是基于呼叫建立的临时性虚电路，在数据传输会话结束后便拆除连接。永久虚电路(Permanent Virtual Circuit，PVC)是类似网络专线的固定虚电路，能直接传输数据，无须建立或拆除连接。临时虚电路和永久虚电路中每一对交换机之间至少有一条物理信道，几条虚拟连接可共享一条物理信道。

X.25 给节点缓冲区分配不同的虚电路编号，使用相邻节点之间的一对缓冲区实现一条虚电路，能够对 DTE-DCE 之间的物理链路进行多路复用和全双工通信。虚电路编号为 12 位二进制数字(0~4095)，包括 4 位组号和 8 位信道号。编号 0 的虚电路保留给诊断分组使用，其余的 4095 个编号允许一个 DTE 建立最多 4095 条虚电路。

2.4 传 输 层

网络层只为通信节点之间提供逻辑通信，而传输层则为通信节点上运行的应用进程之间提供端到端的逻辑通信，还提供面向连接的方式、可靠性、流量控制和多路复用等服务。

1. 传输层的协议

在 TCP/IP 模型中有两个主要的传输层协议，即传输控制协议(TCP)[RFC 768]和用户数据报协议(User Datagram Protocol，UDP)[RFC 793]。

(1)TCP 提供面向连接的服务，通信双方在传输前先建立连接，传输完成后释放连接。TCP 以会话形式实现一对一通信，但不提供广播或多播服务。TCP 使用了确认、流量控制、计时器、连接管理等技术，还具有纠错功能，可重发丢失的数据包。因此，TCP 是一种可靠的数据传输服务，可确保将数据从一台主机传输到另一台主机而不会出现重复或丢失。

(2)UDP 提供无连接的服务，不要求通信双方在传送数据之前先建立连接，没有明确的握手，不执行交付确认(非过程性的数据传输)，也不保证可靠性、排序或数据完整性。

UDP 主要应用于以流格式（VoIP、MPEG-TS、实时流、QuickTime 流、IP 广播等）传输音频和图像，即使在传输途中丢失数据也可以接受。UDP 和 TCP 协议的各类应用如表 2.5 所示。

表 2.5　UDP 和 TCP 协议的各类应用

应用	应用层协议	传输层协议
文件传送	文件传送协议(File Transfer Protocol，FTP)	TCP
万维网	超文本传送协议(Hypertext Transfer Protocol，HTTP)	
电子邮箱	简单邮件传送协议(SMTP)	
远程终端接入	远程终端协议(Telnet)	
域名转换	域名系统(Domain Name System，DNS)	UDP
IP 地址配置	动态主机配置协议(DHCP)	
多播	互联网组管理协议(IGMP)	
文件传送	简单文件传送协议(Trivial File Transfer Protocol，TFTP)	
远程文件服务器	网络文件系统(Network File System，NFS)	
网络时间	网络时间协议(Network Time Protocol，NTP)	
路由器选择	路由信息协议(Routing Information Protocol，RIP)	
网络管理	简单网络管理协议(Simple Network Management Protocol，SNMP)	
IP 电话	专用协议	
流式多媒体通信	专用协议	

2. 传输层的端口

协议栈层间的协议端口指的是软件端口，是各层协议进程与传输实体进行层间交互的一种地址，完全不同于路由器或交换机上的硬件端口。在 Internet 协议套件中，端口由每个 IP 地址协议中的 16 位数值指定，该数值称为端口号。

为了在程序中使用端口进行通信，套接字(Socket)作为通信路径的两端，特别是伯克利软件套件(Berkeley Software Distribution，BSD)，为每台计算机提供端到端的通信服务。套接字编程包括以下主要步骤。

第 1 步，在服务器上提供服务的应用程序创建套接字，将特定于服务的端口号分配给套接字(绑定)，准备队列(监听)，并侦听来自客户端的连接(接收)。

第 2 步，使用这项服务的客户端应用程序也创建一个套接字，并设置服务器的 IP 地址和该服务的端口号作为套接字的通信伙伴(连接)，然后进行连接。

第 3 步，服务器接受连接后，将创建一个新套接字，并和客户端之间建立通信。原始的套接字再次返回待机状态。

第 4 步，通信结束后，在第 2 步和第 3 步中创建的套接字将被破坏。

传输层的端口号可分为服务器端口号和客户端端口号两类。

(1)服务器端口号中最重要的一类称为系统端口号或熟知端口号，数值为 0～1023，均可在网址 www.iana.org 中查到。因特网编号分配机构(Internet Assigned Numbers Authority，IANA)给 TCP/IP 中最重要的应用程序分配了端口号，如表 2.6 所示。每出现一种新的应用程序，IANA 就会给其分配一个端口，确保互联网上其他应用程序能与之通信。

表 2.6　常用的端口号

应用程序	FTP	Telnet	SMTP	DNS	TFTP	HTTP	SNMP	HTTPS
默认端口号	21	23	25	53	69	80	161	443

(2) 客户端端口号仅在运行客户进程时才会动态选择，又称为短暂端口号，数值为 49152～65535。当服务器进程接收到客户进程报文时，可以查到客户进程使用的端口号，通过该端口把数据发送到客户进程。此类端口号仅留给客户进程暂时使用，在通信结束后，该客户端端口号就不再可用，转而供其他客户进程使用。

2.4.1　传输控制协议

在 1974 年 5 月，瑟夫(Cerf，原名 Gray)和卡恩(Kahn)发表了题为《分组网络互连协议》的论文，首次提出传输控制协议(TCP)。他们描述了一种使用分组通信在节点之间共享资源的互联网协议，最核心的控制组件是传输控制程序，包括主机和数据报服务之间的面向连接的服务。TCP 连接的端点不是主机 IP 地址或传输层协议端口，而是套接字或插口。RFC 793 定义套接字为点分十进制的 IP 地址后面加上端口号，两者间用冒号或逗号隔开，即套接字 socket=(IP 地址:端口号)。一条 TCP 连接可由通信两端的两个套接字唯一确定，即 TCP 连接::={socket1,socket2}={(IP1:port1),(IP2:port2)}。

TCP 是面向连接的协议。当应用程序想要使用 TCP 协议时，必须经历 3 次握手过程，即申请连接，确认并建立稳定的 TCP 连接，再持续传送数据，数据传送完毕后关闭连接。TCP 属于端对端的连接，只能是一对一的连接。TCP 提供全双工通信，即通信双方可以随时发送和接收数据。在 TCP 的两端拥有发送缓存和接收缓存，用来存储当前发送的数据。

TCP 和应用程序的一次交互是一个大小不等的数据块。TCP 将流入进程或从进程流出的字节序列仅仅视作一串无结构的字节流(Stream)，TCP 并不知晓所交互的字节流的具体含义。TCP 只保证接收端应用程序接收到的字节流和发送端应用程序发送的字节流完全相同，但并不保证接收端应用程序接收的数据块和发送端应用程序发送的数据块完全一致。

TCP 报文段首部如图 2.5 所示。前 20 字节是固定的，后面有 4N(N 为整数)字节选项，选项可以根据需要而增加。所以，20 字节是 TCP 首部的最小长度。数据部分紧跟首部部分，其长度没有在 TCP 段头中描述，可以通过 IP 头中 IP 数据报的长度减去 IP 头和 TCP 头的长度来计算。

首部固定部分各字段的意义如下。

(1) 源端口(16 位)，发送方的端口号。

(2) 目的端口(16 位)，接收方的端口号。

(3) 序列号(32 位)，如果将 SYN 标志设置为 1，则为初始序列号。与第 1 个数据字节的实际序列号相对应的确认号可通过对该序列号加 1 而获得。如果未设置 SYN 标志，即为 0，则这是此会话中该数据包中第 1 个数据字节的累积序列号。

(4) 确认号(32 位)，若设置了 ACK，则包含接收方期望的下一个序列号，表示已确认整个字节序列的接收。首次发送 ACK 时，仅确认对方的初始序列号，但不包含任何数据。

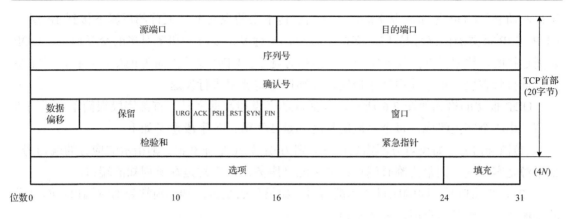

图 2.5 TCP 报文段的首部

(5) 数据偏移(4 位),以 32 位字表示 TCP 首部的大小。首部长度最小为 5 个字,最大为 15 个字,即首部部分的大小为 20~60 字节,从第 21 字节开始的 40 字节是可选的。它也指示数据在 TCP 段中实际开始的位置。

(6) 保留(3 位),保留供将来使用的位串,设置为 0。

(7) 紧急 URG(URGent,1 位),当该值设置为 1 时,表明该数据报中的信息属于紧急数据,即为应该优先发送的高优先级数据,不必按照原先的排队顺序来发送。

(8) 确认号 ACK(ACKnowledgment,1 位),当 ACK 设置为 1 时才有效,否则无效。建立连接后,所有传送的报文段均要求将 ACK 置 1。

(9) 推送 PSH(PuSH,1 位),发送方将 PSH 置 1,可将缓冲的数据推送到接收的应用程序。接收方接收到 PSH=1 的报文段后,会尽快地交付,而不必等待缓存满再交付。

(10) 复位 RST(ReSeT,1 位),当 TCP 传输过程中出现错误时,复位 RST 可重置 TCP连接,重新建立新连接。RST 置 1 还可拒绝非法报文段。

(11) 同步 SYN(SYNchronization,1 位),建立连接时保持序列号同步,仅为两个通信中的第 1 个数据包设置此标志。当 SYN=1 且 ACK=0 时,为连接请求报文段。接收方若同意建立连接,则响应的报文段设置 SYN=1 且 ACK=1。

(12) 终止 FIN(FINish,1 位),置 1 时表示此次传输结束,断开连接。

(13) 窗口(16 位),即接收窗口大小,为$[0, 2^{16}-1]$中的整数。由于接收方的数据缓存空间有限,因此必须限制发送方的数据大小。

(14) 校验和(16 位),包括首部和数据两部分的校验。类似于 UDP 用户数据报,TCP计算校验和时,报文段前面要加上 12 字节的伪首部。

(15) 紧急指针(16 位),设置了 URG 标志才有效,指出报文段中紧急数据所占的字节数,在紧急数据之后才是普通数据。

(16) 选项,长度可调,最长 40 字节。未使用选项时,TCP 首部长度为最短 20 字节。

2.4.2 用户数据报协议

用户数据报协议(UDP)[RFC 768]在 IP 数据报服务的基础上增加了复用/分用功能和差

错检测功能。UDP 是面向报文的，在应用层传下来的报文前加上首部后就下传到 IP 层，UDP 在 IP 报文的协议号是 17，支持一对一、一对多、多对一和多对多的交互通信。UDP 是无连接的，数据报首部仅 8 字节，开销和时延小。UDP 仅尽力而为地交付数据，不需要主机连接状态表，也不使用拥塞控制，能够以恒定速率进行发送。

　　UDP 报文的格式如图 2.6 所示，包括首部字段和数据字段。首部字段很简单，只有 8 字节，由 4 个字段组成，每个字段的长度都是 2 字节。各字段意义如下。

　　(1)源端口号。如果对方不需要响应，则为 0；如果是非 0 值，则指示响应源的端口号。如果源是客户端，则常为临时端口；如果源是服务器，则常是众所周知的端口。

　　(2)目的端口号。即响应目的的端口号。如果目的是客户端，则常为临时端口；如果目的是服务器，则常为众所周知的端口。

　　(3)长度。指定整个数据报中的字节数，包括首部和数据。由于首部是 8 字节，这也是长度的最小值。理论上限为 65535 字节(首部为 8 字节，数据为 65527 字节)。当下层为 IPv4 时，实际上限为 65507 字节(减去 20 字节的 IP 报头和 8 字节的 UDP 报头)。

　　(4)校验和。用于报头和数据错误检测。如果发送方未生成校验和，则该字段的值应为 0。UDP 计算校验和时需要在数据报首部加上一个伪首部，该伪首部将从实际 IP 数据报首部中提取出部分信息，包括源 IP 地址、目的 IP 地址、0、协议编号(17)和 UDP 长度 5 个部分。伪首部并不随 UDP 用户数据报向网络层传送，仅供校验使用。

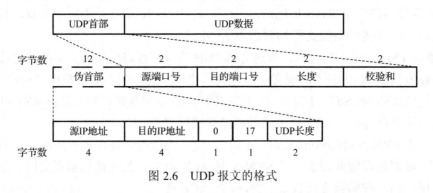

图 2.6　UDP 报文的格式

2.4.3　自动重传请求

　　自动重传请求(ARQ)也称为自动重复查询，使用确认(接收方发送消息表明正确收到了数据包)和超时(在时间允许范围之内未收到数据包)在不可靠的数据传输链路完成数据的可靠传输。如果发送方在超时之前没有收到确认，通常会重新发送数据包，直到发送方收到确认为止或重发超过预定的次数。ARQ 协议工作在 OSI 模型的数据链路或传输层，包括停止等待 ARQ、回退 n 帧 ARQ、选择性重传 ARQ 和混合 ARQ。这 4 个协议通常使用滑动窗口协议来告诉发送端，以确定哪些数据包需要重新传输。

1. 停止等待 ARQ

　　停止等待(Stop-and-Wait)ARQ 中，发送方一次发送一帧；当成功接收到帧时，接收方发送 ACK；发送方直到接收到 ACK 才发送下一帧。若 ACK 未在规定时间到达发送方，即超时，发送方重新发送同一帧。该 ARQ 所需缓存空间小，发送窗口和接收窗口大小均为 1，但信道效率低。

2. 回退 n 帧 ARQ

回退 n 帧(Go-back-n) ARQ 中，发送方持续发送多个帧，而不等待接收方的应答；如果发现已发送的帧中有错误，则从发现错误的帧开始全部重发。假设发送序列号带宽有 $n$bit/s，则该 ARQ 所需缓存空间为 $2^n - 1$。该 ARQ 复杂度低，但也会重发不必要的帧。

3. 选择性重传 ARQ

选择性重传(Selective Repeat) ARQ 又称选择性拒绝 ARQ。发送方持续地发送多个帧，而不等待接收方的应答；如果发现已发送的帧中有错误，则发送方将只重新发送有错误的帧。假设发送序列号带宽有 $n$bit/s，则该 ARQ 所需的缓存空间为 2^{n-1}。该 ARQ 较复杂，但不会重发不必要的帧。

4. 混合 ARQ

混合 ARQ 不会丢弃在传送中出错的数据报文，发送方接到接收方通知后，重新发送出错报文的部分或全部信息，并将重传报文与上次出错报文合并，从而恢复报文信息。

2.5　应　用　层

应用层是 OSI 模型中的最高层，通过应用程序接口为用户提供各类应用服务。应用层能够向表示层发出请求，直接为应用进程服务，以及实现多个系统应用进程之间通信。应用层服务元素包括公共应用服务元素(Common Computer Application Service Element，CASE)和特定应用服务元素(Specific Application Service Element，SASE)。

2.5.1　域名系统

域名系统(DNS)是一个命名系统，可把容易记忆的域名解析为 IP 地址，将各种资源与实体域名相关联，默认端口号为 53。DNS 自 1985 年以来一直是因特网功能的重要组成部分，通过提供全球分布式目录服务，能够定位和识别具有底层网络协议的计算机服务和设备。当某应用进程需要将主机域名解析为 IP 地址时，就会以 DNS 客户端的身份调用域名解析程序(Resolver)，以 UDP 用户数据报方式将 DNS 请求报文发送给本地域名服务器，报文中包含了待解析的域名。本地域名服务器查找相应目的主机域名后，将对应的 IP 地址放入回答报文返回给该应用进程，该应用进程可通过获得的 IP 地址进行通信。

DNS 使用层次结构的名字系统，即域名(Domain Name)。其中，域(Domain)是名字空间中用于管理的一个划分，可进一步划分为子域、子域的子域等，从而形成多级域的层次。顶级域名(Top Level Domain，TLD)是域名系统中的最高级别，安装在名字空间的根区域中，位于所有较低级别的域之后，作为域名的最后一部分。

常见的顶级域名有三大类。

(1)国家顶级域名 nTLD：根据 ISO 3166 的规定，使用缩写字母代表国家，如 cn 表示中国，us 表示美国，uk 表示英国。

(2)通用顶级域名 gTLD：最早是 7 个，即 com（公司企业）、edu（教育机构）、gov（政府部门）、int（国际组织）、mil（军事部门）、net（网络服务机构）、org（非营利性组织），之后又增加了 13 个通用顶级域名，即 aero（航空运输企业）、asia（亚太地区）、biz（公司和企业）、cat（加泰隆人语言和文化团体）、coop（合作团体）、info（各种情况）、jobs（人力资源管理者）、mobi（移动产品与服务的用户和提供者）、museum（博物馆）、name（个人）、pro（有证书的专业人员）、tel（Telnic 股份有限公司）、travel（旅游业）。

(3)基础结构域名（Infrastructure Domain）：只有一个，即反向域名 arpa，用于反向域名解析。

一个服务器通常以区（Zone）为单位进行管理，在一个区中所有节点必须互相连通，并在每个区设置权限域名服务器保存该区所有计算机域名和 IP 地址的映射关系表。

根据 DNS 域名服务器的层次结构和作用，将其划分为 4 种类型的域名服务器。

(1)根域名服务器（Root Name Server）：最重要、最高层次的域名服务器，也是全因特网中最大的全局 DNS，由 ICANN 的 IANA 负责维护管理。全世界设有 13 台 IPv4 根域名服务器，其中 1 台主根域名服务器设在美国，另外 12 台均为辅根域名服务器。2016 年，IPv6 的"雪人计划"在美国、日本、中国、俄罗斯等 16 个国家又架设了 25 台 IPv6 根域名服务器。

(2)顶级域名服务器（即 TLD 服务器）：负责对该顶级域名服务器注册的所有二级域名进行管理，并对 DNS 查询请求进行回答。

(3)权限域名服务器：如果一个权限域名服务器无法回答最新的查询，则通知发起查询请求的 DNS 客户前往哪一个权限域名服务器进行查询。

(4)本地域名服务器（Local Name Server）：不属于 DNS 域名服务器的层次结构。当计算机发出 DNS 查询请求时，首先将其直接发送到本地域名服务器，如果本地域名服务器里没有找到对应的 IP 地址，就往权限域名服务器转发该请求，直到找到相应的结果为止。

为了提高可靠性和安全性，DNS 域名服务器会将数据存储到主域名服务器（Master Name Server）和辅助域名服务器（Secondary Name Server）。其中，主域名服务器能够管理本区域名信息，响应本区域名的查询，并定期将数据备份到辅助域名服务器。辅助域名服务器可在主域名服务器故障时执行相关域名查询工作,但数据修改只能由主域名服务器完成。

2.5.2　统一资源定位符

统一资源定位符（URL）是互联网资源的引用地址，指定了资源在计算机网络中的位置及其检索机制，互联网上的所有资源都有唯一的 URL。URL 是统一资源标识符（Uniform Resource Identifier，URI）的一种特定类型，有时也互换使用。URL 常用于引用 Web 页面（HTTP）、文件传输（FTP）、电子邮件（Mailto）、Java 数据库连接（Java Database Connectivity，JDBC），以及许多其他应用程序。

通常 URL 的表示方式为"（方案名称）:（为每个方案定义的内容的表达形式）"。协议名称常用作方案名称（但不限）。多数 Web 浏览器可在"地址"栏显示页面的 URL。典型 URL

方案表示方法为"<协议>:// <主机名>:<端口号> /<URL 路径>",其中端口号和 URL 路径可以省略。不同方案的表示方法略有不同。例如,一个 URL 表示为 http://www.example.com/index.html,它表示协议(http)、主机名(www.example.com)和文件名(index.html)。

2.5.3　超文本传送协议

超文本传送协议(HTTP)是用于 Web 浏览器和服务器之间通信的基本协议,其中超文本文档包含用户可以访问的其他资源的超链接。HTTP 最早是由 CERN 的 Berners-Lee 在 1989 年发起的。

HTTP 是一种请求-响应类型协议,使用两类报文,即从客户端向服务器发送的请求报文和从服务器到客户端的响应报文,如图 2.7 所示。HTTP 报文一般使用 TCP 连接以保证可靠传输,但 HTTP 协议本身是无连接的,通信双方在发送 HTTP 报文前不需要先建立连接。HTTP 协议是无状态的(Stateless),HTTP 服务器与客户端间的每次交互均由一个 ASCII 码串组成的请求及一个类 MIME(Multipurpose Internet Mail Extensions-like)的响应组成,服务器响应完后不保存客户端的状态。HTTP 使用 cookie 来管理状态并维护会话。

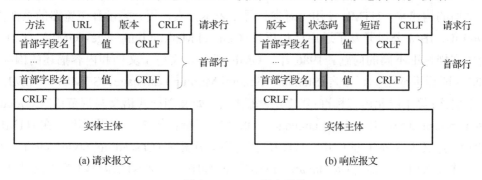

图 2.7　HTTP 报文结构

HTTP 是面向文本的(Text Oriented)协议,其报文中各字段均为长度不确定的 ASCII 码串。HTTP 请求报文和响应报文仅开始行部分有所不同,其中,请求报文的开始行称为请求行(Request-line),而响应报文中的开始行称为状态行(Status-line)。两种报文开始行均使用空格分隔开 3 个字段,最后使用回车(Carriage Return,CR)符和换行(Line Feed,LF)符结束。开始行部分之后是第 2 部分首部行及第 3 部分实体主体(Entity Body)。

HTTP 协议默认端口号为 80。HTTP1.1 版本假定使用持久连接来有效地传输多个数据并使用代理。持久连接包括流水线方式(With Pipelining)和非流水线方式(Without Pipelining)。流水线方式允许 HTTP 客户端在收到响应报文前继续发送新的请求报文,而非流水线方式要求 HTTP 客户端在收到前一个响应报文后才能发送新的请求报文。

HTTPU 和 HTTPMU 是 HTTP 的变体,是在 UDP/IP(而非 TCP/IP)上发送消息的 HTTP,其消息格式基本上沿袭了 HTTP,可用于多播通信和不要求可靠传输的场景。HTTPU 协议主要用于通用即插即用(Universal Plug and Play,UPnP),特别是 UPnP 协议族中的简单服务发现协议(Simple Service Discovery Protocol,SSDP)。UPnP 设备间网络连接的基本协议集是通过 TCP/IP 实现的,但其所有组件均建立在 HTTP 及其变体之上。

超文本传输安全协议(Hypertext Transfer Protocol Secure，HTTPS)默认端口号为 443，由 Netscape Communications 开发，在 HTTP 的基础上增加了传输加密和身份认证，提高了数据传输的安全性，可用于认证和加密 HTTP 通信。安全套接字层(Secure Sockets Layer，SSL)协议和传输层安全(Transport Layer Security，TLS)协议可以帮助 HTTPS 有效防止欺骗、中间人攻击和窃听之类的攻击。但加密/解密也会增加客户端和服务器上的负载。

2.5.4　标记语言

1．超文本标记语言

超文本标记语言(Hypertext Markup Language，HTML)是一种制作 Web 浏览器文档的标记语言，从语义上描述了 Web 页面的结构，包含了文档外观的提示，消除了不同计算机之间的差异。Web 浏览器从 Web 服务器或本地存储接收 HTML 文档，并将这些文档呈现为多媒体 Web 页面。HTML 是一种开发结构化文档的语言，能表示浏览器界面的标题、段落、列表、链接、引号和其他项。HTML 使用标签(Tag)定义各种排版命令，使用元素作为 HTML 页面的构建块。HTML 使用一对尖括号来表示元素，用元素解释浏览器的页面内容。

1969 年，IBM 公司开发了通用标记语言(General Markup Language，GML)，以解决不同系统中文档标准不同的问题。1986 年，GML 成为定义电子文档和内容描述的国际标准 ISO 8897，即标准通用标记语言(Standard General Markup Language，SGML)。SGML 体系包括 3 个层次：第 1 层元语言标准；第 2 层基础标准，如文档样式语义与规范语言(Document Style Semanticsand Specification Language，DSSSL)标准；第 3 层应用标准。在 HTML5 之前，HTML 定义为 SGML 的应用。HTML 使用串联样式表(Cascading Style Sheets，CSS)等技术，并嵌入用脚本语言(如 JavaScript)编写的程序。万维网联盟(W3C)以前是 HTML 的维护者，从 1997 年开始鼓励使用 CSS 而非显式表示的 HTML。

2．可扩展标记语言

可扩展标记语言(Extensible Markup Language，XML)是一种与平台无关的标准，其标记可以由文档的作者自行定义(HTML 标记则是预定义的)，且是无限制的。XML 能够将不同系统(如因特网)中的结构化文档和结构化数据进行共享，提高其通用性、可用性。

XML 文档里有两种类型的文档：格式正确的 XML 文档和有效的 XML 文档。格式正确的 XML 文档必须遵循 XML 语法的所有规定，而有效的 XML 文档除满足格式正确的 XML 文档的规定外，还要遵循一些特定文档逻辑结构的规则，这些规则可由 Relax NG、XML Schema、文档型定义(Document Type Definition，DTD)等模式语言来制定。

3．可扩展超文本标记语言

可扩展超文本标记语言(Extensible HTML，XHTML)与 HTML 4.01 几乎完全相同，是根据 XML 应用而重新定义的 HTML。XHTML 作为一种灵活的标记语言框架，是 SGML 的一个更严格的子集，是 XML 的应用，可以使用标准的 XML 解析器，而 HTML 需要特定的 HTML 解析器。在 2000 年 1 月 26 日，XHTML 1.0 正式成为万维网联盟(W3C)的推荐标准。XHTML 要求文档必须是良构的，所有标签必须小写，且必须闭合，即开始标签和结束标签必须配对。

4．串联样式表

串联样式表(CSS)是一种样式表语言，指定如何限定(显示)HTML 和 XML 元素的技术，能够实现文档的结构和外观分离，表示和内容的分离，包括布局、字体大小和颜色。CSS 分离技术提供了内容的可访问性，在 CSS 中有可能以不同的样式呈现相同的标记页面。

1996 年 12 月，CSS 第一份正式标准(Level 1)完成，成为 W3C 的推荐标准。互联网媒体类型(MIME 类型)文本/CSS 在 1998 年 3 月于 RFC 2318 中注册，W3C 为 CSS 文档提供免费的 CSS 验证服务。CSS 能够对网页对象和模型样式进行编辑，既支持静态修改网页，也支持各类脚本语言对网页元素进行动态格式化。除了 HTML 之外，其他标记语言也支持CSS 的使用，包括 XHTML、纯 XML、SVG 和 XUL。

5．公共网关接口脚本

公共网关接口(Common Gateway Interface，CGI)定义了 Web 服务器执行应用程序的标准，执行脚本的细节由服务器自行决定。这类应用程序称为 CGI 脚本或 CGIs，可以实现许多静态HTML 网页无法实现的功能，包括表单处理、访问数据库、搜索引擎等。CGI 包括标准 CGI和间接 CGI。其中，标准 CGI 使用环境变量或命令行参数描述服务器的请求，服务器与浏览器间使用标准输入输出的通信方式。间接 CGI 又称为缓冲 CGI，在 CGI 程序和 CGI 接口间插入一个缓冲程序，CGI 接口与缓冲程序间用标准输入输出的通信方式。当用户想从服务器获取数据，而服务器数据无法修改时，使用 get 方法；如果请求的字符串超过了预定长度(如 1024字节)，使用 post 方法。CGI 可用任何语言编程，如 C、C++、Java、Delphi 和 VB 等。

6．活动文档和服务器推送

活动文档(Active Document)和服务器推送(Server Push)这两种技术均可用于浏览器的连续更新显示。活动文档将所有的工作都转交给浏览器，而服务器推送将所有的工作都交给服务器。当浏览器运行活动文档时，服务器就会发送更新过的动态文档副本，并在浏览器上显示。服务器推送将需要更新的页面交给服务器，服务器会持续、定期地向浏览器发送更新过的动态文档。

2.5.5　电子邮件协议

1．简单邮件传送协议

简单邮件传送协议(SMTP)是建立在 FTP 上的一种邮件服务通信协议，在默认端口号25 上使用传输控制协议，负责发送邮件的 SMTP 进程为 SMTP 客户端，负责接收邮件的SMTP 进程为 SMTP 服务器。SMTP 最初是在 1982 年由 RFC 821 定义的，并在 2008 年由RFC 5321 更新为扩展的 SMTP。不论发送方和接收方的邮件服务器距离多远，SMTP 总是不使用中间的邮件服务器，而是在发送方和接收方两者的邮件服务器间直接建立 TCP 连接。所有邮件在发送或接收来自其自身系统之外的电子邮件时都使用 SMTP，但 Microsoft Exchange、Outlook.com、Gmail 和 Yahoo 等专有系统邮件可能在内部使用非标准协议。SMTP 并未规定邮件内部格式、邮件存储方式、邮件发送速度等参数。

SMTP 通常的运行包括 3 个主要步骤。

第 1 步，连接建立。SMTP 客户端将邮件发送到 SMTP 服务器，并定期扫描邮件缓存。若发现有邮件，就使用 SMTP 的端口号 25 通过 TCP 与接收方的 SMTP 服务器建立连接。

第 2 步，邮件传送。从 MAIL 命令开始进行邮件传送，MAIL 命令之后附有发件人地址，如 MAIL FROM:<用户名@邮件服务器名>。

第 3 步，连接释放。SMTP 客户端在邮件发送完毕后需要发送 QUIT 命令，SMTP 服务器则返回"221 服务关闭"命令释放 TCP 连接。

2. 邮件读取协议 POP3/IMAP

邮局协议第 3 版（Post Office Protocol Version 3，POP3）[RFC 1939]通过 TCP/IP 协议支持由远程客户端管理服务器上的电子邮件，默认端口号是 110，默认使用 TCP 协议，适用于 C/S 架构。使用 SSL 加密的 POP3 则称为 POP3S。在电子邮件系统中，用户可以把通信对象的姓名和电子邮件地址记录在地址簿（Address Book）中供使用。

POP 协议使用存储转发服务支持离线邮件访问，改进的 POP3 邮件服务器可以做到下载邮件时并不删除服务器上的邮件。邮件内容首部包括"To""Subject"等关键字，后面加上冒号。"To:"后面是一个或多个收件人的电子邮件地址，是必不可少的。"Subject:"是邮件的主题，供用户查找。"Cc:"（Carboncopy）用于邮件抄送，即发送一个邮件副本。POP3 的脱机模型无法在线操作，也不支持服务器邮件的扩展操作。

因特网邮件访问协议（Internet Mail Access Protocol，IMAP）[RFC 3501]的前身是交互邮件访问协议（Interactive Mail Access Protocol，IMAP），属于一种邮件获取的应用层协议，于 1986 年由斯坦福大学开发。IMAP 用于通过 TCP/IP 连接从邮件服务器检索电子邮件消息，默认端口号为 143，使用 SSL 的 IMAPS 默认端口号为 993。

POP3 协议中，当前邮箱的连接是唯一连接，而 IMAP 支持在邮件服务器上同时访问多个邮箱，因此客户端通常会在服务器上留下消息，直到用户显式地删除它们。POP3 中的客户端仅在一段时间内连接到服务器，而 IMAP 支持连接和断开两种邮箱操作模式，允许服务器提供访问共享和公共文件夹。IMAP4 客户端可以在服务器上创建、重命名或删除邮箱。

2.5.6 文件传送协议

文件传送协议（FTP）[RFC 959]可在 Internet 上提供交互式的文件访问，允许用户指明文件的类型与格式，并设置文件存取权限。FTP 建立在 C/S 架构上，在客户端和服务器之间使用单独的控制和数据连接。FTP 默认使用 TCP 中端口号 20 传输数据，端口号 21 传输控制信息。FTP 建立数据传输的模式有主动模式和被动模式，无论哪种模式，控制连接都与数据传输连接分开使用。如果 FTP 采用主动模式，数据传输端口即为 20；如果 FTP 采用被动模式，则具体端口号由服务器和客户端协商确定。

1．基于 TCP 的 FTP

FTP 是建立在 TCP 协议上进行的，为文件提供可靠的传输功能。一个 FTP 服务器进程可同时服务于多个客户进程，包括一个负责接受新请求的主进程和若干个负责处理单个请求的从属进程。FTP 客户端和服务器在传输文件时会建立两个并行的 TCP 连接，即控制连接和数据连接。控制连接和数据连接分别使用两个不同端口工作，互不干扰。

2．基于 UDP 的 FTP

简单文件传送协议(TFTP)[RFC 1350]提供较简单的、开销较小的文件传送服务，建立在 C/S 方式上，但使用 UDP 数据报。TFTP 拥有简单的首部，不执行身份验证，每次发送的数据报文有 512 字节(最后一次除外)。数据报文从 1 开始按顺序编号，支持 ASCII 码文件或二进制文件，支持文件读/写。TFTP2 默认端口号为 69。

3．文件交换协议

文件交换协议(File Exchange Protocol，FXP)相当于 FTP 的一个子集，允许一个 FTP 客户端同时控制两个 FTP 服务器，实现两个 FTP 服务器之间互相传送文件。

4．安全 FTP

为了保护用户名和密码，以及内容安全传输，通常会使用 SSL/TLS 保护的 FTPS(FTP-over-SSL)或使用 SSH 文件传送协议的 SFTP(SSH FTP)来提高 FTP 的安全性。

2.5.7 远程终端协议

远程终端协议(Telnet)又称为电传打字网络，提供了在本地计算机上通过 TCP 登录远程主机工作的能力。在终端机上使用 Telnet 程序连接到远程服务器，既可将用户的操作传送到远程主机，也可将远程主机上的操作结果返回到终端机。终端用户在 Telnet 程序中输入的命令会在远程服务器上直接运行，如同操作服务器的控制台，所以又称为终端仿真协议。

Telnet 最初由 ARPANet 开发，之后在 RFC 854 中进行了扩展，并标准化为 IETF 的 Internet 标准 std8，也是最早的 Internet 标准之一。Telnet 也使用客户端/服务器方式，在终端机上运行 Telnet 客户端进程，而在远程主机上运行 Telnet 服务器进程。类似于 FTP，在 Telnet 服务器中也有一个主进程响应新的请求，并生成若干从属进程来服务每一个连接。

2.5.8 简单网络管理协议

简单网络管理协议(SNMP)[RFC 3411～RFC 3418]使用 C/S 方式工作，允许一个或若干个客户端程序与更多的服务器程序交互。受管目标机上运行 SNMP 服务器程序不断监听来自管理站的 SNMP 客户端程序发出的请求，并根据请求执行相应动作。SNMP 为代理时默认 UDP 端口号为 161，为管理站时默认 UDP 端口号为 162。

SNMP 管理的网络包含 3 个关键组件：受管设备(Managed Device)，由管理信息库(Management Information Base，MIB)收集并存储管理信息；代理(Agent)，在受管设备上运行的网络管理软件；网络管理系统(Network-management Systems，NMS)，在管理器上运行的软件，又称为管理实体(Managing Entity)。

2.5.9　动态主机配置协议

动态主机配置协议(DHCP)提供了一种即插即用连网(Plug-and-play Networking)机制，允许一台计算机动态获取 IP 地址加入新网络而无须手动分配 IP 地址。在没有 DHCP 服务器的情况下，需要手动分配 IP 地址，或使用自动专用 IP 寻址(Automatic Private IP Addressing，APIPA)分配 IP 地址，这使其无法在其本地子网之外进行通信。1997 年，IETF 起草了 DHCP 对应的标准草案 RFC 2131 和 RFC 2132，DHCP 服务器默认的 UDP 端口号是 67，而 DHCP 客户端默认的 UDP 端口号是 68。

DHCP 以 C/S 方式工作。计算机中的 DHCP 客户端软件会发出发现报文 DHCPD(DHCP Discover) 以请求必要的配置信息，并将目的 IP 地址置为全 1 进行广播报文发送，即 255.255.255.255。本地网络上的所有计算机都会收到该广播报文，但只有 DHCP 服务器才响应该广播报文。DHCP 服务器在其数据库中搜索匹配信息并返回，或从服务器的 IP 地址池(Address Pool)中分配一个 IP 地址，并发出提供报文 DHCPO(DHCP Offer) 作为回答报文。

分配的 IP 地址只能供 DHCP 客户端在一段有限的时间内使用，因此 DHCP 服务器分配的 IP 地址只是临时的，这段时间称为租用期(Lease Period)。租用期的长短没有具体规定，完全由 DHCP 服务器自己决定。

DHCP 服务器分配 IP 地址有 3 种方式可以选择，由网络管理员手动设置。

(1)动态分配。网络管理员已为 DHCP 保留了一系列有租用期限制的 IP 地址，配置 IP 时必须设置 IP 地址有效租用期，且 DHCP 客户端必须在租用期到期之前进行更新。

(2)自动分配。DHCP 服务器将一个永久性的 IP 地址分配给第一次租用的 DHCP 客户端，该客户端成功租用该地址后就可以永久使用。

(3)静态分配。网络管理员自行指定客户端的 IP 地址，并由 DHCP 服务器将指定的 IP 地址告诉客户端。如果地址映射中客户端的标识符或 MAC 地址不匹配，则服务器可能会使用动态分配或自动分配方式重新分配 IP 地址，或不分配 IP 地址。

【**案例 2.4**】DHCP 配置案例如图 2.8 所示。RouterA 作为 DHCP 服务器，为 RouterA(PC1) 和 RouterE(PC2)两个不同子网分配可用的 IP 地址。要求整个网络能互相 ping 通。

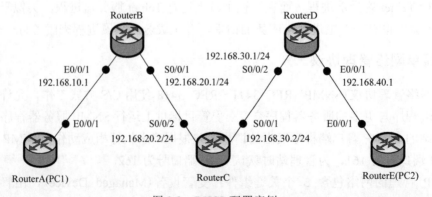

图 2.8　DHCP 配置案例

【解】（1）配置路由器 RouterB。

```
[RouterB (config)] interface S0/0/1
[RouterB (config-if)] ip address 192.168.20.1  255.255.255.0
[RouterB (config-if)] no shutdown
[RouterB (config-if)] exit
[RouterB (config)] interface E0/0/1
[RouterB (config-if)] ip address 192.168.10.1  255.255.255.0
[RouterB (config-if)] no shundown
[RouterB (config-if)] router rip
[RouterB (config-router)] version 2                    //设置 RIP 版本 2
[RouterB (config-router)] no auto-summary
                         //关闭路由自动汇总，防止不连续子网互访
[RouterB (config-router)] network 192.168.10.0
[RouterB (config-router)] network 192.168.20.0
[RouterB (config-router)] exit
[RouterB (config)] service dhcp                        //开启 DHCP 服务器
[RouterB (config)] ip dhcp pool pool-1                 //创建地址池 pool-1
[RouterB (dhcp-config)] network 192.168.10.0  255.255.255.0
[RouterB (dhcp-config)] default-router 192.168.10.1        //设置默认网关
[RouterB (config)] ip dhcp excluded-address 192.168.10.1 //排除的地址
[RouterB (config)] ip dhcp pool pool-2
[RouterB (dhcp-config)] network 192.168.40.0  255.255.255.0
[RouterB (dhcp-config)] default-router 192.168.40.1
[RouterB (config-config)] exit
[RouterB (config)] ip dhcp excluded-address 192.168.40.1
```

（2）配置路由器 RouterC。

```
[RouterC] config terminal
[RouterC (config)] interface S0/0/2
[RouterC (config-if)] ip address 192.168.20.2  255.255.255.0
[RouterC (config-if)] no shutdown
[RouterC (config-if)] exit
[RouterC (config)] interface S0/0/1
[RouterC (config-if)] ip address 192.168.30.2  255.255.255.0
[RouterC (config-if)] no shutdown
[RouterC (config-if)] exit
[RouterC (config)] router rip
[RouterC (config-router)] version 2
[RouterC (config-router)] network 192.168.20.0
[RouterC (config-router)] network 192.168.30.0
[RouterC (config-router)] end
```

（3）配置路由器 RouterD。

```
[RouterD] config terminal
[RouterD (config)] interface S0/0/2
[RouterD (config-if)] ip address 192.168.30.1  255.255.255.0
```

```
[RouterD (config-if)] no shutdown
[RouterD (config-if)] exit
[RouterD (config)] interface E0/0/1
[RouterD (config-if)] ip address 192.168.40.1  255.255.255.0
[RouterD (config-if)] ip helper-address 192.168.30.2
                            //RouterD 下一跳地址用于 DHCP 中继
[RouterD (config-if)] no shutdown
[RouterD (config-if)] exit
[RouterD (config)] router rip
[RouterD (config-router)] version 2
[RouterD (config-router)] network 192.168.40.0
[RouterD (config-router)] network 192.168.30.0
[RouterD (config-router)] end
```

(4)配置路由器 RouterA。

```
[RouterA (config)]
[RouterA (config)] hostname pc1              //将 RouterA 命名为 PC1
[pc1(config)] no ip routing                  //关闭路由功能
[pc1(config)] interface E0/0/1
[pc1(config-if)] ip address dhcp             //IP 地址从 DHCP 服务器获取
[pc1(config-if)] no shutdown
```

(5)配置路由器 RouterE。

```
[RouterE (config)]
[RouterE (config)] hostname pc2
[pc2(config)] no ip routing
[pc2(config)] interface E0/0/1
[pc2(config-if)] ip address dhcp
[pc2(config-if)] no shutdown
```

(6)结果调试，可以观察到 DHCP 配置地址和参数信息。

```
[pc1] show interface f0/0
[pc2] show interface f0/0
[RouterA] show ip dhcp pool
```

2.5.10　多媒体服务

互联网上常用的有 3 种音频/视频服务方式。

(1)流式(Streaming)存储音频/视频。这种方式在服务器中保存已经压缩好的音频/视频文件，用户可以一边下载一边收听或观看，而不需要完全下载好再播放。

(2)流式实况音频/视频。这是一对多的多播通信方式，而非一对一服务。音频/视频节目由发送方边录制边播放，并非全部录制完后再发送，也非事先录制好的。

(3)交互式音频/视频。这种方式能够实现多个用户的实时音频/视频交互，一般也不是事先录制好的，如互联网会议、网上直播、视频电话等。

1. 实时流协议

实时流协议(Real-Time Streaming Protocol，RTSP)[RFC 2326]使媒体播放器可以控制多媒体流的传送，其本身并不负责数据传送，所以又称为带外协议(Out-of-band Protocol)。RTSP 协议是以 C/S 方式工作的应用层多媒体播放控制协议，其请求和响应报文均为 ASCII 码文本。支持 RTSP 的系统均使用 TCP 传输 RTSP，且支持 UDP，RTSP 服务器的默认端口号为 554(无论 TCP 或 UDP)。

2. 实时传输协议

实时传输协议(Real-time Transport Protocol，RTP)[RFC 3550、RFC 3551]为数据提供了类似实时的端对端传送服务，应用程序一般在 UDP 上运行 RTP 以利用其多路节点和校验功能。RTP 可与其他底层网络或协议共同使用，可利用底层网络多播表传输数据到多个目的客户端。RTP 不保证可靠传送或防止无序传送，也不保证底层网络的可靠性。RTP 标准定义了两个姊妹协议：数据传输协议 RTP 和 RTCP。其中，数据传输协议 RTP 提供用于同步的时间戳，用于丢包和重排序检测的序列号，以及说明数据编码的负载格式；而实时传输控制协议(Real-time Transport Control Protocol，RTCP)用于同步媒体流及 QoS 反馈。RTP 和 RTCP 默认使用 UDP 端口号 1024～65535。

3. 基于分组的多媒体通信系统 H.323

H.323 是 ITU 电信标准化部门(ITU-T)定义的协议，包括用于互联网端系统之间进行实时声音和视频会议的协议族(而不是一个单独协议)。1998 年的第 2 个版本命名为基于分组的多媒体通信系统。H.323 系统定义了 4 个可以协同工作的网络元素。

(1)H.323 网络终端，H.323 系统中最基本的元素，可以是一台计算机或单个设备。

(2)H.323 网关，是连接 H.323 网络和其他不同网络(如 PSTN 或 ISDN 网络)的通信设备。若对话中一方不是 H.323 终端设备，则双方必须通过 H.323 网关通信。

(3)网闸(Gate Keeper)，是 H.323 网络的核心，所有的通信呼叫都必须经过网闸。它为终端、网关和 MCU 设备提供端点注册、地址解析、准入控制、身份验证等服务。

(4)多点控制单元(Multipoint Control Unit，MCU)，负责管理 3 个以上 H.323 终端的音频或视频会议，包括两个逻辑实体，即多点控制器(Multipoint Controller，MC)和多点处理器(Multipoint Processor，MP)。MC 处理 H.323 三个以上节点的信令，MP 对多点通信的媒体进行处理。

4. 会话起始协议

会话起始协议(Session Initiation Protocol，SIP)[RFC 3261～RFC 3264、RFC 6665、RFC 4566]用于发起、维护和终止一个或多个参与者的实时会话，与 H.323 相似，但更简单。SIP 提供类似 Web 的可扩展开放通信，因特网服务提供商(ISP)可任意选择标准组件，但 SIP 并非会话描述协议，也不提供会议控制功能。SIP 独立于传输层，可使用 TCP 和 UDP 传输，也可采用 ATM 的 IP 进行底层传输。SIP 默认端口号为 5060。

　　SIP 会话使用 4 个主要组件：SIP 用户代理、SIP 注册服务器、SIP 代理服务器和 SIP 重定向服务器。SIP 用户代理(User Agent，UA)是终端用户设备，用户代理客户端发出消息，用户代理服务器则响应消息。SIP 注册服务器包含了域中所有用户代理的地址和参数。SIP 代理服务器接收 SIP 用户代理的会话请求，查询 SIP 注册服务器，并获取收件方地址信息。SIP 重定向服务器可授权 SIP 代理服务器把会话邀请信息重新定向到外部域。这些组件使用会话描述协议(Session Description Protocol，SDP)的消息来完成 SIP 会话。

　　SIP 使用灵活的地址格式，包括电话号码(如 sip:useragent@12345-67890)、电子邮件地址(sip:useragent@email.com)、IP 地址(如 sip:useragent@192.168.0.1)等。

第3章 无线互联网

无线互联网，也称移动互联网，是工作在无线网络环境下的互联网，通常包括无固定基础设施的无线网络和有固定基础设施的无线网络。1972 年，美国国防部高级研究计划局（Defense Advanced Research Project Agency，DARPA）启动了分组无线网（Packet Radio Network，PRNET）项目，是最早的无线数据通信。

3.1 概　　述

无线互联网通常工作在有接入点（Access Point，AP）和有线骨干网环境下，而 Ad hoc 自组织网络是一类无固定基础设施的无线局域网，通常不使用基本服务集中的接入点。Ad hoc 源于拉丁语，引申为 for this purpose only，是一种为某种目的设置的、特别用途的网络。

3.1.1 自组织网络 Ad hoc

IEEE 802.11 标准委员会将 Ad hoc 网络描述为自组织对等式多跳移动通信网络，省去了无线中继设备 AP，由网络中的任一台计算机节点充当虚拟 AP，其他计算机逐跳通过点对点连接实现网络互联与资源共享，也称为无固定设施的网络（Infrastructureless Network）。Ad hoc 网络是一个对等网络，没有明显的控制中心，所有节点的地位平等且可以随时加入和离开网络，任何节点的故障不会影响整个网络的运行，抗毁性强。Ad hoc 网络采用多跳（Multi Hop）机制，节点间由分层的网络协议和分布式算法完成协调，也称为多跳无线网（Multi Hop Wireless Network）。Ad hoc 网络具有自组织特性，节点开机后就可以快速、自动地组成一个独立的网络，又称为自组织网络（Self Organized Network）。Ad hoc 网络拓扑是动态的，所以在传统固定网络中常用的路由协议并不适合移动自组织网络，自组织网络中的每一个节点都要参与发现和维护网络路由。

个人区域网（Personal Area Network，PAN）、无线个人区域网（WPAN）和蓝牙技术的超网都是 Ad hoc 网络技术的典型应用。在 IETF 下面设有 MANET（Mobile Ad hoc Networks）[W-MANET]工作组，专门研究移动自组织网络的体系结构、网络组织、协议设计。

3.1.2 802.11

1997 年，IEEE 对于第 1 类有固定基础设施的无线局域网，制定出无线局域网的协议 802.11[W-IEEE 802.11]系列协议，即无线以太网标准，使用星型拓扑结构，使用中心节点或基站节点作为接入点，MAC 层使用 CSMA/CA 协议。基本服务集（Basic Service Set，BSS）是 802.11 标准规定中无线局域网的最小构件。一个基本服务集通常由一个基站节点和若干个移动节点组成，在本 BSS 以内的所有节点均可直接通信，但与本 BSS 以外的节点通信都必须经过本 BSS 基站来完成。接入点即为基本服务集内的基站（Base Station）。无线保真

(Wireless Fidelity，Wi-Fi)[W-Wifi]指使用 802.11 系列协议的局域网。

　　一个基本服务区(Basic Service Area，BSA)指一个基本服务集所覆盖的地理范围，半径一般在 50m 之内，类似于无线移动通信的蜂窝小区。在安装 AP 时，网络管理员必须为该 AP 分配一个通信信道和不超过 32 字节的服务集标识符(Service Set IDentifier，SSID)，使用该 AP 的无线局域网名称即为该 SSID。一个基本服务集可以独立，也可以由接入点 AP 和分配系统(Distribution System，DS)连接到另一个基本服务集。

　　多个相连的基本服务集可构成一个扩展的服务集(Extended Service Set，ESS)，可以为无线用户提供到非 802.11 无线局域网(即 802.x 局域网)的接入。分配系统常用以太网或其他无线网络，甚至点对点链路。由于分配系统的作用，扩展的服务集对用户来说如同一个基本服务集，通过一种叫作门户(Portal)的设备来实现这种接入。

　　移动节点与接入点有两种建立关联的方法，即被动扫描法和主动扫描法。在被动扫描法中，移动节点被动等待接收接入点周期性发出的信标帧(Beacon Frame)，根据信标帧完成关联。信标帧包括服务集标识符、工作速率等多种系统参数。在主动扫描法中，移动节点主动发出探测请求帧(Probe Request Frame)，然后等待从接入点发回的探测响应帧(Probe Response Frame)，再根据响应帧完成关联。

　　802.11 标准中，不同的物理层(如工作频段、数据率、调制方法等)对应的标准也不同。802.11a、802.11b 和 802.11g 是最早流行的局域网，标准 802.11n 于 2009 年颁布，如表 3.1 所示。现在很多无线局域网适配器都做成双模(如 802.11a/g)或三模(如 802.11a/b/g)。

表 3.1　几种常见的 802.11 无线局域网

标准	物理层	最高数据速率	频段	特点
802.11a (1999 年)	OFDM	54Mbit/s	5GHz	最高数据速率较高，支持更多用户同时上网；信号传播距离较短，且易受阻碍
802.11b (1999 年)	扩频	11Mbit/s	2.4GHz	最高数据速率最低；信号传播距离最远，且不易受阻碍
802.11g (2003 年)	OFDM	54Mbit/s	2.5GHz	最高数据速率最高，支持更多用户同时上网，信号传播距离最远，且不易受阻碍
802.11n (2009 年)	MIMO OFDM	56Mbit/s	2.4/5GHz	使用多个发射和接收天线达到更高的数据传输率，双倍带宽(40MHz)速率可达 600Mbit/s
802.11ad (2012 年)	Multi-gigabit	7Gbit/s	60GHz	适用于单个房间(不能穿越墙壁)内的高速数据传输，如 4K 高清电视节目
802.11ac (2013 年)	MIMO QAM256	1Gbit/s	5GHz	802.11n 的继承者，改善了最高传输速率
802.11ah (2016 年)	BSS Coloring	18Mbit/s	900MHz	功耗低，传输距离长(最长可达 1km)，适用于无线传感器网、物联网设备之间的通信

3.1.3　WiMAX

　　2001 年 4 月，全球微波接入互操作性(WiMAX)论坛成立。IEEE 的 802.16 工作组是无线城域网标准的制定者，而 WiMAX 论坛则是 802.16 技术的推动者。通过 WiMAX 的互操作性和兼容性测试的宽带无线接入设备，可由 WiMAX 论坛[W-WiMAX]颁发"WiMAX 论坛证书"，以推动无线城域网的使用。

　　无线城域网（WMAN）的标准由 IEEE 802.16 委员会于 2002 年 4 月制定，也称为 IEEE 无线城域网空中接口标准。WMAN 可为固定的、移动的和便携的设备提供"最后一英里①"的宽带无线接入，并在很多场合下可直接取代现有的有线宽带接入，也称为无线本地环路（Wireless Local Loop）。早期出现的本地多点分配系统（LMDS）也是一种宽带无线城域网接入技术。无线城域网现有两个正式标准：用于支持固定宽带无线接入空中接口标准（2～66GHz 频段）的 802.16—2004（即 802.16d）和用于支持移动性的宽带无线接入空中接口标准的 802.16 增强版本（即 802.16e—2005）。

3.1.4　无线 Mesh 网络

　　无线 Mesh 网络，又称无线网状网络或无线多跳（Multi-hop）网络，包括 Mesh 路由器（Mesh Router）和 Mesh 客户端（Mesh Client）。其中，Mesh 路由器组成骨干网络，负责连接有线的 Internet，并为 Mesh 客户端提供多跳无线连接。在 Ad hoc 网络和无线局域网（WLAN）中，每个客户端均使用一条到接入点（AP）的无线连接来访问网络，形成一个局部的基本服务集（BSS），此类拓扑结构称为单跳。而无线 Mesh 网络可使用任何无线节点兼任 AP 和路由器，每个节点均可同时收发信号，也可与一个以上对等节点直接通信。

3.1.5　移动机会网络

　　移动机会网络（Mobile Opportunistic Network，MON）基于节点的移动和相遇机会，当两个节点进入可以相互通信的范围时形成相遇机会，并利用本次相遇机会交换数据和逐跳转发数据。移动机会网络不需要在源节点和目的节点之间构建完整通信链路，也不要求建立全连通网络，仅仅利用节点移动带来的相遇机会实现自组织通信。移动机会网络的节点间通信方式为"存储-携带-转发"方式，这种路由模式更适合实际的移动自组织网络。

　　移动机会网络的前身是容迟网络（Delay Tolerant Network，DTN），相当于具有容迟网络特征的无线自组织网络（Delay-tolerant Wireless Ad hoc Networks）。容迟网络包括底层运行独立通信协议的若干个 DTN 域，域间网关按"存储-转发"方式工作，如果有目标 DTN 域的链路则转发消息，如果无则将消息存储在本地等待可用链路出现。

3.1.6　红外通信网络

　　红外通信网络是一种基于红外线的无线局域网通信技术，广泛应用于各类家电遥控器。红外线波长介于 750nm～1mm，频率高于微波但低于可见光，不为人眼所见。红外通信通常使用 950nm 近红外波段的红外线作为通信信道进行信息传输。发送端使用脉冲位置调制（Pulse Position Modulation，PPM）将二进制数字信号调制为某一频率的脉冲序列，再驱动红外发射管将电信号转换为光脉冲发送出去。接收端将接收到的光脉冲转换回电信号，进行放大、滤波后再发送给解调电路进行解调，从而还原为二进制数字信号。

　　1994 年，红外线数据协会（Infrared Data Association，IrDA）发布了第一个红外数据通信标准 IrDA 1.0，包括物理层链路规范（Physical Layer Link Specification，IrPHY）、链接访

---

① 1 英里=1.609344 千米。

问协议(Link Access Protocol，IrLAP)和链接管理协议(Link Management Protocol，IrLMP)。IrDA 还针对某些特定应用发布过其他协议，如微小传输协议(Tiny Transport Protocol，TinyTP)、对象交换(Object Exchange，IrOBEX)协议、红外通信协议(Infrared Communications Protocol，IrCOMM)、局域网访问协议(IrLAN)、IrSimple 和 IrSimpleShot。

红外通信不受无线管制，也不受无线电干扰，适合短距离点对点直线传输。但红外线波长较短，对非透明物体的衍射能力差，传输距离受限，无法用于长距离无线通信。

【案例 3.1】无线组网案例如图 3.1 所示。图中 Host 为 DHCP Server，请正确配置 Host 使 AP 发放 SSID，PC1、PC2 和 PC3 分别关联 SSID-PC1、SSID-PC2 和 SSID-PC3，且对应 VLAN 分别为 VLAN-1、VLAN-2、VLAN-3。

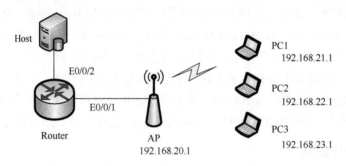

图 3.1　无线组网案例

【解】(1)配置 Router。

```
[Router] vlan batch 20 21 22 23                        //配置 VLAN
[Router] interface E0/0/1
[Router-E0/0/1] description link-to-ap
[Router-E0/0/1] port link-type trunk
[Router-E0/0/1] port trunk pvid vlan 20
[Router-E0/0/1] port trunk allow-pass vlan 20 21 22 23
[Router-E0/0/1] quit
[Router] interface E0/0/2
[Router-E0/0/2] description link-to-host
[Router-E0/0/2] port link-type trunk
[Router-E0/0/2] port trunk allow-pass vlan 20 21 22 23
[Router-E0/0/2] quit
```

(2)配置 Host。

```
[Host] vlan batch 20 21 22 23                          //配置 VLAN
[Host] interface E0/0/2
[Host-E0/0/2] description link-to-sw
[Host-E0/0/2] port link-type trunk
[Host-E0/0/2] port trunk allow-pass vlan 20 21 22 23
[Host-E0/0/2] quit
[Host] dhcp enable
[Host] interface vlanif 20
[Host-VLANif20] description for-ap
```

```
[Host-VLANif20] ip address 192.168.20.1 24
[Host-VLANif20] dhcp select interface
[Host-VLANif20] quit
[Host] interface vlanif 21
[Host-VLANif21] description for-pc
[Host-VLANif21] ip address 192.168.21.1 24
[Host-VLANif21] dhcp select interface
[Host-VLANif21] quit
[Host] interface vlanif 22
[Host-VLANif22] description for-pc
[Host-VLANif22] ip address 192.168.22.1 24
[Host-VLANif22] dhcp select interface
[Host-VLANif22] quit
[Host] interface vlanif 23
[Host-VLANif23] description for-pc
[Host-VLANif23] ip address 192.168.23.1 24
[Host-VLANif23] dhcp select interface
[Host-VLANif23] quit
[Host] WLAN ac-global ac id 1 carrier id other        //配置 Host 的 WLAN 基础配置
[Host] WLAN ac-global country-code cn
[Host] WLAN
[Host-WLAN-view] wlan ac source interface vlanif 20
[Host-WLAN-view]ap-auth-mode no-auth
[Host] interface wlan-ess 0                            //创建 WLAN-ESS 接口
[Host-WLAN-Ess0] port hybrid pvid vlan 21
[Host-WLAN-Ess0] port hybrid untagged vlan 21
[Host-WLAN-Ess0] quit
[Host] interface wlan-ess 1
[Host-WLAN-Ess1] port hybrid pvid vlan 22
[Host-WLAN-Ess1] port hybrid untagged vlan 22
[Host-WLAN-Ess1] quit
[Host] interface wlan-ess 2
[Host-WLAN-Ess2] port hybrid pvid vlan 23
[Host-WLAN-Ess2] port hybrid untagged vlan 23
[Host-WLAN-Ess2] quit
[Host-WLAN-view] wmm-profile name wmm-profile-0    //使用默认参数创建 WMM 模板
[Host-WLAN-wmm-prof-wmm-profile-0] quit
[Host-WLAN-view] security-profile name security-profile-0
                                               //使用默认参数创建安全模板
[Host-WLAN-sec-prof-security-profile-0] quit
[Host-WLAN-view] traffic-profile name traffic-profile-0
                                               //使用默认参数创建流量模板
[Host-WLAN-traffic-prof-traffic-profile-0] quit
[Host-WLAN-view] service-set name service-set-0    //创建服务集
[Host-WLAN-service-set-service-set-0] ssid ssid-pc1
[Host-WLAN-service-set-service-set-0] wlan-ess 0   //绑定 WLAN-ESS 接口
[Host-WLAN-service-set-service-set-0] service-vlan 21
[Host-WLAN-service-set-service-set-0] security-profile name security-profile-0
[Host-WLAN-service-set-service-set-0] traffic-profile name traffic-profile-0
```

```
[Host-WLAN-view] service-set name service-set-1
[Host-WLAN-service-set-service-set-1] ssid ssid-pc2
[Host-WLAN-service-set-service-set-1] wlan-ess 1
[Host-WLAN-service-set-service-set-1] service-vlan 22
[Host-WLAN-service-set-service-set-1] security-profile name security-profile-0
[Host-WLAN-service-set-service-set-1]
traffic-profile name traffic-profile-0
[Host-WLAN-view] service-set name service-set-2
[Host-WLAN-service-set-service-set-2] ssid ssid-pc3
[Host-WLAN-service-set-service-set-2] wlan-ess 2
[Host-WLAN-service-set-service-set-2] service-vlan 23
[Host-WLAN-service-set-service-set-2] security-profile name security-profile-0
[Host-WLAN-service-set-service-set-2] traffic-profile name traffic-profile-0
[Host-WLAN-view] radio-profile name radio-profile-0
                                    //创建射频模板，并绑定 WMM 模板
[Host-WLAN-radio-prof-radio-profile-0] wmm-profile name wmm-profile-0
[Host-WLAN-radio-prof-radio-profile-0] quit
[Host-WLAN-view] ap 0 radio 0        //配置 VAP 并发布
[Host-WLAN-radio-0/0] radio-profile name radio-profile-0
[Host-WLAN-radio-0/0] service-set name service-set-0
[Host-WLAN-radio-0/0] service-set name service-set-1
[Host-WLAN-radio-0/0] service-set name service-set-2
[Host-WLAN-radio-0/0] quit
[Host-WLAN-view] commit ap 0
```

3.2　5G　网　络

第 5 代移动通信技术(5th Generation Mobile Networks 或 5th Generation Wireless Systems)是新一代蜂窝移动通信技术，简称 5G 技术，支持高数据速率、低延迟、节能、低成本、大系统容量及大规模设备组网。

3.2.1　5G 技术概述

第 1 代移动通信技术(1G)出现于 20 世纪 80 年代，属于模拟通信，仅限于模拟语音的蜂窝通话，采用频分多址(FDMA)技术，带宽有限，无法长途漫游，仅用于区域性移动通信。

第 2 代移动通信技术(2G)实现了模拟通信到数字通信的转变，提供数字语音通话业务及低速数据业务，引入了被叫、短信息服务(Short Message Service，SMS)、文本加密、图片消息和多媒体消息业务(Multimedia Message Service，MMS)等数字数据服务。全球移动通信系统(Global System for Mobile communications，GSM)于 1990 年确定第 1 期规范，采用增强型数据速率(Enhanced Data rate for GSM Evolution，EDGE)技术，速率可达 384Kbit/s。通用分组无线业务(General Packet Radio Service，GPRS)使用无线分组交换技术，为端到端、广域无线 IP 连接提供更高速的数据处理，也被认为是介于 2G 和 3G 之间的 2.5G 系统。窄带码分多址(CDMA)也称 CDMAOne、IS-95 等，第一个商用网于 1995 年在香港开通，具有容量大、覆盖好、音质好、辐射小等特点。

第 3 代移动通信技术(3G)首次将无线通信和互联网技术全面结合,使用电路交换和分组交换混合的交换机制及 IP 体系结构,可提供移动宽带多媒体业务,带宽高达 5MHz。国际电信联盟(ITU)于 2008 年 5 月正式发布 3G 标准,中国提交的时分同步码分多址(Time Division-Synchronous Code Division Multiple Access,TD-SCDMA)与美国的 CDMA2000、欧洲的宽带码分多址(Wideband Code Division Multiple Access,WCDMA)共同组成 3G 三大主流技术。通用移动通信系统(Universal Mobile Telecommunications System,UMTS)以 WCDMA 为首选空中接口技术,并引入了 TD-SCDMA 和高速下行链路分组接入(High Speed Downlink Packet Access,HSDPA)技术。长期演进(Long Term Evolution,LTE)由第 3 代合作伙伴计划(the 3rd Generation Partnership Project,3GPP)于 2004 年 12 月在多伦多会议上正式启动,是 UMTS 技术标准的长期演进,引入了正交频分复用(Orthogonal Frequency Division Multiplexing,OFDM)和多输入多输出(MIMO)等技术。

第 4 代移动通信技术(4G)将 WLAN 技术与 3G 技术进一步结合,使用了 OFDM、MIMO、智能天线、软件定义的无线电(Software Defined Radio,SDR)技术。软件定义的无线电技术打破了传统通信系统中功能完全依赖于硬件的局面,将通信功能交给软件来实现,而硬件无线电设备仅作为无线通信的基础平台。IEEE 802.3EFM 工作组于 2004 年 6 月发布了以太网无源光网络(Ethernet Passive Optical Network,EPON)标准,即 IEEE 802.3ah,包括 3 个部分,在用户和通信供应商之间有终端设备、交换设备和电网局端设备。LTE 的后续演进版本 Release10/11(即 LTE-A)成为 4G 标准,TD-LTE(Time Division LTE)又称 TDD LTE(Time Division Duplexing LTE),于 2013 年发放牌照,下行采用正交频分多址(Orthogonal Frequency Division Multiple Access,OFDMA),而上行采用离散傅里叶变换扩频正交频分复用(Discrete Fourier Transform-Spread Orthogonal Frequency Division Multiplexing,DFT-SOFDM)多址方式。

第 5 代移动通信技术(5G)的非独立组网 NR 标准于 2017 年 12 月发布,3GPP 全会(TSG#80)于 2018 年 6 月 14 日正式批准了 5G NR 独立组网标准。高通公司于 2016 年 10 月推出了 6GHz 以下 5G NR 原型系统和实验平台。5G 技术使用了超密集异构网络、自组织网络、内容分发网络、设备到设备(Device to Device,D2D)通信、终端到终端(Machine to Machine,M2M)通信、信息中心网络、多址接入边缘计算(Multi-access Edge Computing,MEC)等技术。MEC 可将密集型计算业务迁移到邻近的网络边缘服务器上,减少了核心网络和传输网络负担,有助于降低时延,提高带宽和业务处理效率。5G 目的网络逻辑架构包括接入云、控制云和转发云 3 个逻辑域,简称"三朵云",如图 3.2 所示。

因此,5G 网络是一个多网络的融合网络,可根据业务场景灵活部署。控制云负责全局策略制定、策略管理、会话管理、信息管理、移动性管理等,可根据业务需求定制网络与服务,扩展新业务。接入云提供边缘计算 MEC 能力,高效融合多种无线接入技术,可满足用户智能无线接入需求,并可根据不同的部署条件进行灵活组网。转发云负责根据不同新业务需求完成业务数据流的汇聚转发与传输业务,在控制云的策略管理与资源调度下,配合接入云,保证高可靠和低时延业务、增强移动宽带、海量连接等端到端的质量要求。

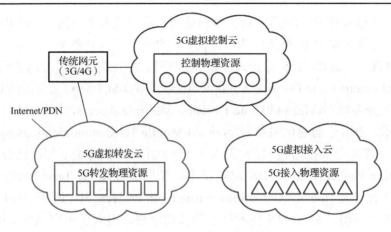

图 3.2 三朵云 5G 网络总体逻辑构架

3.2.2 新空口技术

5G 新空口(New Radio,NR)是基于正交频分复用(OFDM)的全新空口技术,在 LTE 的基础上进行强化,包含 SDAP、PDCP、RLC 和 MAC 层等。服务数据适配协议(Service Data Adaptation Protocol,SDAP)是 5G NR 用户面的新增子层,实现 QoS 流与数据无线电承载 (Data Radio Bearer,DRB)之间的映射,降低时延并增强可靠性。分组数据汇聚协议(Packet Data Convergence Protocol,PDCP)是 UMTS 中的无线传输协议栈,用于压缩/解压 IP 头、传输用户数据、维护为无损的无线网络服务子系统(Serving Radio Network Subsystem, SRNS)设置的无线承载序号。无线资源控制(Radio Resource Control,RRC)可采用优化策略改善无线资源管理、控制和调度,又称无线资源管理(Radio Resource Management,RRM)或无线资源分配(Radio Resource Allocation,RRA)。无线链路控制(Radio Link Control,RLC)协议位于 MAC 层之上,为用户和控制数据提供分段和重传业务,包括透明模式(Transparent Mode,TM)、非确认模式(Unacknowledged Mode,UM)、确认模式(Acknowledged Mode, AM)。物理 MAC 层采用灵活的帧结构参数和波形,优化了参考信号,降低了空口开销。

根据传输信息类型,NR 逻辑信道可分为业务信道和控制信道。NR 业务信道采用可并行解码的低密度奇偶校验(Low-Density Parity-Check,LDPC)码,NR 控制信道主要采用 Polar 码。而 LTE 业务信道采用 Turbo 码,LTE 控制信道采用卷积码。NR 上行采用了基于多载波传输的循环前缀正交频分复用(Cyclic Prefix-Orthogonal Frequency Division Multiplexing,CP-OFDM)波形,且两种波形可根据信道状态自适应转换和灵活调度。NR 中每个 slot/mini-slot 中的 OFDM 符号包括上行、下行和灵活符号,可半静态或动态配置,子载波的不同间隔可配置不同长度的 slot/mini-slot。

NR 空口支持类似于 LTE 的时频正交多址接入,但 NR 使用了一套灵活的空口参数集以适应不同应用。NR 保留了用户设备(User Equipment,UE)级的解调参考信号 (Demodulation Reference Signal,DMRS)、信道状态信息参考信号(Channel-State Information-Reference Signal,CSI-RS)和信道探测参考信号(Sounding Reference Signal,SRS),取消了 LTE 空口中的小区级参考信号(Cell Reference Signal,CRS),引入相位跟踪参考信号(Phase

Tracking Reference Signal，PTRS)和相位估计补偿算法来降低高频场景中的相位噪声。NR 的主要参考信号仅在调度时或连接态时传输，减少了组网干扰，也节约了基站能耗。

3.2.3　天线阵列技术

天线阵列技术基于电磁场的叠加原理，将工作在同一频率的两个以上的天线按特定要求组成天线阵列。新组成的天线阵列可共同馈电，从而克服单一天线的有限方向性缺陷。天线阵列的阵元指构成天线阵列的天线辐射单元。当各阵元产生的几列电磁波传到同一区域时，电磁波矢量会互相叠加。电磁波的相位包括初相位、时间相位和空间相位。对于确定的发射天线及工作频率，其初相位是确定的，时间相位也可以确定，但空间相位在几列电磁波相遇时可能发生变化。其中，同相位叠加会增强总场强，而反相位叠加会削弱总场强。如果总场强的增强区域和削弱区域在空间保持固定，天线阵列便改变了单一天线的辐射场结构。

5G 基站使用大量天线及端口构成天线阵列，支持更多用户通过 MIMO 技术实现空间复用传输，成倍提升频谱效率。各天线通道的发射/接收信号的幅度和相位还可以同步控制以获得赋形增益，即通过形成具有指向性的波束，增强波束方向的信号，并补偿无线传播损耗，从而提升小区信号，实现广度和深度覆盖。大规模天线阵列还可以借助波束赋形、波束切换、波束扫描等技术补偿毫米波频段的传播损耗。但是，天线阵列技术在设备成本、体积和重量方面也高于传统的无源天线技术。

3.2.4　SA/NSA 互操作技术

独立组网模式(Stand Alone，SA)指新建一套包括新基站、核心网及回程链路在内的全新 5G 网络。SA 可使用全新的网元与接口、网络虚拟化、软件定义网络等新技术，有助于与 5G NR 结合并开发协议。

非独立组网模式(Non-Stand Alone，NSA)指利用已有的 4G 基础设施来部署 5G 网络，其控制信令仍通过 4G 网络传送，其 5G 载波只承载用户数据。

5G SA 和 5G NSA 两类互操作方案均由 3GPP 提出，并于 2018 年 6 月 3GPP 冻结了 SA 标准。SA 互操作方案是，5G NR 直接接入 5G 网络，核心网互操作实现了 5G 网络与 4G 网络的协同，5G 控制信令完全独立于 4G 网络，可支持 MEC、网络切片等新特性。4G 基站仅需进行 5G 切换参数等较少升级，4G 核心网移动管理实体(Mobility Management Entity，MME)需要升级支持 N26 接口。4G/5G 基站支持不同厂家组网，而无须终端双连接。

5G NSA 于 2017 年 12 月冻结了基于演化的包核心(Evolved Packet Core，EPC)网络标准，作为 LTE 的核心网，其 3 个网元包括用于信令控制的移动管理实体(MME)、数据面的服务网关(Serving Gateway，S-GW)、外部数据连接边界的公共数据网网关(Public Data Network Gateway，PDN Gateway，P-GW)。5G NSA 是将 5G 的控制信令运行在 4G 基站上，EPC 或 5G 核心(5G Core，5GC)网的接入需要通过 4G 基站，不支持 MEC、网络切片等新特性。4G 基站需要升级以支持 5G 基站的 X2 接口；4G/5G 基站必须是同一厂家的产品，终端需要双连接。2018 年 12 月，冻结了基于 5GC 的 NSA 标准，4G 基站需升级支持 5G

协议，可支持 MEC、网络切片等新特性。

因此，SA 是目的网络方案，对现有网络改造量小，业务能力更强，终端成本低，不涉及双连接等技术。而 NSA 方案对现有网络改造量大，EPC NSA 需要向 SA 方案演进，5GC NSA 需对 4G 基站升级到 eLTE，且不同厂家基站间难以实现 4G/5G 双连接。

3.2.5 无线网 CU/DU 架构

3GPP 引入 CU/DU 架构，提出了 5G 功能重构方案，将室内基带处理单元(Building Baseband Unit，BBU)的基带部分拆分为中心单元(Central Unit，CU)和分布单元(Distribute Unit，DU)两个逻辑网元，而有源天线单元(Active Antenna Unit，AAU)由射频单元和部分基带物理层底层功能与天线组成。CU 负责 PDCP 层及以上的无线协议功能，而 DU 负责 PDCP 层以下的无线协议功能。作为无线侧逻辑功能节点，CU 与 DU 既可映射为不同的物理设备，也可映射为同一物理设备。CU/DU 分离可减少网元数量和时延(无须中传)，降低部署和运维成本，避免 NSA 组网双链接下路由迂回，但 SA 组网无路由迂回问题。

CU/DU 部署主要有通用公共无线接口(Common Public Radio Interface，CPRI)与增强型 CPRI(enhanced CPRI，eCPRI)两种方案。采用传统 CPRI 接口时，传输速率与 AAU 天线端口数呈线性关系。采用 eCPRI 接口时，传输速率通常与 AAU 支持的流数呈线性关系。

基于无线电接入网(Radio Access Network，RAN)架构的 5G 承载网包括前传、中传、回传 3 部分。前传(Fronthaul AAU-DU)负责传送无线侧网元设备 AAU 与 DU 之间的数据；中传(Middlehaul DU-CU)负责传送无线侧网元设备 DU 与 CU 之间的数据；回传(Backhaul CU-核心网)负责传送无线侧网元设备 CU 与核心网网元之间的数据。

3.2.6 软件定义网络

2006 年，美国斯坦福大学 Clean Slate 课题组提出了软件定义网络(Software Defined Network，SDN)的概念，斯坦福大学 McKeown 教授团队同年提出的 OpenFlow 概念给网络带来可编程特性。2008 年，McKeown 教授等在 ACM SIGCOMM 上发表了论文 *OpenFlow: Enabling Innovation in Campus Networks*，首次详细地介绍了 OpenFlow 的概念、工作原理和应用场景。OpenFlow 的核心是基于流(Flow)的转发规则，每台交换机都负责维护一个流表(Flow Table)，按流表规则进行转发，并由控制器指导流表的建立、维护和下发。

传统网络中每个网元可以与周边网元进行水平互联，但在垂直方向上难以直接创造应用、部署业务。SDN 技术利用分层思想把数据与控制相分离，使整个网络(不限于网元)在垂直方向变得开放、标准化、可编程。SDN 架构由下到上分为数据层、控制层和应用层。数据层包括交换机等网络设备及专用于数据转发的哑交换机，仅提供简单、高速的数据包转发功能，网络设备之间按规则构成 SDN 数据链路。控制层包括具备可编程功能的 SDN 控制器，可管理各类转发规则，是 SDN 的逻辑中心，并为负载均衡和性能优化提供支持。应用层包括各种基于 SDN 的网络应用，可供用户编程及部署新应用，而无须关心底层细节。

SDN 控制层与数据层间通过控制数据平面接口(Control-Data-Plane Interface，CDPI)进行通信，将控制器中的转发规则下发至转发设备，具有统一的接口标准(如 OpenFlow 协议等)，交换机仅需根据规则完成相应的动作即可。SDN 控制层与应用层之间通过北向接口

(North Bound Interface，NBI)进行通信，允许用户根据需要定制各种网络管理应用。SDN 接口具有开放性，以控制器为逻辑中心，东西向接口用于控制器扩展和多控制器间通信，南向接口用于与数据层通信，北向接口用于与应用层通信，从而实现网络的快速部署。

3.2.7　网络功能虚拟化

网络功能虚拟化(Network Function Virtualization，NFV)将网络节点划分成若干功能区块，借助虚拟化技术以软件方式实现硬件功能，而非局限于硬件架构。网络功能虚拟化技术能够在标准服务器上提供网络功能，帮助用户按需动态配置网络，而不依赖底层架构或定制设备。网络功能虚拟化技术的核心是虚拟网络功能，而且只能是硬件中的网络功能，包括路由、移动核心、策略、用户驻地设备(Customer Premises Equipment，CPE)、IP 多媒体子系统(IP Multimedia Subsystem，IMS)、内容分发网络(Content Delivery Network，CDN)、饰品、安全性等。虚拟网络功能需要把基础设施软件和对应的应用程序及业务流程有效整合起来才能发挥效用。

管理和编排(Management and Orchestration，MANO)系统是一种在虚拟机上部署与连接的架构，用于管理和协调虚拟网络功能及支撑软件组件。欧洲电信标准组织(European Telecommunications Standards Institute，ETSI)发布的 MANO 标准包括 NFV 编排器(NFV Orchestrator)、虚拟网络功能(Virtualized Networks Function，VNF)管理器、虚拟基础设施管理器(Virtualized Infrastructure Management，VIM)。NFV 编排器负责将 VNF 集成到虚拟架构中，如资源编排和服务编排，验证及授权 NFV 基础设施(Network Function Virtualization Infrastructure，NFVI)的资源请求；VNF 管理器负责 NFV 的生命周期管理；VIM 负责 NFV 计算、存储和网络等基础设施的控制与管理。

3.2.8　切片分组网

切片分组网(Slicing Packet Network，SPN)整合了以太分片组网技术、面向传送的分段路由技术、密集波分复用(DWDM)技术，实现了基于以太网的多层技术融合。网络切片(Network Slice)是在统一基础设施上分离出的多个端到端虚拟网络，每个网络切片至少包括无线网子切片、承载网子切片和核心网子切片，从无线接入网、承载网到核心网，将每个网络切片进行逻辑隔离，以实现按需组网。SPN 包括切片分组层(Slicing Packet Layer，SPL)、切片通道层(Slicing Channel Layer，SCL)和切片传送层(Slicing Transport Layer，STL)。SPL 负责处理分组数据的路由，SCL 负责处理切片以太网通道的组网，STL 负责处理切片物理层编解码和 DWDM 光传送。

在 3GPP 定义中，切片分组网包括通信业务管理、网络切片管理、网络切片子网管理 3 个主要模块。通信业务管理负责业务需求到网络切片需求的映射；网络切片管理负责切片的编排处理，把整个网络切片的服务等级协定(Service Level Agreement，SLA)分解到不同切片子网，包括核心网切片子网、无线网切片子网和承载网切片子网；网络切片子网管理负责将 SLA 映射为具体的网络服务实例及配置参数，并将指令发送给 MANO 管理和编排网络资源，完成承载网的资源调度。不同网络切片间既可以相互隔离，也可以共享资源。

网络切片的核心网控制层采用服务化架构，用户层根据转发业务要求选择软件转发加速、硬件加速等技术进行灵活部署。

　　SPN 融合了 SDN 技术，实现对网元物理资源的逻辑抽象和虚拟化，将转发、计算、存储等资源转化为虚拟资源，以便按需组织而成虚拟网络。SPN 可以统一承载前传、中传、回传。在接入光纤较多的区域可使用光纤直驱的方案前传，在接入光纤缺乏的区域可使用 SPN 彩色光方案前传。使用同一张网统一承载中传、回传可以实现不同 RAN 侧的网元组合，端到端网络切片由 FlexE 通道支持。

　　【案例 3.2】3G 网络配置案例如图 3.3 所示。SwitchA 作为出口网关通过两个 3G 网络接入 Internet，其中 3G 网络 1 作为主接入线路，3G 网络 2 作为备用接入线路。假设 3G 网络 1 使用 WCDMA 连接方式，APN 为 3GNET，拨号串为*99#；3G 网络 2 使用 CDMA2000 连接方式，拨号串为#777。要求当主接入线路上 Cellular0/0/1 或 3G 网络 1 故障时，备用接入线路上的 Cellular0/0/2 或 3G 网络 2 可以担任临时传输业务。

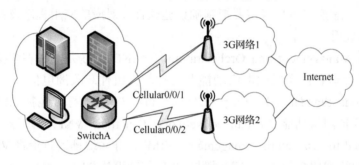

图 3.3　3G 网络配置案例

　　【解】(1)配置 SwitchA 通过 3G 接口 Cellular0/0/1 接入 Internet。

```
<Switch> systtm-view
[Switch] sysname SwitchA
[SwitchA] Interface Cellular0/0/1                    //3G 接口 Cellular0/0/1
[SwitchA-Cellular0/0/1] link-protocol ppp     //PPP 协议
[SwitchA-Cellular0/0/1] ip address ppp-negotiate
[SwitchA-Cellular0/0/1] profile create 1 state 3gnet   //3G 网络 1 接入 Internet
[SwitchA-Cellular0/0/1] mode wcdma wcdma-procedence    //WCDMA 连接方式
[SwitchA-Cellular0/0/1] quit
```

　　(2)配置 SwitchA 通过 3G 接口 Cellular0/0/2 接入 Internet。

```
[SwitchA] Interface Cellular0/0/2                    //3G 接口 Cellular0/0/2
[SwitchA-Cellular0/0/2] link-protocol ppp     //PPP 协议
[SwitchA-Cellular0/0/2] ip address ppp-negotiate
[SwitchA-Cellular0/0/2] mode cdma hybrid      //CDMA2000 连接方式
[SwitchA-Cellular0/0/2] quit
```

　　(3)配置 Cellular0/0/1 的备用接口，以便接口故障时切换流量至备用接口 Cellular0/0/2。

```
[SwitchA] Interface Cellular0/0/1                        //3G 接口 Cellular0/0/1
[SwitchA-Cellular0/0/1] standby interface cellular0/0/2
```

```
                                              //Cellular0/0/2 为备用接口
[SwitchA-Cellular0/0/1] quit
```

(4)配置轮询 DCC。主接入线路或备用接入线路使用拨号方式接入 Internet，两个 3G Cellular 接口共享同一个拨号访问组。

```
[SwitchA] dialer-rule                          //DCC 的 Dialer 接口
[SwitchA-dialer-rule] dialer-rule ip permit    //许可 IPv4 拨号访问
[SwitchA-dialer-rule] quit
[SwitchA]Interface Cellular0/0/1               //3G 接口 Cellular0/0/1
[SwitchA-Cellular0/0/1] dialer enable-circular //使能轮询 DCC
[SwitchA-Cellular0/0/1] dialer-group 1
[SwitchA-Cellular0/0/1] dialer timer autodial 60 //自动拨号 60s
[SwitchA-Cellular0/0/1] dialer number *99# autodial
[SwitchA-Cellular0/0/1] quit
[SwitchA]Interface Cellular0/0/2               //3G 接口 Cellular0/0/2
[SwitchA-Cellular0/0/2] dialer enable-circular //使能轮询 DCC
[SwitchA-Cellular0/0/2] dialer-group 1
[SwitchA-Cellular0/0/2] dialer timer autodial 60 //自动拨号 60s
[SwitchA-Cellular0/0/2] dialer number #777 autodial
[SwitchA-Cellular0/0/2] quit
```

(5)配置两条 3G 静态路由实现网络层互通，并使用不同优先级区分主接入接口 3G Cellular0/0/1 和备用接入接口 3G Cellular0/0/2。

```
[SwitchA] ip route-static 0.0.0.0 0.0.0.0 Cellular0/0/1 preference 50
                                              //主接入线路优先
[SwitchA] ip route-static 0.0.0.0 0.0.0.0 Cellular0/0/2 preference 100
                                              //备用接入线路
```

配置完成后，在 SwitchA 上执行命令 display standby state 观察各接口状态，可见 Cellular0/0/1 状态为 up，Cellular0/0/2 状态为 standby。进一步地，在 Cellular0/0/1 接口上执行命令 shutdown 模拟主接入线路故障。再次在 SwitchA 上执行命令 display standby state 观察各接口状态，可见主接入接口 Celllular0/0/1 状态为 down，备用接入接口 Cellular0/0/2 状态为 up，说明主接入线路故障时可自动切换至备用接入线路工作。

3.3　物　联　网

物联网(Internet of Things，IoT)是物物相联的互联网，通过射频识别(RFID)、无传感器、全球定位系统、激光扫描器等感知设备，将各类物品按照约定的协议连接成网络进行信息交换和通信，以实现智能化识别、定位、跟踪、监控和管理。1999 年，麻省理工学院的阿什顿(Ashton)首次使用了物联网一词，他被称为"物联网之父"。2005 年 11 月，国际电信联盟在信息社会世界峰会(WSIS)上发布了《ITU 互联网报告 2005：物联网》，物联网的概念正式诞生。

欧洲智能系统集成技术平台(the European Technology Platform on Smart Systems

Integration，EPoSS)在 *Internet of Things in 2020* 报告中指出，物联网的发展可分为 4 个阶段：2010 年之前为 RFID 技术初步应用阶段，2010～2015 年为物体互联阶段，2015～2020 年为半智能化物体阶段，2020 年之后进入全智能化物体阶段。

3.3.1　自动识别数据捕获技术

自动识别数据捕获(Automatic Identification and Data Capture，AIDC)技术是通过对数据高度自动化采集来识别物体信息的技术，能够对字符、条码、信号、声音、影像等记录进行自动机器识别，并将自动获取的被识别物体信息发送给后台的计算机处理。自动识别技术按照处理环节可分为数据采集技术和特征提取技术两大类。数据采集技术包括电识别技术、磁识别技术、光识别技术和无线识别技术等；特征提取技术包括属性特征识别技术、静态特征识别技术和动态特征识别技术等。自动识别技术按照应用领域可分为磁卡识别技术、射频识别技术、条码识别技术、IC 卡识别技术、光学字符识别技术、生物识别技术和图像识别技术等。

射频识别(Radio Frequency Identification，RFID)使用无线射频方式获取物体数据，以实现对物体信息的识别。RFID 使用电子标签来标识某个物体，读写器在采集和识别物体信息时完全不需要直接接触被识别物体。根据工作时使用的无线信号不同，可将 RFID 系统分为电感耦合式和电磁反向散射式两种。根据数据读写的同步性，可将 RFID 系统分为全双工工作方式、半双工工作方式和时序工作方式三种。

RFID 系统基本都包括电子标签、读写器和系统高层。每个 RFID 电子标签具有唯一的电子编码，电子标签由电子芯片和天线组成，电子芯片用于存储物体的数据，天线能够以无线电方式收发物体数据。按供电方式不同，电子标签可分为无源电子标签、有源电子标签和半有源电子标签 3 种，对应的 RFID 系统也分为无源系统、有源系统和半有源系统。附近的 RFID 读写器能够接收到电子标签通过无线电发射的物体数据，实现非接触数据交换，以及远程识别高速运动的物体，甚至同时识别多个目标。根据 RFID 读写器工作频率不同，可将 RFID 系统分为低频、高频和微波 3 种。系统高层是 RFID 网络系统，多个读写器与电子标签可通过网络标准接口连接到一起，在计算机网络上完成数据交换、数据处理、传输和通信。

3.3.2　无线传感器网络

无线传感器网络(Wireless Sensor Networks，WSN)是由大量可被外部世界感知和检测的传感器组成的分布式感知网络，可与互联网进行有线或无线连接。无线连接方式类似于一个多跳自组织网络。无线传感器网络节点包括传感器节点和汇聚节点两种。传感器节点负责采集、处理、传输数据；汇聚节点负责通过广域网或者卫星通信来连接不同节点，并处理所有节点收集到的数据。汇聚节点能够起到网关的作用，融合传感器节点的报告数据，剔除传感器节点中的错误报告数据，并判断突发事件。

无线传感器的网元包括数据采集单元、数据传输单元、数据处理单元及能量供应单元。数据采集单元负责监测区域内的信息采集和加工转换，如温度、湿度、光照、气体成分等；数据传输单元负责对采集的数据信息、无线通信交流的信息进行处理、发送和接收；数据处理单元负责对所有节点的路由协议、管理业务、装置定位等进行处理；能量供应单元负责为传感器节点工作提供必要的能源供应，通常使用微型电池。

3.3.3 IEEE 802.15

无线个人区域网(WPAN)用于活动半径小、业务类型丰富的特定群体，能把几米范围内的多个近距离设备以无线方式连起来。个人操作空间(Personal Operating Space，POS)通常在 10m 以内，用户在 POS 范围内可以是固定的，也可以是移动的。2002 年成立的 IEEE 802.15 工作组主要负责无线个人区域网的媒体访问控制(MAC)层和物理(PHY)层的标准化工作，设有 4 个任务组(Task Group，TG)。

任务组 TG1 负责制定 IEEE 802.15.1 标准，即蓝牙无线个人区域网标准，可用于中等速率、近距离的 WPAN，包括手机、个人数字助理(Personal Digital Assistant，PDA)等。蓝牙是一种无线数据和语音通信的全球开放性标准，最早于 1998 年 5 月由 Ericsson、Nokia、Toshiba、IBM 和 Intel 等公司联合发布。蓝牙使用全球通用的 2.4GHz ISM(即工业、科学、医学)频段的 UHF 无线电，工作范围在 10m 之内，能够连接多个设备。蓝牙的首次配对需要用户使用 4～6 位个人识别号码(Personal Identification Number，PIN)进行验证，蓝牙设备会自动使用自带的 E2/E3 算法来加密生成 PIN，完成用户身份验证。

任务组 TG2 负责制定 IEEE 802.15.2 标准，以及解决 IEEE 802.15.1 标准与无线局域网标准 IEEE 802.11 共存的问题。

任务组 TG3 负责制定 IEEE 802.15.3 标准，即高速率 WPAN 标准，工作于全球通用的 2.4GHz 频段，数据速率为 55Mbit/s，要求连接时间小于 1s。TG3 追求更高的数据传输速率与 QoS，支持 Ad hoc 网络，以及在高分辨率电视、高保真音响等多媒体方面的应用。

任务组 TG4 负责制定 IEEE 802.15.4 标准，即低速无线个人区域网(Low-Rate Wireless Personal Area Network，LR-WPAN)，能够为个人或家庭范围内不同设备的低速互连提供统一、低耗能、低速率、低成本的通信标准。LR-WPAN 几乎不需要基础设施，定义了低速无线个人区域网的物理层和媒体访问控制层协议，作为 ZigBee、WirelessHART、MiWi、Thread 等规范的基础。LR-WPAN 支持点对点和星型两种网络拓扑结构，使用不同的载波频率实现 20Kbit/s、40Kbit/s 和 250Kbit/s 三种不同的传输速率；使用 64 位地址作为全球唯一的扩展地址，兼容 16 位和 64 位两种地址格式；支持 CSMA-CA 和 ACK 确认机制。

ZigBee 是基于蜜蜂相互间联系的方式而研发的一项无线通信技术，工作于 2.4GHz 频段，底层采用 IEEE 802.15.4 标准定义的媒体访问控制层与物理层。ZigBee 适用于通信范围小、传输速率低的数个甚至数千个微小传感器之间和电子元器件之间的相互通信，所以也称为 FireFly 无线技术、Home RF Lite 无线技术。ZigBee 技术消耗能源显著优于其他无线通信技术，而且还可实现全球定位系统(Global Positioning System，GPS)功能。

3.3.4　6G 网络

2018 年 9 月,世界移动通信大会提出了第 6 代移动通信(6G)标准的设想,主要用于促进物联网的发展。其传输能力预计比 5G 提升 100 倍,网络延迟预计从毫秒级减少到微秒级。如果说 5G 的目标是信息极速传输,那么 6G 的目标是万物互联,缩小数字鸿沟,网速已经不再重要。6G 网络主要使用太赫兹(THz)频段,即亚毫米波的频段,并使用前所未有的致密化网络,基站的覆盖范围更小,数量更多。6G 使用空间复用技术,基站可同时接入数百个甚至数千个无线连接,其容量预计比 5G 基站提升 1000 倍。

6G 网络使用分布更广的智能动态频谱共享接入技术,如基于区块链的动态频谱共享。2015 年,美国联邦通信委员会(Federal Communications Commission,FCC)提出了动态频谱共享技术,由集中的频谱访问数据库来动态调整不同类型的无线流量,可用于 3.5GHz 上实现公民宽带无线服务(Citizens Broadband Radio Service,CBRS),频谱使用效率将大大提高。频谱接入系统(Spectrum Access System,SAS)有 3 层不同优先级的用户。第 1 层用户拥有最高优先级,如国防通信系统等,持有该频段的使用执照,完全不受其他层接入用户的干扰;第 2 层用户优先级次之,如已授权的付费用户,能够不受第 3 层接入用户的干扰;第 3 层用户的优先级最低,任何人均可使用,但不保护其免受其他层接入用户的干扰。分层的优先级可以有效地减少频谱资源浪费和拥塞问题,一旦有某段频谱空闲,其他用户就可接入使用。

第4章 光 网 络

光在生活中随处可见，它的传输速度非常快，很适合远距离传递信息。光通信按照发展阶段，可以分为早期的自然光通信和现代的人造光通信两种。光通信按照使用的频谱(或波长)可分为可见光通信和非可见光通信。紫外线通信和第3章中介绍的红外通信都是非可见光通信。根据所使用的介质，光通信又分为无线光通信(或自由空间光通信)和光纤通信两种。

4.1 概 述

1. 光网络发展

在早期人类与自然的斗争中，诞生了最古老的自然光通信——手势。之后，人类历史上又诞生了远距离的光通信，如烟火、反射镜、旗语、信号灯等，并具备了初步的编码功能。1620年，荷兰科学家斯涅耳(Snell)发现了光折射的斯涅耳定律(Snell's Law)。1662年，法国科学家费马(Fermat)提出光传播路径最短的费马原理(Fermat Principle)。1684年，英国"微生物学之父"胡克(Hooke)使用悬挂几种符号组合的方式来完成远距离通信。1793年，法国夏卜(Chappe)建立了光学电报(Optical Telegraphy)烽火台系统，利用十字架左右臂的不同位置和角度来表示不同字母。1880年，贝尔(Bell)发明了光电话，使用一个薄膜镜面反射太阳光来调制通话声音，并使用光电导硒电池接收光波并解调成电流信号。1923年，非裔美国人摩根(Morgan)发明了交通指挥灯。1933年，国际手旗信号通信开始广泛使用。

现代人造光通信的普及应用离不开电光效应和光电效应的发现。光电效应由德国物理学家赫兹(Hertz)于1887年发现。1893年，泡克耳斯(Pockels)发现了泡克耳斯效应(Pockels Effect)，即有些晶体(特别是压电晶体)在外电场作用下会改变其各向异性性质。1905年，诺贝尔物理学奖得主、德国物理学家菲利普(Philip)用实验发现了光电效应。1916年，物理学家爱因斯坦发现了激光的原理，即受激辐射光放大(Light Amplification by Stimulated Emission of Radiation)。爱因斯坦(Einstein)因为首次成功解释了光电效应获1921年诺贝尔物理学奖。20世纪60年代，华裔物理学家高锟首次提出了光纤理论，并因此获2009年诺贝尔物理学奖。水流(胶体)导引光和玻璃纤维导引光均为相同的内全反射原理，是现代光纤通信的基础。1970年，第一根真正意义上的低损耗光纤出现，才真正实现了光纤通信。

2. 光网络结构

光网络按物理连接方式的不同，可分为总线网、星型网、环型网和网状网。与其他拓扑结构相比，环型网能够共享链路，链路分摊成本低，在突发数据流时能够让保护光纤和工作光纤一起工作，以减小链路负荷，减少了路由器端的缓存。

多波长网络按照电转换环节的数量可分为单跳网和多跳网。单跳网中每一个节点均不需要电转换，结构简单，数据流像一个光流一样从源端穿过网络一直到达目的端。单跳网按照光网络选路方式不同可分为广播与选择网（Broadcast and Select Network）、波长选路网（Wavelength Routed Network）。

(1)广播与选择网将多个节点用无源星型耦合器件连接成星型拓扑结构，发射端以广播形式发送，接收端选择性滤波接收。广播与选择网有两种工作方式，即发送波长固定而接收波长可调和接收波长固定而发送波长可调。广播与选择网容易浪费光功率，无论接收器是否需要通信，发射光依然广播到全部接收器；可扩展性差，N 个节点最少需要 N 个波长，无法实现波分复用。因此，广播与选择网常用于高速局域网或广域网。

(2)波长选路网使用波长选择交换器组网，有波长转换交换和波长远路交换两种工作方式。波长转换交换通过转换波长将数据交换到另一个波长信道；波长远路交换则通过动态地改变波分复用路由在信道间交换数据。

光网络系统可使用光开关、阵列波导路由器、可调谐滤波器、波长转换器等光学器件，以提高网络结构的可扩展性、灵活性和可重构性。

3. 波长路由

波长路由是光网络的独特属性。光网络由端节点和波长路由器通过光路径连接而成，每条链路能支持多种信号格式，并且被限定在波长粒度上。通常，Internet 数据的发送和接收信道具有明显的不对称性，不同于基于对称话音业务而构建的通信网络。但是，波长分插复用器（Wavelength Add Drop Multiplexer，WADM）可以在基于波长的光域上直接根据 Internet 数据流量优化波长路由和网络流量。

波长交换机或波长路由器可以是非重构交换机、与波长无关型可重构交换机或波长选择型可重构交换机。非重构交换机一旦建成就无法改变，各输入端口和输出端口对应关系固定且波长一致。与波长无关型可重构交换机可以动态重构输入端口和输出端口的对应关系，每一个输入信号对应一些固定输出端口，且与波长无关。波长选择型可重构交换机既可动态重构输入端口和输出端口的对应关系，也可对输入波长选路。

在不使用全光波长变换模块时，光网络波长路由需要确定优化网络判据、路由和波长的分配（Routing and Wavelength Assignment，RWA）算法以实现路由和波长的动态自适应分配，并在网络故障时动态自愈恢复。在使用全光波长变换模块时，波长变换模块应设法改善波长路由光网络拓扑结构，以提高系统性能，降低波长堵塞。

4. 光网络互联

每个光网络一般是由多个光路径互相连接的光子网组成的，光路径通常是双向的，不同实体管理的多个不同的光网络可以组成光互联网络。国际因特网工程任务组（IETF）提出的网络模型需要通过动态建立的光路径将 IP 路由器连接到光核心网络上，而光核心网络自身并不能直接处理单个 IP 分组。光子网可能是由带光电转换的光交叉连接（Optical

Cross-Connect，OXC)组成的，也可能是由全光的 OXC 组成的。将多个光子网组成光核心网络的路由器称为核心路由器，负责光网络与其他网络相连的路由器称为边界路由器。

光交叉连接通过配置交换阵列实现交换功能，即设置交叉连接表，例如，从端口 i 进入的数据流被交换到端口 j 可描述为一个交叉连接表项：<输入端口 i,输出端口 j>。波长选择交叉连接(Wavelength-Selective Cross-Connect，WSXC)使用输入/输出端口与输入/输出波长来描述交叉连接表项。因此，通过设置入口 OXC 和出口 OXC 的交叉连接，以及一组中间的 OXC 的交叉连接，可以描述入口 OXC 到出口 OXC 之间的光路径。

波分复用(WDM)技术既可以内置在 OXC 中，也可以和 OXC 集成，可以将一个 OXC 发送的多个数据流复用到另一条光路径上。当 OXC 内置 WDM 时，入口 i 发送的波长 j 以波长 l 被交换到出口 k 可以描述为交叉连接表项：<{输入端口 i,波长 j},{输出端口 k,波长 l}>。

4.2 自由空间激光通信网络

1. 架构

自由空间光通信(Free Space Optical Communications)是指在大气或真空中以光波为载体传递信息的通信技术，包括星际间光通信、星地光通信和大气光通信。自由空间激光通信系统是在大气或真空传输介质中以激光光波为载波的光通信系统，既有光纤通信的大通信容量、高传输速率的优点，也有微波通信不需要铺设光纤的优点。自由空间激光通信系统使用两台激光通信机组成双工通信系统，两台激光通信机相互向对方发射被调制的激光脉冲信号(声音或数据)，接收并解调对方发射来的激光脉冲信号。

激光通信系统由激光通信机、计算机、接口电路、传输信道等几部分组成，如图 4.1 所示。在发射端，二进制语音或数据脉冲信号被调制器转换成适合在信道上传输的波形，被调制的信号由功率驱动电路驱动激光器通过光学天线发出光脉冲,将载波激光发射出去。在接收端，光电探测器通过光学天线收集激光信号，并将光信号转换成电信号，经过宽带放

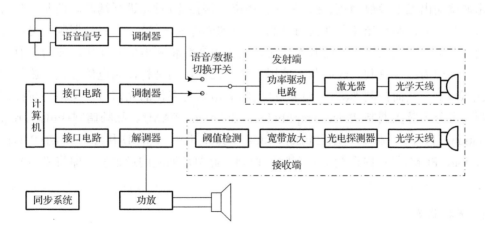

图 4.1 激光通信系统

大、阈值检测、滤波得到有效信号，再由解调器对接收到的调制信号执行反变换，还原为语音或数据脉冲信号，以供计算机处理。语音/数据切换开关能够实现语音通信和数据通信的切换，类似于一个语音/数字通信系统。接口电路用于连接调制解调器与计算机。解调器是调制器的逆过程。同步系统使通信系统的发射端和接收端保持统一的时间标准。

2. 光源

光源用于为光通信提供可靠的编码源，激光通信使用激光器作为光源。相比普通光源，激光具有更好的单色性和方向性，亮度更高。1958 年，美国科学家肖洛（Schawlow）和汤斯（Townes）发现了氖光灯泡的激光原理，即物质遇到与其分子固有振荡频率相同的能量激发时会产生激光。1960 年 7 月，梅曼（Maiman）通过激发红宝石制造出了世界第一台激光器。同年，苏联科学家尼古拉·巴索夫（Nikolay G. Brasov）发明了半导体激光器，与汤斯共获 1964 年诺贝尔物理学奖。1978 年，肖洛又发明了高分辨率激光偏振光谱法，并测得了里德伯常数，获 1981 年诺贝尔物理学奖。

自由空间激光通信常用的激光器有以下 3 类。

第 1 类是二氧化碳（CO_2）激光器。这种激光器具有最大输出功率（＞10kw），用于卫星与地面之间的光通信，输出波长有 9.6m 和 10.6m。但该激光器体积较大，寿命较短。

第 2 类是钇铝石榴石晶体（Nd:YAG）固体激光器。这种激光器采用半导体泵浦源，能提供几瓦的不间断输出，用于星际间光通信，输出波长为 1064nm。

第 3 类是二极管激光器（Laser Diode，LD）。这种激光器能够直接调制，且结构简单、效率高、体积小、重量轻。波长为 800～860nm 的 AlGaAs 二极管激光器和波长为 970～1010nm 的 InGaAs 二极管激光器能兼容探测、跟踪模块的电荷耦合器件（Charge Coupled Device，CCD）阵列的波长。

3. 调制器和解调器

调制是把待传送的信号叠加到载波上的过程。调制器是一种电光转换器，即根据电信号变化调整输出光束参数（如强度、频率、相位、偏振等）对光进行调制。调制可分为外调制和内调制。外调制在光源之外使用调制元件（如光电晶体等），再将被调制的电信号加到外调制元件上，当光束穿过外调制元件时，其光束参数将随电信号变化，成为载有信息的光信号，又称为间接调制。内调制不使用外调制元件，而是将调制电信号直接施加到光源上（或电源上），从而控制光源（或电源）产生随着电信号变化的光信号，又称为直接调制。外调制还可分为脉幅调制（Pulse-Amplitude Modulation，PAM）、脉频调制（Pulse-Frequency Modulation，PFM）、脉宽调制（Pulse-Width Modulation，PWM）和脉码调制（Pulse Code Modulation，PCM）等；内调制主要有脉码调制。解调是调制的逆过程，即将光信号还原为电信号。

4. 光接收器

光接收使用光学接收透镜汇聚激光发射器传来的已被调制的光信号，并进行必要的滤波器滤波，以及通过光电探测器进行光电转换。接收方法有直接检测接收和外差检测接收。

直接检测接收直接利用光学天线和光电探测器把接收到的光信号转换成电信号，如砷化镓激光通信就是使用直接检测接收，该方法简单实用，但灵敏度和信噪比较低。

外差检测接收的过程是，将光学天线接收到的频率为 f_c 的激光信号送入滤波器和反射镜，并将本振激光器产生的频率为 f_0 的激光也送入反射镜，两路激光再同时反射到混频器的光敏面。混频器对两束叠加的激光波进行检测和混频，混频器输出差频 $f_m = f_0 - f_c$ 信号，再通过中心频率为 f_m 的带通滤波器后还原为电信号。该方法灵敏度和信噪比都比较高，但结构复杂。

光信号接收转换的核心部件是光电检测器，又称光电探测器，常用的有光电子发射型光电倍增管、光生伏特型 PIN(P-I-N) 光电二极管 (Photo-Diode，PD)、雪崩光电二极管 (Avalanche Photo-Diode，APD) 等，均可用于 CO_2 激光器、Nd:YAG 激光器和半导体激光器。

捕获、跟踪和瞄准 (Acquisition、Tracking and Pointing，ATP) 系统用于快速、精确地捕获光信号，通常包括粗跟踪系统和精跟踪系统两部分。粗跟踪 (捕获) 系统一般采用 CCD 阵列来实现，用于在较大视场范围 (±1°～±20°或更大) 内捕捉目标，视场角＜10mrad。精跟踪 (瞄准) 系统通常采用高灵敏度的四象限红外探测器 (Quadrant Infrared Detector，QID) 或四象限雪崩光电二极管 (Quadrant Avalanche Photo-Diode，QAPD) 作为位置传感器，在粗跟踪目标捕获后进一步瞄准并实时跟踪目标，视场角＜100mrad。

5. 大气传输

激光在真空中传输时衰减非常小。而大气中的气体分子和气溶胶分子对光具有散射与吸收效应，因此，激光在大气中传输时其强度衰减很快，而且大气对不同波长的激光的吸收衰减效应差别很大。

世界气象组织 (World Meteorological Organization，WMO) 把大气自下而上分为 5 层：对流层 (高度因纬度而不同，在低纬度地区 17～18km，在中纬度地区 10～12km，在极地 8～9km)、平流层 (对流层顶到 55km)、中间层 (平流层顶到 85km)、暖层或热层 (中间层顶到 800km)、散逸层或外层 (暖层顶到 3000km)。对流层约占整个大气质量的 75%，占水汽质量的 90%以上，对激光通信影响最大。据统计，大气中激光传输损耗对雾和雨为 3～10dB/km，对雪为 3～20dB/km。

4.3　光纤通信网络

光纤通信 (Optical Fiber Communications) 是以光波为信息载体、光纤为传输介质的光通信方式。基本的光纤通信系统包括发送机、接收机和信道 3 部分。发送机产生信息，信息通过信道传输到接收机。信道可以分为两类，非导引信道和被导引信道。非导引信道不使用任何导电传输结构，例如，4.2 节中介绍的自由空间激光通信就使用大气作为非导引信道。被导引信道使用了各种导光传输结构作为信道，成本高于非导引的大气信道。但被导引信道在很多方面优于非导引信道，如不受气候条件影响、私密性好、更可靠。

4.3.1 光纤通信网络架构

光纤通信系统原理图如图 4.2 所示。常见的光纤通信系统包括信源、调制器、载波源、信道耦合器、信道、再生中继器、光检测器、信号处理器和信宿等。

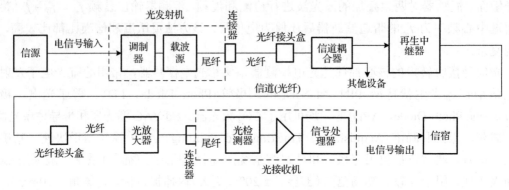

图 4.2　光纤通信系统原理图

1. 信源

信源用于产生光纤通信所需的原始信号，通常它是一个将非电信号转换成电信号的变换器。信源的物理形式较多，但无论在电通信还是在光通信中，信源的信息在传输前都必须处于电形态。

2. 调制器

调制器一方面需要将信源的电信号转换为适合光纤传送的形态，另一方面还要将该信号加载到载波源所产生的载波上。调制器根据其使用的数据格式可分为模拟和数字两种。模拟调制器使用连续的模拟信号。数字调制器使用离散的数字信号，数据速率可用每秒发送的比特数 (bit/s) 来度量。调制器只要在合适的时刻将载波源打开或关闭就可以将数字信号加载到载波上。一般使用数字 1 代表开状态，数字 0 代表关状态。

3. 载波源

载波源产生能够携带信息并一起传播的波，即载波。射频通信系统使用电振荡器产生载波，光纤通信系统往往使用二极管激光器 (LD) 或发光二极管 (Light-Emitting Diode，LED) 产生光载波。LD 或 LED 也称为光振荡器，能够提供单频、稳定的光波。

LD 或 LED 激光器调制简单，尺寸小，并且只在发射光时才消耗能量。LD 或 LED 激光器的辐射功率与注入电流有明确的函数关系，可以使用强度调制 (Intensity Modulation，IM) 方式，即通过调节注入电流来控制其工作，使输出光功率的大小与调制器的输入电流相关。LD 激光器的开启有一个阈值电流，低于该值则不会开启。检测到二进制数 1 时，让驱动电流大于阈值，确保 LD 激光器能够发光；检测到二进制数 0 时，则让驱动电流低于阈值，确保 LD 激光器不发光。LED 激光器则无阈值影响，只要有正向电流通过就会发光。

4. 信道耦合器

信道耦合器用于将调制后的信号送入信道。大气光通信系统使用一组透镜作为信道耦合器,可以将光源发出的光束对准接收机。光纤通信系统使用光耦合器将信源的已调制光信号发送给光纤。但是,光源发射光角度通常较大,而光纤只能在极小角度范围内捕捉光,基本耦合损耗和信道耦合难度较大。

5. 信道

发射机和接收机之间的传输路径称为信道,光纤通信系统使用玻璃(或石英)光纤作为信道。合适的信道应该具有较大的光接收锥角,以保证对光的有效收集,还应具有较低的衰减和信号失真,以确保光信号长距离传输。由于光纤中传输的是有一定频率范围的光信号,且其功率还被分配到多个路径传输,所以容易造成信道传输信号的失真。例如,数字系统中脉冲发生展宽和失真变形,而且脉冲展宽会随传输距离的增加而更严重。

6. 再生中继器

在很长的信道上,还常使用光放大器对微弱的模拟或数字光信号进行功率放大。再生中继器(或再生器)仅用于数字系统中,可将微弱的、失真的数字光信号转换为电信号,再还原成原始数字光信号继续传输。因此,再生中继器比光放大器更为复杂,价格也更加昂贵。二者的区别还在于,中继器能够完全重建数字光信号的幅值和波形,而光放大器仅仅补偿信号传输的衰减。

以大气为介质的光通信系统使用天线收集来自信道的光信号,并将其对准光接收机。以光纤为介质的光通信系统使用输出耦合器收集光纤输出的光信号,将其对准到光检测器,而且保持光辐射方向和光纤接收锥角的一致性。

7. 光检测器

光纤通信系统使用光检测器将从信道接收到的光波从其载波中分离出来,转换成电流。电通信系统使用解调器来完成这个分离过程。光检测器通常使用半导体光电二极管,因为光功率的变化指明了光波所包含的信息。光检测器转换得到的电流通常与输入光波的功率成比例,因此,检测输出电流实际上再现了驱动光源的电流。由于光调制器在发送信号前在电流上增加了一个偏置电流,光检测器在输出电流前还需要滤除这个常量偏置部分。数字光通信系统的光检测器可以在输出端得到与发射端脉冲序列相同的数字信号。

8. 信号处理器

在模拟光通信系统中,信号处理器只对信号进行放大和滤波,包括滤除直流偏置,以及其他不需要的频率成分。通信系统中的全部环节均有可能存在噪声,接收信号中除有用信息频率以外的随机波动均属于噪声。实际上,滤波器只能最大化信号功率与非预期功率的比值。

在数字光通信系统中,信号处理器不仅要对信号进行放大和滤波,还需要执行判决电路功能，即在任意一个比特时间间隔内判断接收到的二进制信号是 1 还是 0。数字信号处理器有时还使用数模转换器对模拟源信息的 0/1 输入数字序列进行解码，还原成初始的电信息形式。而计算机间的光通信可直接用数字形式完成，无须数模转换。

9. 信宿

信宿是光通信的终点。如果信宿用户需要看到或听到接收到的信息，就必须使用合适的转换器将电信号转换成用户可视的图像或可听的声波。在光互联网络中，包括电话交换网中的光纤干线、有线电视和广播电视的光纤链路等在内，光纤系统仅仅是一个大的光互联网络的一部分，信宿需要使用电连接器方式连接用户计算机。

4.3.2　光纤的结构

1. 光纤工作原理

光纤利用光在两种电介质的分界面产生全反射的原理进行工作，如图 4.3 所示。实际的光纤有多种情形会形成反射面，如光在光纤纤芯与包层的界面全反射，光在空气和纤芯（玻璃）的边界上从光源反射进光纤，光在两根光纤连接端面缝隙处形成的空气-玻璃边界反射。在光纤中纤芯与包层边界的反射率应该尽可能高，以尽可能地减少反射损耗，最大限度地延长光在纤芯中的传输距离。同时，尽量减少光在输入端和连接端面缝隙处的反射损耗。

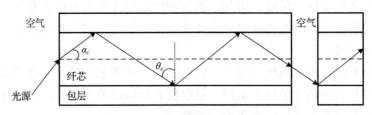

图 4.3　光纤的全反射

光垂直入射到边界面，定义反射系数 ρ 为反射电场与入射电场的比值，假设 n_1 代表入射区域的折射率，n_2 代表传播区域的折射率，则反射系数的计算公式为

$$\rho = \frac{n_1 - n_2}{n_1 + n_2} \tag{4.1}$$

若 $n_2 > n_1$，则反射系数 <0，即入射电场与反射电场之间存在 180° 的相移。

考虑到光的强度与其电场的平方成正比，定义反射率 R 为反射光强与入射光强的比值，则反射率等于反射系数的平方，即

$$R = \left(\frac{n_1 - n_2}{n_1 + n_2}\right)^2 \tag{4.2}$$

2. 临界角

如图 4.3 所示，当入射角大于一个特定的临界角 θ_c 时，则发生光全反射，有方程式：

$$\sin\theta_c = \frac{n_2}{n_1} \qquad\qquad (4.3)$$

由于正弦值永远不会大于 1，因此仅当 $n_1 > n_2$ 时才存在全反射临界角，即光从高折射率区域射向低折射率区域。注意，式(4.3)与光波的偏振方向无关。若入射角 θ_i 大于临界角 θ_c，有 $\sin\theta_i > \sin\theta_c$，则 $n_1^2\sin^2\theta_i > n_2^2$。由于一个负数的平方根是一个虚数，假设 A 和 B 是实数，j 是虚数单位，故反射系数具有复数形式：

$$|\rho| = \frac{|A-\mathrm{j}B|}{|A+\mathrm{j}B|} \qquad\qquad (4.4)$$

由于 $A+\mathrm{j}B$ 与 $A-\mathrm{j}B$ 的模均为 $\sqrt{A^2+B^2}$，故反射系数 ρ 的模为 1。对于所有满足 $\theta_i \geqslant \theta_c$ 的光入射角度，其反射率 $R=|\rho|^2$ 均为 1，即全反射。全反射也可根据斯涅耳定律做类似推导。对于纤芯-空气界面，入射光的透射角 θ_t 满足方程 $\sin\theta_t = (n_1/n_2)\sin\theta_i$。当 $\sin\theta_i = n_2/n_1$ 时，透射角为 90°，即为式(4.3)中的临界角。由于透射角比入射角增加得稍快，90° 透射角意味着透射波不再进入第二种介质。因此，所有的光都被全部反射回第一种介质。

根据式(4.3)可计算出的几种常见材料组合的临界角，如表 4.1 所示。实际使用中，光线的入射角应当大于或等于临界角以实现全反射导光，尽可能地将光线无损耗地约束在纤芯内。

表 4.1 常见材料组合的临界角

项目	玻璃-玻璃	玻璃-空气	玻璃-塑料	塑料-塑料
n_1	1.48	1.50	1.46	1.49
n_2	1.46	1.00	1.40	1.39
θ_c	80.6°	41.8°	73.5°	68.9°

3. 光纤波导

光纤波导按光纤传输模式数量不同可分为单模光纤(含偏振保持光纤、非偏振保持光纤)和多模光纤；按光纤生产工艺可分为预塑轴向气相沉积法(Vapor Axial Deposition，VAD)、化学气相沉积法(Chemical Vapor Deposition，CVD)、管律法和双坩埚法等不同类型。

光纤波导按光纤工作波长可分为紫外光纤、可观光纤、近红外光纤、红外光纤(0.85μm、1.3μm、1.55μm)。短波长光纤(800~900nm)具有较低的损耗和脉冲展宽；长波长光纤(1300~1600nm)具有更小的损耗和色散。

光纤波导按光纤折射率变化可分为阶跃(Setup Index，SI)型光纤、近阶跃型光纤、渐变(Graded Index，GRIN 或 GI)型光纤，以及其他型(如三角型、W 型、凹陷型等)。SI 型光纤和 GI 光纤的损耗差不多，但 SI 型光纤的光源耦合效率较高，而 GI 型光纤具有低脉冲失真。

光纤波导按光纤原材料不同可分为石英光纤、玻璃光纤、塑料光纤、复合材料光纤、红外材料光纤等；按被覆材料可分为无机材料(碳等)、金属材料(铜、镍等)和塑料等。玻璃光纤的损耗最小，通常是长距离光纤通信的首选材料。石英光纤和塑料光纤损耗均较大。塑料光纤具有粗的纤芯和大的数值孔径，适合高效的短距离光纤通信。

4.3.3　光纤通信标准

1. IP over SONET/SDH

在 20 世纪 70 年代，多种网络技术如 T1(DS1)/E1 载波系统(1.544/2.048Mbit/s)、X.25 帧中继、综合业务数字网(ISDN)、光纤分布式数据接口(FDDI)等陆续出现。为了整合以上不同速率的网络技术接口，20 世纪 90 年代出现了物理层协议 SONET/SDH。IP over SONET/SDH 能够将以太网信号封装在 SONET/SDH 线路中进行通信，借助 IP 多路广播，能提供较高的带宽利用率。

1988 年，同步光纤网(Synchronous Optical Network，SONET)数字传输标准由美国首先推出。SONET 定义了同步传输的线路速率等级结构，整个网络的各级同步时钟都使用一个铯原子钟作为高精度主时钟(精度优于 $\pm 10^{-11}$)。SONET 传输速率以 51.84Mbit/s 为基础，与 T3/E3 传输速率相当，对于电信号为第 1 级同步传送信号(Synchronous Transport Signal Level-1，STS-1)，对光信号则为第 1 级光载波(Optical Carrier-1，OC-1)。每个 STS-1 帧包括传送开销和净负荷，每个帧有 9 行 90 列，共 810 字节，一帧持续时间为 125μs，最高可定义到 OC-3072 级，约 160 Gbit/s，一系列级别定义可统一表示为 OC-N。

1998 年，同步数字体系(Synchronous Digital Hierarchy，SDH)由 ITU-T 建议定义，可为不同速率数字信号提供分等级的传输系统。SDH 使用同步传送模块(Synchronous Transport Mode，STM-N，N=1,4,16,64)作为信息结构等级，最基本的模块为 STM-1，由 4 个 STM-1 同步复用构成 STM-4，以此类推。SDH 承载信息使用一种块状的帧结构，每帧包括纵向 9 行和横向 270N 列字节(每字节 8bit)，每帧传输时间为 125μs，每秒传输 1/125×1000000 帧。整个帧结构分成段开销(Section Overhead，SOH)、STM-N 净负荷、管理单元指针(Administration Unit Pointer，AU PTR)共三个区域。STM-1 每帧比特数为(9×270×1)×8bit =19440bit，则 STM-1 的传输速率为 19440×8000=155.520Mbit/s。通常认为 SDH 与 SONET 是同义词，但 SDH 中的 STM-1 速率与 SONET 体系中的 OC-3 相当。

2. 千兆以太网

千兆以太网(GbE)可在标准 5 类铜缆上运行 1000BASE-T，也可在光纤上运行 1000BASE-X，主要用于家庭、办公共网络的各类 FTTx。

3. 光纤通道

光纤通道(Fiber Channel)数据网络可为硬盘等设备提供点对点的环路转换接口，连接设备可达 126 个，支持热插拔性、高速带宽、远程连接等特性。光纤通道使用两种分区，即软分区和硬分区。软分区使用交换机把所有设备的全局名称(World Wide Name，WWN)放入同一个分区，而不区分各设备的连接端口。硬分区类似于以太网中的虚拟局域网，可将一个端口放入一个分区或设置数个分区，连接该端口的任何流量均视为来自该分区。

4. 有线电视网（光传输）

有线电视最初指公用天线电视，现指所有用于视频信号传输的电缆或光纤铜缆混合系统。最早的有线电视业务出现于 1948 年。目前的有线电视网通常采用单向混合光纤同轴电缆（Hybrid Fiber-Coaxial，HFC）网和 AM-VSB（Amplitude Modulation-Vestigial Side-band）调制，每个光节点采用星型/树型拓扑结构分出多条同轴双向电细线（可覆盖约 500 个用户）。有线电视网的前端系统把 CATV 信号转换为光信号，再由光接收机把光信号转换为电信号，最后由同轴电缆分配网络把电信号传输到最终用户。

5. 光纤分布式数据接口

光纤分布式数据接口（Fiber Distributed Data Interface，FDDI）由美国国家标准学会（ANSI）制定，用于提供高宽带数字信号和远距离光缆通信。1992 年，ANSI 完成了 FDDI 和 SONET 互连的接口标准。FDDI 可使用多模光纤、单模光纤或双绞线作为传输介质，使用双环令牌，最大分组长度为 4500 字节，传输速率可达 100Mbit/s，光信号码元速率高达 125Mbit/s，常用于骨干网。但其连接节点数量不多于 1000 个，双连接节点不多于 500 个。

FDDI 包括 4 个子规范，即介质访问控制、物理介质相关层、物理层协议层、站管理。FDDI 以 IEEE 802 体系结构和 LLC 协议为基础开发了自身的 MAC 协议，定义了介质访问控制方式所需要的帧格式、寻址、令牌、CRC 和差错恢复（Error Resilience）。FDDI 在物理层提出了物理层介质相关（Physical Layer Medium Dependent，PMD）子层和物理层协议（Physical Layer Protocol，PHY）子层。PMD 定义了传输介质的特性，如光纤链路、功率电平、误码率、光纤器件和连接器；PHY 定义了光纤传输的编码和解码程序、时钟等。站管理（Station Management，SMT）定义了 FDDI 站配置、环配置、环控制等特征，如站点的插入、删除、启动、故障分离、恢复、模式、统计等。

第二代光纤分布式数据接口（FDDI-Ⅱ）从仅使用分组交换的 FDDI 基本模式（Basic Mode），扩展到可同时支持分组交换和电路交换的混合模式（Hybrid Mode）。正在研究的下一代 FDDI 标准还包括光纤分布式数据接口延续局域网（FDDI Follow-on LAN，FFOL）。

6. IP over WDM

IP over WDM 属于链路层数据网，能够指定波长直通连接或用作旁路，网络业务仅由 IP 层完成。IP over WDM 网络的主要部件包括激光器、光纤、光放大器、光耦合器、光再生器、光转发器、光分插复用器（OADM）、光交叉连接（OXC）器和高速路由交换机。IP over WDM 发送端将不同波长的光信号复用并送入光纤中传输，接收端再将复用的光信号解复用并送入各个终端。IP over WDM 通过光纤与光耦合器直接相连，耦合器负责分开或组合不同波长，使用简单的光纤连接器作为输入端和输出端。IP over WDM 允许变换为光交换和全光选路结构，结构灵活，波长指定方便。WDM 系统常用色散非线性效应小的 G.655 光纤。

【案例 4.1】假设玻璃的折射率为 1.48，空气的折射率为 1.0，试计算空气-玻璃界面的反射率和传输损耗（单位为 dB）。

【解】根据式(4.2)可计算出反射率为

$$R = \left(\frac{1-1.48}{1+1.48}\right)^2 \approx 0.0375$$

可知，约 3.75%的光被反射，约 96.25%的剩余光功率被传输，则传输损耗为

$$-10\lg 0.9625 \approx 0.166(\text{dB})$$

因此，光从空气射入玻璃时约有 0.166dB 的反射损耗。由于反射率式(4.2)的对称性，光从玻璃射入空气时也会有同样的反射损耗。

4.4　可见光通信网络

可见光通信(Visible Light Communication，VLC)是指直接应用可见光波段作为信息载体传输光信号，通常使用空气为介质，而不使用光纤等有线信道的传输介质。英国爱丁堡大学的哈斯(Haas)教授将其称为光保真(Light Fidelity，Li-Fi)技术。可见光通信技术具有以下特点：

(1)直接依赖分布广泛的各类照明设备和基础设施，可实现绿色、低碳的光通信。

(2)工作用的可见光波段无须频谱授权便可使用。

(3)能有效避免传统无线电通信中的电磁信号泄露问题,完全无电磁干扰,对人体安全。

(4)工作频率高，传输速率快。

(5)在未来也可能与蜂窝网络(3G、4G、5G、6G)、Wi-Fi 等通信技术交互融合。

贝尔因在 1876 年 3 月 10 日发明了世界上第一台电话机而被誉为"电话之父"。贝尔的光电话(Photo Phone)是人类历史上第一次无线电话的实现，使用了可见光通信技术。进入21 世纪后，可见光通信随着发光二极管(LED)等的广泛应用而再度引起关注。理论上，只要有灯光就能够实现数据通信，但通常的可见光通信指的是高频 LED 可见光通信技术。2000 年，可见光通信刚兴起时，其传输速率只有几十 KB/s。2013 年，中国复旦大学研发出离线传输速率为 3.75Gbit/s 的可见光通信。目前，可见光通信的传输速率还在不断刷新。

可见光通信长期演进(VLC-Long Term Evolution，VLC-LTE)技术示例如图 4.4 所示。

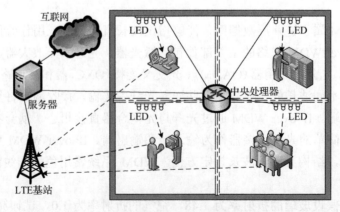

图 4.4　可见光通信长期演进技术示例

室内设置多个 VLC 接入点(LED)和一个中央处理器,并在室外设置一个 LTE 基站,两者共同覆盖了室内通信区域。室内所有的 VLC 均连接至中央处理器,中央处理器与室外 LTE 基站连至同一个服务器,并接入互联网。VLC 作为下行链路,LTE 作为上行链路及 VLC 信号中断时的下行链路。VLC-LTE 移动终端在加入系统后首先连接到 LTE 信道,然后自行检测是否有 VLC 接收信号强度(Received Signal Intensity,RSI),若检测到 VLC 信号则加入 VLC 网络。

4.4.1 可见光通信网络架构

1. 信源

可见光通信的信源通常为 LED,即由一个 PN 结组成发光二极管,其中 N 型半导体中电子为多数载流子,P 型半导体中空穴为多数载流子。当将正向电压施加到 PN 结上时,外电场与内电场相互作用从而削弱内电场,促使空穴和电子互相扩散形成稳定的电流。当高能态的电子与空穴复合时,会以光的形式将多余的能量释放出来,释放的能量 h_v 相当于半导体材料的带隙能量,其中 h 为普朗克常量,下标 v 为光子频率。当将反向电压施加到 PN 结上时,外电场与内电场相互作用从而增强内电场,多数载流子的扩散运动将被阻止,无法发光。

白光 LED 是最常用的可见光通信信源,根据其发光原理可分为蓝光-荧光和红绿蓝三色两种类型。蓝光-荧光型 LED 是将能够产生黄绿色的荧光粉涂在蓝光 LED 上,蓝光激发荧光粉发出黄绿光,组合成白光。但荧光物质响应速率低,3dB 带宽在 1MHz 之下。红绿蓝三色工作速率较高,还可以利用红绿蓝三色的不相干性构成波分复用系统。1993 年,日本名古屋大学教授赤崎勇、天野浩和美国加利福尼亚大学教授中村修二发明了高亮度蓝色发光二极管,被誉为爱迪生之后的第二次照明革命,三人因此共获 2014 年诺贝尔物理学奖。

2. 信宿

可见光通信的信宿是光电探测器,即根据光电效应原理将光信号转为电信号的过程。光电探测器的工作光谱响应范围集中在可见光波长范围,感光面积大。硅基的 PIN 光电二极管波长响应范围大概在 400~1100nm,使用硅微电子工艺兼容性好,适宜大批量制造。

对于蓝光-荧光产生的白光 LED,往往使用电路均衡技术将蓝光 LED 芯片扩展至几百MHz 以上,光电探测器前方需要增设窄带蓝色滤光膜将荧光滤除。对于红绿蓝三色产生的白光 LED,往往使用了三色波分技术,光电探测器前方需要增设红绿蓝三组单色滤光膜。

光电探测器还需要用前置放大电路将光电流信号放大,常由高压偏置电路和雪崩增益APD 光电二极管构成。有时还需要设置温度补偿电路。前置放大电路的后端往往还设有均衡电路。

3. 天线

可见光通信往往需要设置天线提供宽视场接收能力。LED 的发光光强分布通常符合朗伯光照模型(Lambertian Illumination Model),即单位面积接收到的光强与接收面积成正比,与接收距离成反比,与入射角的余弦成正比,LED光轴与收发机连线夹角的余弦成正比。在室内照明情况下,当接收机视场扩大到100°时,完全可以满足可见光通信的宽视场要求。

光学天线根据结构可分为单光学天线和多光学天线两种。单光学天线仅使用一个镜头实现角度分集接收,通常为鱼眼镜头或广角镜头。多光学天线使用位于不同方位角的多个天线实现角度分集接收,天线阵列共同构成广角接收系统。光学天线还可以结合光电探测器阵列进一步构成空分复用系统或MIMO天线系统,同时完成多路可见光信号的并行传输。

4.4.2　可见光通信关键技术

1. 调制技术

提高可见光通信传输速率的重要手段之一是选择合适的调制格式。可见光通信常用的调制技术有脉冲位置调制(PPM)、通断键控(On-off Keying,OOK)、脉冲幅度调制离散多音(Pulse Amplitude Modulated-Discrete Multi Tone,PAM-DMT)、直流偏置光正交频分复用(Direct Current-based Optical-OFDM,DCO-OFDM)调制、非对称限幅光正交频分复用(Asymmetrically Clipped Optical-OFDM,ACO-OFDM)调制、单载波频域均衡(Single Carrier-Frequency Domain Equalization,SC-FDE)和无载波幅度相位(Carrierless Amplitude and Phase,CAP)调制等。

2. MIMO技术

MIMO技术使用多个发射机发送数据,并使用多个接收机接收数据,可大幅度提高传输容量而不增加频谱资源,并有助于解决可见光链路被人体、家具遮断的问题。但是,可见光通信技术具有不同于传统激光通信技术的光源间干扰、发散性、非相干性等特点,所以MIMO技术也有所不同。常用于可见光通信的MIMO系统有多点漫射(Multi Sport-Diffuse,MSD)MIMO、像素化MIMO、成像接收机MIMO及非成像接收机MIMO。

MSD MIMO发射端可以同时发射多个窄波束照亮不同的小区域,再使用多单元方向分集接收器接收光信号,不需要发射机与接收机的严格对齐。该系统兼有漫射和视距链路的特性,能够有效地解决遮挡引起的链路损失问题,但对功率要求较高。

像素化MIMO发射端设置有二维光发射器阵列,可以产生编码成像序列进行高速率数据传输,接收端再由成像检测器检测信号。像素化MIMO系统是一种点对点的MIMO,适用于在图像传输和图像检测方面。MSD MIMO系统和像素化MIMO系统都容易被室内行人或家具遮断光路,从而导致光通信中断。

成像接收机MIMO使用成像接收机实现多数据流的接收,多数据流对应接收机成像图上的像素点,是一种基于成像原理的MIMO方式。成像接收机MIMO系统能够解决信道矩阵非满秩的问题,并有助于降低系统设计复杂性。

非成像接收机MIMO系统有多个发射LED和多个接收光电二极管(PD),使用简单,但存在信道矩阵非满秩问题。因此,非成像接收机MIMO难以真正恢复出原始信号,影响其应用。发射LED对称的区域内MIMO信道具有强相关性,难以利用MIMO的空分复用特性。

常用的强度调制/直接探测(Intensity Modulation/Direction Detection,IM/DD)容易产生

码间干扰，而且干扰会随着数据传输速率提高而恶化。OFDM 具有很强的抗多径衰落能力和较高的频谱利用率，因此常用 MIMO-OFDM 调制技术来减少码间干扰。

3. 编码技术

编码技术能够通过信号变换的方式提高信道的通信质量，并提高传输信号抵抗干扰、噪声、衰落等信道损伤的能力。无线可见光通信也常用编码技术提高通信性能。可见光通信常用的信道编码包括里所(Reed Solomon，RS)码、卷积码、Turbo 码和低密度奇偶校验(Low Density Parity Check，LDPC)码等。RS 码是一种前向纠错码，也是纠错能力很强的非二进制编码。卷积码由 Elias 等于 1955 年提出，主要用于纠随机错误。Turbo 码是一种级联码，由 Claude Berrou 等于 1993 年首次提出。LDPC 码是一种前向纠错码，20 世纪 60 年代由 Gallager 在其博士论文中首次提出。RS 码与卷积码的解码器结构简单，计算速度快，实时性好，但纠错能力不如 Turbo 码和 LDPC 码。IEEE 802.15.7 定义了可见光通信标准，其 PHY Ⅰ层的信道编码使用卷积码作为外码，使用 RS 码作为内码的级联码；PHY Ⅱ层使用 RS 码作为信道编码；PHY Ⅲ层使用 1/2 RS(64,32)码。

4. 复用技术

时分复用将可见光信号分为不同时隙进行传输，每个时隙从多个可见光发射端中选择一个进行传输。不同传输时隙可将不同发射端信号正交化处理，消除可见光信号间的干扰。

频分复用将不同的可见光发射端信号调制到不同的载波频率上，即将全部发射端 LED 的带宽划分成若干子频带，各子频带按预定的分配机制分给不同用户使用。OFDM 多载波调制技术可以有效减少码间干扰及对抗窄带干扰，且具有极高的传输速率和带宽利用率。

色分复用将不同可见光发射端的信号调制到不同颜色的光上进行传输，使用不同于传统电磁通信的红绿蓝三色光进行通信。在接收端，色分复用得到的可见光信号可以使用光域滤波片分离，再对分离的不同颜色光信号进行基带处理。因为不同颜色的光在光谱上略有重叠，色分复用分离出的信号之间也存在类似 MIMO 的干扰。

5. 多址接入技术

多址接入技术能够让多个用户共享有限的可见光频谱资源，包括电域多址技术和光域多址技术。

可见光通信中常用的电域多址技术有频分多址(FDMA)、时分多址(TDMA)和码分多址(CDMA)。频分多址使用频率分配法，有助于提高每个用户的传输容量。正交频分多址(OFDMA)是 OFDM 的演进，在不同时隙为每个用户提供不同的子载波来实现多用户接入，但功率效率低，且随子载波的增加而降低。时分多址使用时隙分配法，平均功率效率较高，然而降低了每个用户的传输容量。码分多址使用正交或准正交的扩频码序列分配信道资源，允许用户在时间、频率和空间上重叠。3 种电域多址技术可以结合使用，形成混合系统。

可见光通信中常用的光域多址技术有波分多址(Wavelength-Division Multiple Access，WDMA)和空分多址(Space-Division Multiple Access，SDMA)。波分多址使用波长分配法，每个用户使用一个独立的光波长，并在接收端设置一个可调谐的光接收滤波器，以区分不同波长光信号。空分多址使用角度分配法，即通过角度分集接收机(Angle Diversity Receiver，ADR)区分来自不同方向的光信号，并减少同信道干扰(Co-Channel Interference，CCI)。SDMA 利用了可见光波长较短的特点，角度分辨率较高。

6. 组网技术

尽管 VLC 具有诸多优势，但其信号覆盖范围较小、易受遮挡影响。因此，需要将可见光通信技术与传统射频(RF)技术、光纤异构组网，实现真正意义上的无缝覆盖，提高移动终端(Mobile Terminal，MT)的用户体验。可见光通信长期演进(VLC-LTE)技术异构融合网络融合了传统的立即垂直切换(Immediate Vertical HandOver，IVHO)和驻留垂直切换(Dwelling Vertical HandOver，DVHO)两种技术，提出了基于预测的垂直切换算法(Predictive Vertical HandOver，PVHO)。PVHO 能够对可见光网络进行实时监测、统计和计算，并切换到 IVHO 和 DVHO 中一个更优的算法。VLC-LTE 移动终端在工作中持续扫描可见光接收信号，若可见光通信信号被遮挡则会造成 RSI 值减少，从而根据预测结果选择最优的垂直切换算法。

【案例 4.2】POS 接口配置案例如图 4.5 所示。同步光缆网上传送包(Packet Over SONET/SDH，POS)接口使用 SONET/SDH 物理层传输网络连接两台设备，RouterA 已经完成参数设置，帧格式为 SONET，链路层协议为 HDLC，从时钟模式，MTU=1500 字节，对载荷数据不加扰，CRC 字长=32 位，开销字节 c2=4，j0=abcd，j1=efgh，j0 和 j1 都为 32 字节模式。请配置 RouterB 的 POS 接口以确保对接成功。

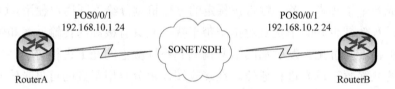

图 4.5　POS 接口配置案例

【解】两个路由器均可使用从时钟模式，使用 SONET 网络中精度更高的时钟。

```
<Router> system-view
[Router] sysname RouterB                              //配置 RouterB 的 POS 接口
[RouterB] interface pos0/0/1
[RouterB-Pos0/0/1] frame-format sonet                 //接口帧格式为 SONET
[RouterB-Pos0/0/1] link protocol hdlc                 //链路层协议 HDLC
[RouterB-Pos0/0/1] clock slave                        //使用从时钟模式
[RouterB-Pos0/0/1] mtu 1500                           //MTU=1500 字节
[RouterB-Pos0/0/1] flag c2 4                          //接口开销字节
[RouterB-Pos0/0/1] flag j0 32byte-mode abcd
[RouterB-Pos0/0/1] flag j0 32byte-mode efgh
[RouterB-Pos0/0/1] undo scramble                      //接口加扰功能
[RouterB-Pos0/0/1] crc 32                             //CRC 字长为 32 位
[RouterB-Pos0/0/1] ip address 192.168.10.2 24         //接口 IP 地址
```

配置结束后，可在 RouterB 上执行命令 display interface pos 0/0/1 查看 POS 接口工作状态，再执行 ping 命令验证两个路由器 RouterA 与 RouterB 的连通性。

4.5　光的波粒二象性

尽管人类自诞生以来就一直与光打交道，但至今人类仍未完全了解光的基本属性。在不同现象中，有时将光看成粒子，有时又将光看成波，也就是说光具有波粒二象性。

1. 光的波动性

光的波动性指光可以看成一种波长很短、振荡频率很高的电磁波，即光波。因此，光的本质是指位于红外光、可见光和紫外光频谱范围的电磁波。光的波动性说明光的运动状态的变化和空间分布状态的变化具有周期性，光的能量在空间是连续分布和传播扩散的，不同光波相遇时会遵循叠加原理造成光波互相加强或抵消。

光与电磁波在真空中的传播速率均为 $c = 2.99792458 \times 10^8$ m/s，并统一使用 c 表示光速。光与电磁波在不同介质中的传播速度 ν 则由该介质的材料特性和波导结构形状共同决定。在大气中，光和电磁波的传播速度 ν 与该 c 值大致相等。对于频率为 f 的光，其在介质中传播速度为 ν，则光的波长 λ 可计算为

$$\lambda = \nu / f \tag{4.5}$$

光的频率 f 取决于发射光源，不会随着介质不同而改变。但是根据式(4.5)，不同介质中光的传播速度 ν 会造成其波长的变化。

2. 光的粒子性

光的粒子性是光具有间断性的表现，说明光的质量、能量和动量在空间可以集中，即光子。光子会形成明确的界限和准确的空间定位，光子的运动有一定的轨道，不同的光子相遇时会发生碰撞。光子还具有不可入性，将光子分割成更小的粒子是不可能的。具有粒子性的一个光子的能量 W_p（单位是焦耳）可描述为

$$W_P = hf \tag{4.6}$$

式中，普朗克常量 $h = 6.62607015 \times 10^{-34}$ J/s。

在案例 4.2 中，在观察时间减少到 1ns 的情况下，依然能够接收到几千个以上的光子。在光的波粒二象性的争论中诞生了量子力学和量子通信网络，具体请参考第 12 章的内容。

【案例 4.3】假设波长为 0.5μm 的光功率为 1μW，试计算其 0.1s 内投射的光子数。

【解】单个 0.5μm 光子的能量由式(4.5)和式(4.6)计算为

$$W_P = hf = hc/\lambda = \frac{6.62607015 \times 10^{-34} \times 2.99792458 \times 10^8}{0.5 \times 10^{-6}} \approx 3.973 \times 10^{-19}(\text{J})$$

根据单位时间内传输的能量即为功率，可得 0.1s 内总能量为

$$W = Pt = 1\mu\text{W} \times 0.1\text{s} = 0.1\mu\text{J}$$

根据单个光子的能量 W_P，可得到与 0.1s 内 0.1μJ 总能量对应的光子数为

$$\frac{W}{W_P} = \frac{0.1 \times 10^{-6} \text{ J}}{3.973 \times 10^{-19} \text{ J/光子}} \approx 2.517 \times 10^{11} \text{光子}$$

第5章 电力线通信网络

电力线通信(Power Line Communication，PLC)是一种使用电力线来传输信息和数据的网络通信技术，仅需在现有的电力线的基础上进行简单升级便可建立新的信息通信网络。电力线通信能够有效利用现有的电力传输线路，无须重复建设通信线路，可将电力线与通信线路很好地整合为一体。发送端将信息调制到高频载波上，通过电力线发送到接收端，接收端使用高频适配器接收信息，高频适配器把接收到的信息进行解调，再发送到计算机。

5.1 概　　述

电力线通信技术最早出现于 20 世纪 20 年代的电力线电话，当时仅仅是在同一个变压器的供电线路范围内从电力线上把电信号滤出。1976 年，皮可电子公司(Pico Electronics Lcd.)提出了 X10 计划，即利用现有线路来控制家用电子电器而不铺设新线路。X10 是全球第一个智能家居电力载波协议，使用 50Hz 或 60Hz 电力线为连接介质，再用高频脉冲为调制波，被控电器多达 256 路，兼容该协议的产品均可通过电力线相互通信。因此，电力线通信又称为电力线载波(Power Line Carrier，PLC)通信。经过多年发展，电力线通信已从窄带电力线通信(通常在 500kHz 以下)发展到宽带电力线通信(通常在 500kHz 以上)，从模拟电力线通信发展到了数字电力线通信。

1989 年，美国电子工业协会(Electronic Industries Association，EIA)联合相关厂商制定了一套家庭自动化控制规格，并于 1992 年发布初步草案，即 CEBus(Consumer Electronic Bus)。CEBus 是一个针对家用电子产品通信的开放性协议，定义了在几乎所有介质(包括电力线、双绞线、同轴电缆、光纤、红外、无线等)中传输信号的标准。1997 年，CEBus 正式成为美国 ANSI 标准，又称 EIA-600 协议。CEBus 已经逐渐成为消费电子设备互连的企业标准，用户能以极低的成本将各类家用电子产品加入通信网络。

宽带电力线通信(Broad band Power Line Communication，BPLC)可提供 2~30MHz 或更高的带宽传输速率，仅需在已有电网的相应位置安装电力线调制解调器(即电力猫)和终端设备就能工作，可以实现"四网(电信网、计算机互联网、广播电视网、电力网)融合"。根据是否使用电力线，可分为有线电力线通信网络和无线电力线通信网络。

5.2 宽带电力线通信网络

有线电力线通信网络中最常见的是宽带电力线通信网络，使用 CEBus 标准。CEBus 使用简化的 OSI 模型，包括物理层、数据链路层、网络层和应用层 4 层。CEBus 消费总线无需主控设备，所有节点地位平等，组网灵活，可以采用总线型、星型、树型或混合型拓扑结构。CEBus 采用基于冲突检测/冲突解决载波侦听多址访问(Carrier Sense Multiple Access with Colision Detection/ Colision Resolution，CSMA-CD/CR)方案及层系统管理部件。

5.2.1　参考模型

宽带电力线 OSI 参考模型如表 5.1 所示。可以看出，宽带电力线技术是基于 IP 以太网协议之上的，支持传输控制协议/互联网协议(TCP/IP)，以及安全套接字层(SSL)和传输层安全(TLS)协议，可以实现智能电网业务的信息传输及远程管理。IEC 62851—2014 是国际电工委员会(International Electrotechnical Commission，IEC)发布的警报和电子安保系统、公共警报系统协议，包括系统要求、触发装置、控制器、互连和通信等子协议。IEEE 1901—2010 是电气电子工程师学会(IEEE)发布的适用于智能电网应用的电力线载波通信技术标准。

表 5.1　宽带电力线 OSI 参考模型

OSI 层级	应用层	传输层	网络层	数据链路层	物理层
电力线协议	IEC62851、IEA68863、AXML、MLA、IE31059	SSL/TLS TCP	IPV4/IPV6	IEEE 1901—2010	

宽带电力线通信比窄带电力线通信(Narrow Band Power Line Communication，NBPLC)传输延迟更小，支持正交振幅调制(Quadrature Amplitude Modulation，QAM)技术，可提供更高的通信速度和吞吐量。二者的对比如表 5.2 所示。

表 5.2　宽带电力线通信和窄带电力线通信对比

类型	宽带电力线通信(BPLC)	窄带电力线通信(NBPLC)
频率范围	2～30MHz	3～500kHz
标准协议	IEEE 1901—2010	ITU TG.9955/9956—2011
调制方式	OFDM、QAM 等	OFDM 等
单跳传输距离	小于 2km	电缆约 5km，架空线约 10km
发射功率	小于 1W	约 5W
功率衰减	约 80dB	约 80dB
典型吞吐量	2～30Mbit/s	10～300Kbit/s
延迟	10ms	大于 100ms

5.2.2　信道模型

由于电力线通信网络中存在大量的电力线布线，信道存在多径效应(Multipath Effect)，即电磁信号经不同电力线路传播后，各信号分量场会在不同时间到达接收端并相互叠加，导致原信号失真或错误。由于电力线具有不同的特征阻抗，与网络节点对应的信号在多径效应里可能会遇到不同的障碍和反射。因此，接收端最后接收到的信号是由于多径效应而变形的信号，使得电力线传输频率选择性衰落。对于 N 条路径的电力线，线路 i 的长度和权重分别为 d_i、w_i，传播延时为 σ_i，最终接收信号为 $H(f)$，有信道频域传输函数为

$$H(f)=\sum_{i=1}^{N}w_i\exp[-(\alpha+\beta f^{\gamma})d_i]\exp(-\mathrm{j}2\pi f\sigma_i) \tag{5.1}$$

即最终接收到的信号是由 N 条路径传播的信号叠加而得到的，线路衰减振幅为与线路长度

d_i 有关的函数 $\exp[-(\alpha+\beta f^{\gamma})d_i]$，该传递函数的相移特性参数为 $-2\pi f\sigma_i$。其中，α、β、$\gamma=1$ 为与电力线传输特性有关的参数。

常见的电力线通信网络示例如图 5.1 所示，包括 PLC 头端设备（Head-end Equipment，HE）、客户端设备（Customer Premise Equipment，CPE）、高频线集线器、电感耦合器、原环网柜、原开闭站、原箱变、高压输变线路等。头端设备可通过电力线通信网络向用户计算机输入程序或数据，接收用户计算机输出的计算结果。客户端设备用于执行客户端业务，包括有线宽带、IPTV、IP 电话（VoIP）等业务。PLC 可通过光网络单元（Optical Network Unit，ONU）和光线路终端（Optical Line Terminal，OLT）设备连接光纤干线。

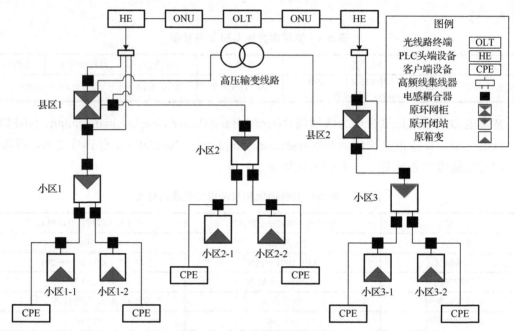

图 5.1　电力线通信网络示例

根据图 5.1 可知，PLC 网络可视为由大量电阻、电容和电抗器组成的非线性网络，其信道的电参数可随时间、地点发生非线性变化，随着负载的变化其输入阻抗也会迅速变化。因此，要对 PLC 网络发送设备的输出阻抗和接收设备的输入阻抗进行匹配是极为困难的。根据式（5.1）和图 5.1，可建立如图 5.2 所示的 PLC 网络的信道模型。其中，$H_{in}(f)$ 为发送器输出阻抗，$H_{channel}(f)$ 为信道衰减，$\delta(t)$ 为噪声，$H_{out}(f)$ 为接收器输入阻抗。

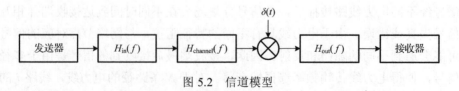

图 5.2　信道模型

根据图 5.2 可知，电力线通信的信道衰耗主要来源有发送器输出阻抗 $H_{in}(f)$、信道衰减 $H_{channel}(f)$、噪声 $\delta(t)$、接收器输入阻抗 $H_{out}(f)$ 不匹配，以及干扰的时变性。假设噪声 $\delta(t)$ 为可加性随机干扰，则该信道模型除噪声 $\delta(t)$ 以外，其他衰减均可用频率响应时变线性滤波器来描述，即可将所有衰减并入单一的滤波器。所得到的信道简化模型如图 5.3 所示，包括一个时变滤波器 $H_{\text{filter}}(f,t)$ 和可加性噪声 $\delta(t)$ 。

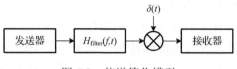

图 5.3　信道简化模型

在如图 5.1 所示的电力线通信网络中有大量的节点、分支和线路，其产生的噪声会互相叠加，而且电力线上信号的衰减会随频率 f 和距离 d_i 的增加而增加。对于 N 条路径的电力线，线路 i 的长度和权重分别为 d_i、w_i，传播延时为 σ_i，时变滤波器 $H_{\text{filter}}(f,t)$ 可以用 N 条路径的叠加和时变衰减 $G(f,d_i)$ 的方程来表示，即

$$H_{\text{filter}}(f,t)=\sum_{i=1}^{N}w_iG(f,d_i,t)\exp(-\text{j}2\pi f\sigma_i) \tag{5.2}$$

式中，衰减 $G(f,d_i,t)$ 中的频率 f、距离 d_i 参数也可用与线路有关的衰耗参数 T_t、T_{t+1}、$\gamma=1$ 描述，即

$$G(f,d_i,t)=\exp(-T(f,t)d_i)=\exp(-(T_t+T_{t+1}f^{\gamma})d_i) \tag{5.3}$$

假设相速为 v_p，可用距离 d_i 与相速 v_p 的比值表示频率 f，则信道传输函数模型为

$$H_{\text{filter}}(f,t)=\sum_{i=1}^{N}w_i\exp(-(T_t+T_{t+1}f^{\gamma})d_i)\exp\left(-2\pi f\frac{d_i}{v_p}\right) \tag{5.4}$$

式中所有参数均可由工程实际测量得到，扩展后还可得到更复杂的传输特性方程。

5.2.3　性能指标

电力线通信网络在施工时常用的性能指标如下。

1. 发送功率

国际上对无线电干扰的电磁兼容性指标和发射功率有严格限制。国际无线电干扰特别委员会(International Special Committee on Radio Interference，CISPR)发布的 CISPR 22 是欧洲信息技术设备(Information Technology Equipment，ITE)普遍使用的电磁兼容标准，EN 55022 是 CISPR 22 的改良版，两个标准均在业内广泛使用。电力线通信常用工作频率范围为 2～30MHz，对应的最大发射功率可为 1～5W。

2. 线路噪声

线路噪声泛指扰乱有用信号正常工作的各种不期望的干扰信号，一般是由随机振幅及随机相位的多种频率分量合成的一种随机变量。发出噪声的来源即为噪声源，根据其位置可分为电力线内部噪声源和电力线外部噪声源。

窄带噪声、主频率异步噪声、有色背景噪声变化较为缓慢而稳定，可视为背景噪声。

窄带噪声是源自电力线上广播信号的噪声，容易受昼夜大气条件和电离层的影响，缺乏稳定性。主频率异步噪声是一种近似于窄带噪声的脉冲噪声，频率为 50～200kHz。有色背景噪声主要来源于电力系统中存在的各种频率干扰。

主频率同步脉冲噪声、异步脉冲噪声、突发性噪声变化相对剧烈和突然，持续时间较短。主频率同步脉冲噪声是一种与电源脉冲频率或基本频率近似同步的噪声，频率为 50～100kHz，频谱密度与频率负相关。异步脉冲噪声是一种源自不同位置和属性的噪声，如开关器件工作的噪声，噪声强度通常强于背景噪声。突发性噪声是源自家电设备突然开启或关闭的噪声，噪声功率谱密度较高，频谱较宽。

3. 线路衰减

信号衰减是指信号能量在传输介质中传播时不断减弱的现象，其中一部分能量被传输介质吸收或转化成热能。线路衰减主要源自电力传输线路的吸收损耗、电力网设备的吸收、电力线的散射、线路或设备的耦合损耗等。频率增宽幅度越大，传输距离越长，则线路衰减越大。

4. 分支线损失

配电网的分支线和计算机网络的分支线有相似的拓扑结构，但也有不同之处，例如，配电网变压器两侧的电压幅值和相位往往不同，配电网中的主电网往往设有多条分支线和配电变压器，以减少馈线波动。电力网的分支线会影响信道的对称性，造成信道信号衰减。分支线在匹配负载时会有较大传输衰减，当达到 3.5dB 时则意味着信号衰减了近 1/2。

实际的宽带输电线路工程线路测量，可利用近似公式计算线路损失 P_B。对于线路长度为 L 的分支线，具有 N 条分支，线路衰减系数 α_L，耦合损失 β_L，近似计算公式为

$$P_B = 3.5 \times N + \frac{L}{1000} \times \alpha_L + \beta_L \tag{5.5}$$

式中，工程上可取 α_L=80dB，β_L=6dB。当 P_B＜70dB 时，通常认为线路损失可控。

【案例 5.1】电力线通信案例如图 5.4 所示，包括 4 条电力线信道。该电力线通信网络项目建立在 10kV 的电网上，使用两个 10kV 的中压开关设备插座。1 号线路包括 2 个开关和 6 个分支点，两段信道总长度 690m；2 号线路包括 2 个开关和 7 个分支点，两段信道总长度 570m。试评估该信道的线路损耗。

【解】4 条电力线信道，每个信道均为点对点的链结构。根据式(5.5)做以下近似工程计算。

信道 1-1：$P_B = 3.5 \times N + \frac{L}{1000} \times \alpha_L + \beta_L = 3.5 \times 0 + \frac{140}{1000} \times 80 + 6 = 17.2 ＜ 70(dB)$

信道 1-2：$P_B = 3.5 \times N + \frac{L}{1000} \times \alpha_L + \beta_L = 3.5 \times 6 + \frac{550}{1000} \times 80 + 6 = 71 ＞ 70(dB)$

信道 2-1：$P_B = 3.5 \times N + \frac{L}{1000} \times \alpha_L + \beta_L = 3.5 \times 0 + \frac{120}{1000} \times 80 + 6 = 15.6 ＜ 70(dB)$

信道 2-2：$P_B = 3.5 \times N + \frac{L}{1000} \times \alpha_L + \beta_L = 3.5 \times 7 + \frac{450}{1000} \times 80 + 6 = 66.5 ＜ 70(dB)$

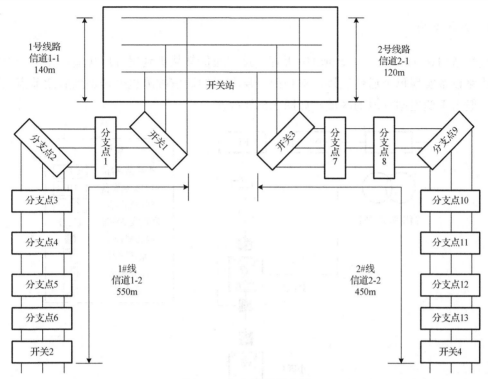

图 5.4 电力线通信案例

因此，分支线多的信道(信道 1-2 和信道 2-2)上的线路损耗多于分支线少的信道(信道 1-1 和信道 2-1)，其噪声源更多。距离长的信道(信道 1-2 和信道 2-2)造成的线路损耗多于距离短的信道(信道 1-1 和信道 2-1)，其噪声水平更高。但是，较短距离的信道(信道 2-2)使用较多的分支线也能获得符合要求的损耗性能($P_B<70dB$)，为宽带电力线提供稳定通信。长距离的信道(信道 1-2)使用较多的分支线，容易导致高的信道损耗($P_B>70dB$)，造成信号无法顺利传输，需要减少分支线数量，将线路损耗维持在规定范围内。

5.2.4 拓扑结构

电力线通信网络使用的大量设备、仪器、仪表均可使用电力线通信网络，电力线通信各项业务所具备的传输速率需求如表 5.3 所示。

表 5.3 电力线通信的基本业务需求

业务	流量类型	传输速率	实时性	安全性
配电变电站自动化	单播，周期性/事件触发	1Mbit/s/站	秒级	高
电表数据采集	单播，周期性/事件触发	1Mbit/s/条线路	秒级	低
馈线自动化	单播，周期性/事件触发	17Kbit/s/56Kbit/s/台装置	小于 0.5s	高
分布式能源	单播，事件触发	40Kbit/s/节点	小于 2s	高
环网柜三遥	单播/多播，事件触发	40Kbit/s/台装置	小于 2s	高
配电变压器监测	单播，周期性/事件触发	40Kbit/s/台装置	分钟级	高
故障电流指示	单播，事件触发	200B/事件	分钟级	高
稳压控制	单播，事件触发	200B/事件	小于 1s	高

1. 链状结构

链状结构(Chainlike Structure)中所有节点的通信都从头到尾分层传输，使用一对宽带输电线路设备实现每个通信连接，但是前一层节点的通信故障也会传递到后续节点。链状结构一般用于变电站分散的区域，如图 5.5 所示。

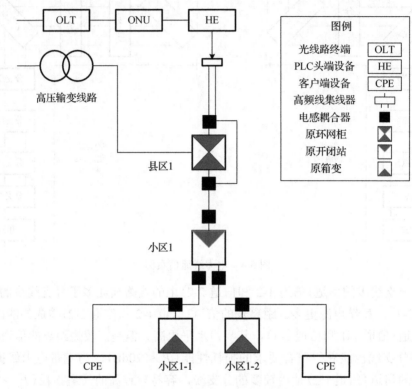

图 5.5　电力线通信网络链状结构模型

2. 手拉手结构

手拉手结构(Hand-in-Hand Structure)在各分段交换机中使用了两条通信线路，并且两条线路可以在故障时自动切换。手拉手结构避免了链状结构中某条通信线路故障而导致出现整个通信网络瘫痪的问题，但结构更复杂，成本也更高。手拉手结构使用网关在电力线上建立两层的数据网络，各网关均可作为网络访问点。使用载波监听多路访问(CSMA)技术，通过监听链路状态来自动选择最优通信线路。手拉手结构常用于变电站集中区域，组成变电站分支链路冗余拓扑，如图 5.6 所示。

3. 混合型结构

有时会将链状结构和手拉手结构结合使用组成混合型结构电网，如图 5.1 所示，既利用了链状结构的低成本，也利用了手拉手结构的稳定性。

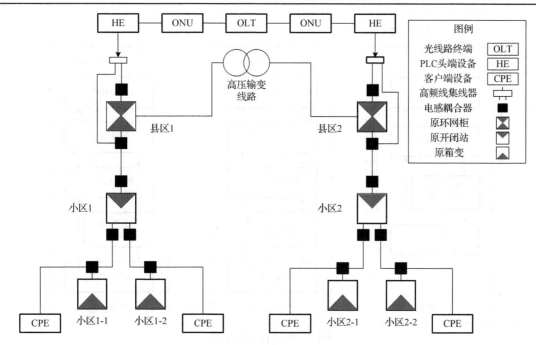

图 5.6　电力线通信网络手拉手结构模型

5.2.5　PLC 组网

PLC 组网通常包括电力线通信高速局域网（PLC-HLAN）、电力线通信虚拟专用网（PLC-VPN）和电力线通信区域网（PLC-AN）。

1. PLC-HLAN 组网

电力线通信高速局域网（Power Line Communication-Highspeed Local Area Network，PLC-HLAN）是传输速率大于 100Mbit/s 的电力线通信局域网（Power Line Communication-Local Area Network，PLC-LAN），可将家庭内部的计算机、家电通过电力线组成局域网，而不需要重新布置家庭网络。计算机可作为主控单元对家电发送一些控制命令，是整个 PLC-HLAN 的核心，在 PLC-NET 中扮演着管理者的角色，如图 5.7 所示。

2. PLC-VPN 组网

电力线通信虚拟专用网（Power Line Communication-Virtual Private Network，PLC-VPN）是从 PLC-NET 中划分出来的逻辑独立的管理域，可以将家庭内部的不同家电通过电力线与社会网络互联。同一套电力线通信网络上可以同时拥有多个 VPN，这些 VPN 具有独立性，互相之间不能直接通信。如图 5.8 所示，VPN1 由各家庭内部的智能电表组成，所有组网的家庭均可访问电表的业务网络，并自动上传电表数据；VPN2 由各家庭内部的燃气表组成，所有组网的家庭均可访问燃气表的业务网络，并自动上传燃气表数据；但 VPN1 与 VPN2 之间一般不能业务互访。为保证安全性，在电力线通信网络中需要统一设置网关连接公共电力网。

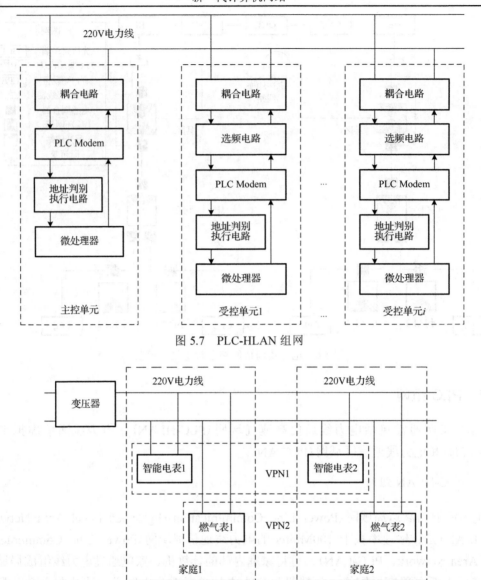

图 5.7　PLC-HLAN 组网

图 5.8　PLC-VPN 组网

3. PLC-AN 组网

　　电力线通信区域网(Power Line Communication-Area Network，PLC-AN)是电力线通信网络中实现资源共享的一种方法，能够将家用电器与 Internet 连接，也能与公共电话交换网(Public Switched Telephone Network，PSTN)、综合业务数字网(Integrated Services Digital Network，ISDN)和混合光纤同轴电缆(HFC)等传输网络连接。PLC-AN 在 IP 网络上能实现网络资源共享和多媒体数据的高速传输，支持图像与音频数据的压缩方法和服务，常用正交频分复用(OFDM)以确保有效带宽。

　　如图 5.9 所示，PLC-AN 可以实现四网融合，但是需要使用一个 AN 路由器。由于变压器会阻隔电力载波，因此低压电力载波信号只能在变压器一侧传输，即 AN 路由器所在位置。AN 路由器的外部接口连接到电信网、计算机网络和广播电视网，AN 路由器的内部接口通过耦合适配器连接到由各类家用计算机和家电设备组成的 PLC-HLAN 子网。AN 路由器根据上行 PLC 数据包的标识信息来标识目的网络，自主选择外部网络。

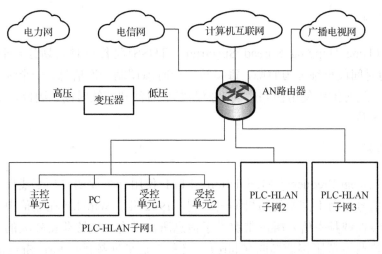

图 5.9　PLC-AN 组网

5.2.6　扩频技术

扩展频谱通信（Spread Spectrum Communication，SSC），简称扩频，即将一个独立的码序列通过编码及调制来实现频带的扩展，信号所占频带宽度与所传信息数据无关，并远大于传输信息本身的带宽，在接收端使用同样的码序列进行接收和解调，恢复为原始信息数据。电力线通信扩频技术常用的有 4 种，即直序扩频、跳频扩频、跳时扩频及线性调频。

1.　直序扩频

直序扩频（Direct-Sequence Spread Spectrum，DSSS）将一位数据编码成多位数据序列（即码片），使用伪噪声生成器产生伪噪声（Pseudo-Noise，PN），再与基带脉冲数据直接相乘实现频带的扩展。同步的数据信号可以是比特或二进制信道编码符号，以模 2 加的方式形成码片，然后进行相移调制。直序扩频基于发送者和接收者均持有的伪噪声码作为密钥来执行计算，而且可以自由选择 PN 码。接收方只能使用相同解密码才可以解扩。

2.　跳频扩频

跳频扩频（Frequency Hoping Spread Spectrum，FHSS）是在多个信道的频带上使用时变、伪随机的载频，二进制伪码序列与数字信息模 2 相加后，控制射频振荡器的输出载波频率，使该频率随着伪码以离散增量方式跳变。跳频信号以突发方式发射一系列调制数据。所有生成的载波频率的集合称为跳频集，跳频集占用的信道带宽称为瞬时带宽，跳频生成的所有频谱带宽称为总跳频带宽。每次跳频仅占用一个载波频率则称为单信道调制。

发射机以载波频率跳变的方式将数据发送至随机信道，接收机的合成器工作频率与接收信号的频率必须同频才可完成接收；接收机接收到信号后需要从信号中去掉跳频，即解跳。FHSS 跳变速率有快跳频和慢跳频两种。快跳频使用的跳频速率高于消息比特率，而慢跳频使用的跳频速率低于消息比特率。

3. 跳时扩频

跳时扩频(Time Hopping Spread Spectrum，THSS)将传输时间划分若干个时间段(即帧)，各帧内的时间段再细分为时隙，每帧按一个时隙调制一次信息，一个帧的所有信息比特累积后发送。跳时扩频使用伪码序列来控制发射时间和持续时间，因此，发射信号的有/无与伪码序列一致。

4. 线性调频

线性调频(Linear Frequency Modulation，LFM)使用一个周期内频率线性变化的载频来发射射频脉冲信号，而不需要伪随机编码序列。1962 年，Winkler 在通信中首次使用了线性调频技术。线性调频中信号所占带宽大于信息所占带宽，能够获得较大的系统增益。由于线性调频频谱带宽范围接近鸟叫(Chirp)，又称鸟声扩展频谱(Chirp Spread Spectrum，CSS)，其调频信号又称鸟声信号。

上述 4 种扩频技术均具有较强的抗噪声和干扰能力，实际上常将它们混合使用，例如，跳频扩频与跳时扩频结合构成时频跳变系统，以获得比单一方式更优良的性能。

5.2.7　OFDM 技术

正交频分复用(OFDM)能够减少电力线多径引起的符号间干扰，可以应付不良的传输信道条件，而无需复杂的滤波器电路。OFDM 中常用前向纠错(FEC)编码和频率交织/时间交织技术来提高信道性能。频率(副载波)交织可将信道频带中子载波引起的比特误差分散在不同位串中，时间交织使用传输时间间隔分开最初在位串附近的位。

为了解决电力线传输网络中线路反射和散射导致的信号弥散效应，OFDM 技术使用 N 个正交子载波分割传输一个高速数据流，将码元速率降为 1/N，从而避免在电力线上产生小尺度衰落或信号畸变。OFDM 将各子载波周期延长 N 倍，如果该周期远大于电力线上通常为 1ms 左右的多径时延扩展，将能有效避免多径分量引起的码间干扰。

为了解决电力线信道在某个频率上的非线性衰减和数据丢失问题，OFDM 技术使用 N 个正交的子信道并行发送数据。如果某个子信道衰减过大而失效，该频率的子信道将会关闭，改由其余子信道重新分配传输业务，确保数据的可靠传输，降低误码率。

由于子信道之间没有干扰，OFDM 不需要载波干扰保护带，可以大大简化收发器的设计，提高频段利用率。但是，OFDM 需要接收机和发射机之间具有精确的频率同步，因为频率偏移会破坏子载波之间的正交性，导致子通道间干扰(Inter-Channel Interference，ICI)。

5.2.8　电力线通信系统标准

现有电力线通信系统标准包括美国电子工业协会(EIA)提出的 EIA 600.31 CEBus 电源线物理层和媒体标准、EIA 709.2 电源线控制网络标准，消费电子协会(Consumer Electronics

Association，CEA)提出的 CEA R7.3 家庭通信标准，家用电力线网上联盟(Homeplug Powerline Alliance，HPA)提出的 HomePlug 1.0 家庭网络标准等，如表 5.4 所示。

表 5.4　常用的电力线通信网络系统标准

标准名称	技术	宽带/MHz	内容
EIA 600.31	扩频	0.1～0.4	CEBus PLC-NET 物理层和 CEBus 系统的介质部分，包括物理连接、节点定义、拓扑构造等
EIA 709.2		0.125～0.140	为物理网络和节点通信提供开发信息，支持两相和三相的电气结构
CEA R7.3	PSK	—	为高速家庭电力线通信网络产品提供规范，包括物理层和 MAC 层的规范
HomePlug 1.0	OFDM	4.3～20.9	为家庭电力线通信网络提供标准，包括节点到节点的文件传输、多节点文件传输、VoIP 及流媒体

电力线通信网络也常使用路由器连接两个或多个网络。每个路由器使用一个路由表来选择路由，并使用转发信息库(Forward Information Base，FIB)来转发分组。路由表中常用的路由包括链路层协议发现路由(即直连路由)、静态路由、动态路由。FIB 转发表中每一项均指明分组所应发送的路由器物理接口、目的网段或目的主机。

【案例 5.2】电力线通信网络配置案例如图 5.10 所示。在案例 5.1 的基础上构建网络拓扑结构，路由器 RouterA、RouterB、RouterC 连接属于不同网段的 3 台主机 Host1、Host2 和 Host3。请配置静态路由参数，以便不同网段的任意两台主机之间互相访问。

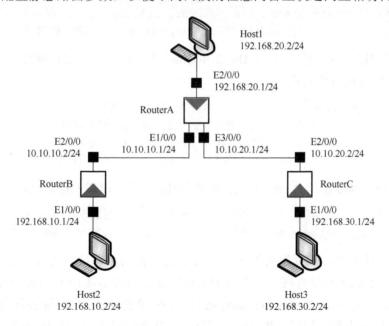

图 5.10　电力线通信网络配置案例

【解】(1)配置各路由器接口的 IP 地址。

```
[RouterA] interface E1/0/0                          //配置 RouterA 接口
[RouterA-El/0/0] ip address 10.10.10.1 24
[RouterA-El/0/0] quit
[RouterA] interface E2/0/0
```

```
[RouterA-E2/0/0] ip address 192.168.20.1 24
[RouterA-E2/0/0] quit
[RouterA] interface E3/0/0
[RouterA-E3/0/0] ip address 10.10.20.1 24
[RouterA-E3/0/0] quit
[RouterB] interface E1/0/0                          //配置 RouterB 接口
[RouterB-E1/0/0] ip address 192.168.10.1 24
[RouterB-E1/0/0] quit
[RouterB] interface E2/0/0
[RouterB-E2/0/0] ip address 10.10.10.2 24
[RouterB-E2/0/0] quit
[RouterC] interface E1/0/0                          //配置 RouterC 接口
[RouterC-E1/0/0] ip address 192.168.30.1 24
[RouterC-E1/0/0] quit
[RouterC] interface E2/0/0
[RouterC-E2/0/0] ip address 10.10.20.2 24
[RouterC-E2/0/0] quit
```

(2)配置静态路由。静态路由是单向性的,必须同时配置两条静态路由作为往返路径。

```
[RouterA] ip route-static 192.168.10.0 255.255.255.0 10.10.10.2
            //RouterB 的 E2/0/0 为到达 Host2 的下一跳路由
[RouterA] ip route-static 192.168.30.0 255.255.255.0 10.10.20.2
            //RouterC 的 E2/0/0 为到达 Host3 的下一跳路由
```

方法1:配置静态缺省路由。由于 Host2 和 Host3 所在网段为单出口网段,可以在 RouterB 和 RouterC 上配置最简单的缺省路由。

```
[RouterB] ip route-static 0.0.0.0 0.0.0.0 10.10.10.1
            //RouterB 的 E1/0/0 接口为下一跳缺省路由
[RouterC] ip route-static 0.0.0.0 0.0.0.0 10.10.20.1
            //RouterC 的 E3/0/0 接口为下一跳缺省路由
```

方法2:在 RouterB 和 RouterC 上配置到达 Host1 所在网段的静态路由。

```
[RouterB] ip route-static 192.168.20.0 255.255.255.0 10.10.10.1
[RoutcrC] ip route-static 192.168.20.0 255.255.255.0 10.10.20.1
```

(3)在各主机上需要配置缺省网关以连接三层设备局域网接口的 IP 地址。配置主机 Host1、Host2、Host3 的缺省网关分别为 192.168.20.1、192.168.10.1、192.168.30.1。

配置好后,运行命令 display ip routing-table 查看 IP 路由表,以验证各路由器配置结果。IP 路由表中 Flags 为路由标记,R 表示迭代路由,D 表示已下发到 FIB 的路由。由于 IP 路由表中所有路由均已下发到 FIB 中,所以均有 D 标记。

5.3　无线电力线通信网络

无线电力传输是指不使用有形电力线的电力传输技术,又称为非接触电力传输。传输前先将电能通过发射器转换为其他的中继能量形式(包括电磁场能、激光、微波、机械波等),

使用无线隔空传输的方式将中继能量发送到接收器,接收器再将中继能量转换回电能。1890年,塞尔维亚裔美籍发明家、物理学家特斯拉(Tesla)做了最早的无线电力传输试验,被誉为"无线电力传输之父"。1926年,日本的八木秀次(Hidetsugu Yagi)和宇田新太郎(Shintaro Uda)发表论文,宣布发明了八木-宇田天线,可用于电能的无线定向传输。类似地,使用无线电力传输技术也可同时传输能量和信息,实现无线电力通信网络。

无线电力传输技术可根据电能传输原理分为几大类:电磁感应无线电力传输、谐振耦合无线电力传输、激光无线电力传输、微波无线电力传输、超声无线电力传输等。

(1)电磁感应无线电力传输。

电磁感应无线电力传输是基于电磁感应原理实现的,如图5.11所示。这种技术首先将原边侧的交流电源通过一次整流和原边补偿成直流电,其次将该直流电转换为高频交流电,再次通过原边线圈将该高频交流电以电磁能量方式发射出去,之后,发射出去的高频交流电经过松耦合变压器线圈间的电磁耦合作用,在副边线圈中产生相同的高频交流电压,最后经过二次整流滤波模块将高频交流电转换成直流电向负载供电。

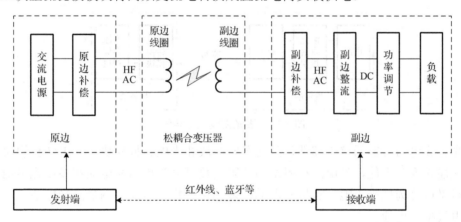

图 5.11　电磁感应无线电力传输

按照原边、副边之间的相对运行状态,可以将无线电力传输系统分为3类:滑动式无线电力传输系统、旋转式无线电力传输系统、分离式无线电力传输系统。

(2)谐振耦合无线电力传输。

谐振耦合无线电力传输的工作原理是,两个相同谐振频率线圈中可以产生电磁耦合,从而实现远距离无接触的电力传输。该技术由美国麻省理工学院于2007年首次提出,突破了在中等距离(米级)范围内的电力传输限制,实验中两个相距2m的谐振线圈工作在9.90MHz时可提供40%的电力传输效率,如图5.12所示。

(3)激光无线电力传输。

激光无线电力传输是一种利用激光能量进行远距离无线电力传输的技术,常应用于超远距离的电力传输,如卫星和宇宙空间站的能量传输。使用激光进行远距离能量传输具有方向性好和能量集中的优点,在小发射功率下就能实现远距离能量传输,转换效率高达45%。发射端和接收端的设备体积仅有同等级微波设备的1/10,且对通信系统的干扰小。

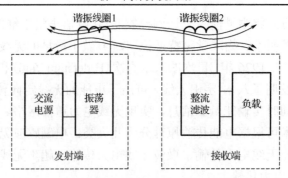

图 5.12　谐振耦合无线电力传输

　　如图 5.13 所示，一套激光无线电力传输系统通常包括 4 个模块，即激光发射模块、光束整形模块、光电转换模块、升压存储模块。发射端的激光发射模块将电能转换为激光能量，光束整形模块将激光能量扩束准直后传输到远距离的接收端，接收端使用光电转换模块将接收到的激光能量转换回电能，并由升压存储模块储存电能。

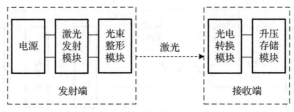

图 5.13　激光无线电力传输

　　激光无线电力传输的核心部件是激光发射模块和光电转换模块。光电转换模块常用光电池将光能转换为电能，光电池按照结晶薄膜层数可分为单结光电池和多结光电池，依据所用材料又可分为硅光电池、有机光电池、多元化合物光电池、纳米晶光电池、聚合物多层修饰电极型光电池。

　　(4) 微波无线电力传输。

　　微波无线电力传输是利用微波进行远距离无线电力传输的技术。微波是频率为 300MHz～300GHz 的超高频电磁波，波长为 0.1mm～1m。该技术由发射端通过射频发射源将电能转变成射频交流电，发射天线将该射频交流电以微波束形式向接收端发射，接收端利用整流天线接收微波束，并通过稳压直流电路转变成直接电供负载使用，如图 5.14 所示。

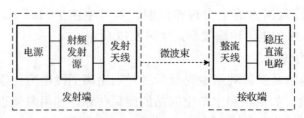

图 5.14　微波无线电力传输

　　微波无线电力传输的核心部件是射频发射源，即能够将直流电或 50Hz 交流电转换为微波能量的微波发生器。微波可完全穿越玻璃、塑料、瓷器等材料而几乎不被吸收，但会被金属类材料反射，也会被水和食物等材料吸收而使其发热，而且微波在空气中传播有很大损耗。1964 年，Brown 发明了第一架微波直升机，依靠与地面的微波无线电力传输系统实现持续飞行。

(5) 超声无线电力传输。

超声无线电力传输是利用超声波进行远距离无线电力传输的技术，如图 5.15 所示。超声波是一种频率高于人类听力上限(20kHz)的声波，特别是在水中比在空气中传播距离更远。在水下进行远距离能量传输时，前面提到的电磁感应无线电力传输、谐振耦合无线电力传输、激光无线电力传输、微波无线电力传输都会因为水的吸收而大打折扣，只有超声波可以持续工作。

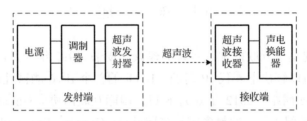

图 5.15　超声无线电力传输

超声无线电力传输的核心部件是超声波发射器，其主要部件是将电能转换为声能的电声换能器。根据超声波的产生机理，超声波发生器可分为机械型超声发生器(如气哨、汽笛和液哨)、电动超声发生器(如电磁感应器)、电声换能器(如压电晶体)、磁声换能器(如铁磁超声材料)等。接收端使用超声波接收器收集超声波，并利用声电换能器将声能转换为电能供负载使用。声电换能器用于实现声能到电能的转换，常分为压电式(如压电换能元件)、电磁式(如电磁感应线圈)和静电式(如可变电容)3 种。

使用无线电力传输技术可以建立更自由的无线通信网络，而且不受有线电力线的布线影响，甚至可以为高速飞行的卫星、飞行器和水下航行器提供远距离供电和通信。无线电力线通信网络的工作原理类似于无线互联网和宽带电力线通信网络的结合，此处不赘述。

第 6 章　IPv6 网络

第 6 版互联网协议(Internet Protocol Version 6，IPv6)是因特网工程任务组(IETF)设计的下一代 IP 协议，以取代网络地址资源日渐不足的 IPv4。IPv6 还消除了多种设备接入互联网的障碍。

6.1　概　　述

1992 年，IETF 提出了互联网地址系统的建议白皮书。1993 年 9 月，IETF 建立了 Ad hoc 下一代 IP(IPng)小组以解决下一代 IP 问题。IETF 的首个 IPv6 测试性网络于 2003 年 1 月 22 日发布，即 6Bone 网络。2012 年 6 月 6 日，国际互联网协会(Internet Society，ISOC)发起了全球 IPv6 启动纪念日，世界多家知名网站(如 Google、Facebook、Yahoo 等)于当日 0 点(北京时间 8 点整)开始支持 IPv6 访问，标志着全球 IPv6 网络正式启动。2016 年，因特网编号分配机构(IANA)向 IETF 建议制定只支持 IPv6 的国际互联网标准，不再兼容 IPv4。

IPv6 把地址位数增加到了 128 位，地址空间大于 3.4×10^{38} 个，是 32 位 IPv4 地址长度的 4 倍，即地址空间增大了 2^{96} 倍，更大的 IPv6 地址空间允许将地址划分为更多层次。假设以每毫秒 100000 万个的速度分配地址，所有地址分配完毕则需要 10^{19} 年。IPv6 基本首部长度为 8 字节的整数倍，如图 6.1 所示，而 IPv4 基本首部为 4 字节对齐。由于 IPv6 和 IPv4 的数据报首部不兼容，因此 IPv6 定义了多个可选扩展首部，路由器不处理除逐跳扩展首部以外的扩展首部，在提供更多功能的同时还提高了路由器的工作效率。

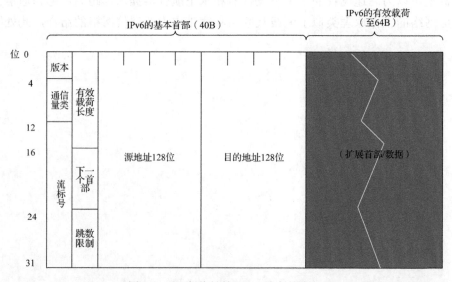

图 6.1　40 字节长的 IPv6 基本首部

IPv6 继续支持无连接的传送，但将协议数据单元(Protocol Data Unit，PDU)称为分组 (Packet)，而非 IPv4 的数据报(Datagram)。IPv6 分组含有选项控制信息，并可包含新的选项，但选项在有效载荷中，而非在首部。IPv4 的选项是固定的，并放在首部的可变部分。IPv6 支持在线视频等需要预留带宽和时延的应用，允许即插即用和自动配置，无需动态主机配置协议(DHCP)。IPv6 支持对协议进行扩展以适应新的应用，而 IPv4 协议是固定的。

6.2 地 址 格 式

IPv6 将主机和路由器都称为节点。一个节点可通过多条链路连接其他节点，即一个节点可拥有多个链路接口，IPv6 可为每个接口指定一个 IP 地址。IPv6 通信可分为以下 3 类。

(1)单播(Unicast)即点对点通信，一台计算机将分组发送到另一台计算机。一个节点可有多个单播地址，且任何一个均可视为到达该节点的目的地址。

(2)多播(Multicast)即一点对多点的通信，一台计算机把分组发送到一组计算机中的每一台。IPv6 将广播看作多播的一个特例。

(3)任播(Anycast)是 IPv6 的新增类型，其终点是一组计算机，但只把分组发送给其中的一台(通常是最近的一台)。

由于 IPv6 地址过于庞大，IPv4 使用的点分十进制记法将难以适用。例如，一个用点分十进制记法的 128 位地址为

011.022.000.000.000.000.033.044.055.066.077.088.000.000.111.122

IPv6 使用冒号十六进制记法，将每 16 位的二进制值用一个 4 位十六进制值表示，各值间用冒号分开。用冒号十六进制记法重新表示前面给出的点分十进制数值，则有

0B16:0000:0000:212C:3742:4D58:0000:6F7A

冒号十六进制记法允许省略数字前面连续的零，还包含两个技术：零压缩和点分十进制记法。零压缩允许连续的零被一对冒号代替，但是任一地址中只能使用一次零压缩。例如，用零压缩重新表示上面的地址为

B16::212C:3742:4D58:0000:6F7A

或压缩为

B16:0000:0000:212C:3742:4D58:6F7A::

冒号十六进制记法允许结合使用点分十进制记法的后缀，以便 IPv4 与 IPv6 转换。例如：

0B16:0000:0000:212C:3742:4D58:000.000.111.122

在这种结合表示方法中，被冒号分隔的每个值是 16 位二进制数，被点分隔的每个值是 8 位二进制数。再使用零压缩就可以得出

0B16::212C:3742:4D58:000.000.111.122

CIDR 的斜线表示法依然有用。例如，上述地址使用 60 位的网络地址前缀，可记为

0B16:0000:0000:212C:3742:4D58:0000:6F7A/60

或

B16::212C:3742:4D58:0000:6F7A/60

或

B16:0000:0000:212C:3742:4D58::6F7A/60

IPv6 地址可分为以下 5 类。

(1)本地链路单播地址。该地址针对使用 TCP/IP 协议、但未连上互联网的局域网主机。

(2)多播地址。该地址用于多播通信主机，功能和 IPv4 相同。

(3)未指明地址。该地址 16 字节为全 0，可简写为"::"。只能给未分配到标准 IP 地址的主机当源地址使用，而不允许作为目的地址。

(4)环回地址。该地址不属于任何一个有类别地址，与 IPv4 的环回地址 127.0.0.1 一样。

(5)全球单播地址。2006 年，RFC 4291 建议用多种方法划分全球单播地址。第 1 种是把整个 128 比特地址都用作一个节点地址；第 2 种是把 m 比特用作子网前缀，剩下 $128-m$ 比特用作接口标识符或主机号；第 3 种是把整个 128 比特划分为三级，前 m 比特用作全球路由选择前缀，之后 n 比特用作子网前缀，剩下 $128-m-n$ 比特用作接口标识符或主机号。

IPv6 的地址分类如表 6.1 所示。

表 6.1　IPv6 的地址分类[RFC 4291]

地址类型	数量	二进制前缀
本地链路单播地址	占 IPv6 地址总数的 1/1024	1111111010(10 位)，记为 FE80::/10
多播地址	占 IPv6 地址总数的 1/256	11111111(8 位)，记为 FF00::/8
未指明地址	只有 1 个	00…0(128 位)，记为::/128
环回地址	只有 1 个	00…1(128 位)，记为::1/128，或简写为::1
全球单播地址	IPv6 使用最多的地址	除以上 4 种外，其余所有的二进制前缀

6.3　过渡技术

由 6.2 节可知，IPv4 和 IPv6 地址格式和协议差异很大，直接升级是很困难的，IPv4 和 IPv6 将在互联网中长期共存。在这种共存的网络中，纯 IPv4 系统与纯 IPv6 系统将无法直接通信，需要使用中间网关或过渡机制进行通信。

1. 双协议栈

双协议栈(Dual Stack)是让主机和路由器同时装有 IPv4 和 IPv6 两种协议栈，拥有 IPv4 和 IPv6 两种 IP 地址。装有双协议栈的主机或路由器记为 IPv6/IPv4，既可与 IPv4 网络通信，又可和 IPv6 网络通信。如果域名系统(DNS)返回 IPv4 地址，双协议栈主机就使用 IPv4 地址；如果域名系统(DNS)返回 IPv6 地址，则双协议栈主机就使用 IPv6 地址。

如图 6.2 所示，源主机 A 和目的主机 F 都使用 IPv6 网络，有路径 A→B→C→D→E→F。其中，路径 B→E 为 IPv4 网络，C 在 IPv4 网络中只可使用 IPv4 协议，路由器 B 不允许向 C 发送 IPv6 分组。可将 B 装上 IPv6/IPv4 双协议栈，把 IPv6 分组的首部转换成 IPv4 数据报首部后发送给 C，再由 C 通过 IPv4 网络转发给 D。E 是双协议栈出口路由器，将其 IPv4 数据报恢复成原来的 IPv6 分组再转给目的主机 F。注意，IPv4 首部中的某些字段(如流标号 X)在 IPv6 分组中无法恢复，在最后恢复的 IPv6 分组中该字段只能变为无。

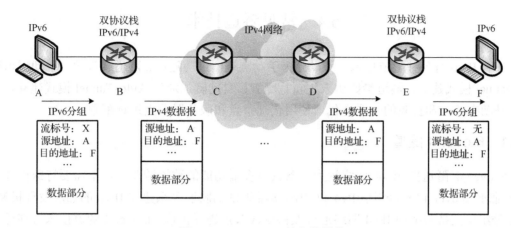

图 6.2　IPv6/IPv4 双协议栈通信

2. 隧道技术

隧道(Tunneling)技术是一种数据封装机制,即一种协议利用另一种协议的封装完成通信,能够将 IPv6 分组封装在 IPv4 数据报里作为数据部分,使得 IPv6 分组能在原有 IPv4 基础设施上传输。IPv6/IPv4 双协议栈路由器负责在隧道入口处把 IPv6 的分组封装在 IPv4 数据报中,再由 IPv6/IPv4 双协议栈路由器在隧道出口处把 IPv6 分组解封出来转发给目的站点,隧道入口和出口的 IPv4 地址即为隧道中 IPv4 数据报的源地址与目的地址。对于源站点和目的站点而言,隧道是透明的。很多被 IPv4 骨干网络隔离开的 IPv6 网络必须采用隧道技术才能互相通信,IPv6 试验网 6Bone 即采用隧道技术。

如图 6.3 所示,路由器 B、E 分别是隧道的入口和出口,在隧道中传送的数据报使用 B 为源地址并且 E 为目的地址。为了让双协议栈主机或路由器知道有 IPv6 分组被封装在 IPv4 数据报里,RFC 2893 规定 IPv4 首部的协议字段值必须设置为 41,表示 IPv4 数据报的数据部分是 IPv6 分组。因此,被封装的 IPv6 分组就如同在 IPv4 网络的隧道中传输。

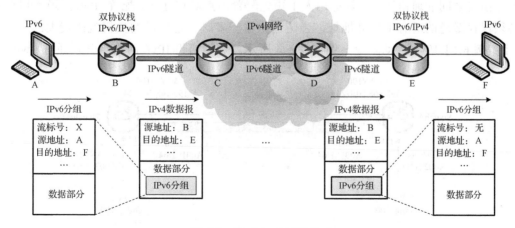

图 6.3　IPv6/IPv4 隧道技术

6.4　常见隧道技术

部署 IPv6 有各种隧道技术，可以分为手动隧道、自动隧道、隧道代理等。手动隧道通过 Manual 模式建立，隧道参数由人工自行配置；自动隧道通过 Auto-Tunnel 模式建立，其隧道是动态建立和拆除的；隧道代理使用代理节点和服务器节点进行配置。

6.4.1　6 over 4 隧道

6 over 4 隧道把 IPv4 网络视为一条具有多播功能的数据链路层，不需要特殊格式的 IPv6 地址。6 over 4 隧道利用 IPv4 和 IPv6 多播地址的映射关系建立 IPv6 的邻居发现机制，IPv6 分组由支持多播的 IPv4 网络通过双协议栈节点进行传输。6 over 4 隧道技术特别适合于没有直接相连的独立 IPv6 路由器和 IPv6 主机，可利用 IPv4 广播域建立虚拟链路以连接 IPv6 站点。6 over 4 隧道可以配置为手动隧道、GRE 隧道、自动兼容隧道、6 to 4 隧道、ISATAP 隧道等不同模式，如表 6.2 所示。

表 6.2　6 over 4 隧道不同配置

隧道模式	隧道源地址/目的地址	隧道接口地址	通信模式
手动隧道	手动配置的 IPv4 地址	IPv6 地址	点对点
GRE 隧道	手动配置的 IPv4 地址	IPv6 地址	点对点
自动兼容隧道	源地址为手动配置的 IPv4 地址，目的地址不需配置	IPv4 兼容 IPv6 地址 IPv4 源地址/96	单点对多点
6 to 4 隧道	源地址为手动配置的 IPv4 地址，目的地址不需配置	6 to 4 地址 2002：IPv4 源地址/48	单点对多点
ISATAP 隧道	源地址为手动配置的 IPv4 地址，目的地址不需配置	ISATAP 地址 前缀：0:5EFE:IPv4 源地址/64	点对点

6.4.2　手动隧道

手动隧道指由人工的方式配置 IPv6 和 IPv4 地址、隧道的出口和入口地址，以及设置边界路由器之间的通信通道。隧道由人工预先配置为点对点连接，配置 IPv6 隧道入口节点时必须保存隧道的所有出口处地址。当隧道数量较多时，管理员的负担就比较大。

【案例 6.1】IPv6 手动隧道案例如图 6.4 所示。假设两组 IPv6 网络组分别通过 SwitchA

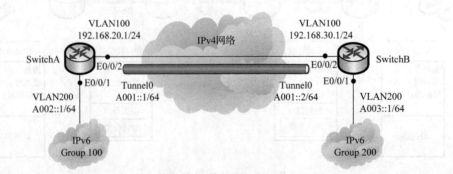

图 6.4　IPv6 手动隧道案例

和 SwitchB 连接到 IPv4 网络，且 SwitchA 和 SwitchB 上已经建立了对应的 VLAN 接口，SwitchA 的 VLAN100 和 SwitchB 的 VLAN100 之间的 IPv4 报文路由工作正常。请为 SwitchA 与 SwitchB 间创建一个 IPv6 手动隧道，实现两组 IPv6 网络通信。

【解】(1) 配置 SwitchA。

```
<SwitchA> system-view
[SwitchA] ipv6                                        //使能 IPv6 转发功能
[SwitchA] interface vlan100                           //配置接口 VLAN100 的地址
[SwitchA-VLAN100] ip address 192.168.20.1  255.255.255.0
[SwitchA-VLAN100] quit
[SwitchA] interface vlan200                           //配置接口 VLAN200 的 IPv6 地址
[SwitchA-VLAN200] ipv6 address A002::1 64
[SwitchA-VLAN200] quit
[SwitchA] link-aggregation group 100 mode manual      //手动配置链路聚合组
[SwitchA] link-aggregation group 100 service-type tunnel
[SwitchA] interface E0/0/1
[SwitchA-E0/0/1] stp disable                          //加入链路聚合组时关闭端口 STP 功能
[SwitchA-E0/0/1] port link-aggregation group 100
[SwitchA-E0/0/1] quit
[SwitchA] interface tunnel0                           //配置手动隧道
[SwitchA-Tunnel0] ipv6 address A001::1 64
[SwitchA-Tunnel0] source vlan100
[SwitchA-Tunnel0] destination 192.168.30.1
[SwitchA-Tunnel0] tunnel-protocol ipv6-ipv4           //IPv6/IPv4 隧道
[SwitchA-Tunnel0] aggregation-group 100               //Tunnel0 隧道引用链路聚合组 100
[SwitchA-Tunnel0] quit
[SwitchA] ipv6 route-static A003:: 64 tunnel0         //Tunnel0 到 Group 200 的静态路由
```

(2) 配置 SwitchB。

```
<SwitchB> system-view
[SwitchB] ipv6                                        //使能 IPv6 转发功能
[SwitchB] interface vlan100                           //配置接口 VLAN100 的地址
[SwitchB-VLAN100] ip address 192.168.30.1  255.255.255.0
[SwitchB-VLAN100] quit
[SwitchB] interface vlan200                           //配置接口 VLAN200 的 IPv6 地址
[SwitchB-VLAN200] ipv6 address A003::1 64
[SwitchB-VLAN200] quit
[SwitchB] link-aggregation group 200 mode manual      //手动配置链路聚合组
[SwitchB] link-aggregation group 200 service-type tunnel
[SwitchB] interface E0/0/1
[SwitchB-E0/0/1] stp disable                          //加入链路聚合组时关闭端口 STP 功能
[SwitchB-E0/0/1] port link-aggregation group 200
[SwitchB-E0/0/1] quit
[SwitchB] interface tunnel0                           //配置手动隧道
[SwitchB-Tunnel0] ipv6 address A001::2 64
[SwitchB-Tunnel0] source vlan100
[SwitchB-Tunnel0] destination 192.168.20.1
```

```
[SwitchB-Tunnel0] tunnel-protocol ipv6-ipv4//IPv6/IPv4 隧道
[SwitchB-Tunnel0] aggregation-group 200    //Tunnel0 隧道引用链路聚合组 200
[SwitchB-Tunnel0] quit
[SwitchB] ipv6 route-static A002:: 64 tunnel0  // Tunnel0 到 Group 100 的静态路由
```

配置完成后,可通过 display ipv6 interface tunnel0 命令查看 SwitchA 和 SwitchB 的隧道接口状态。很多交换机需要先执行 switch-mode dual-ipv4-ipv6 命令(重启设备后生效),将设备切换到 IPv4/IPv6 双协议栈模式,再使能 IPv6 功能。后续案例与此类似,不再赘述。

6.4.3　GRE 隧道

通用路由封装(Generic Routing Encapsulation,GRE)协议隧道不绑定其他特定的传输协议或乘客协议,仅使用 GRE 为承载协议,IPv6 为乘客协议。为了提高安全性,GRE 隧道增加了隧道关键字校验和 GRE 报文头验证。GRE 隧道的每条链路均为独立隧道,仅新增了 GRE 包头信息作为隧道封装。1994 年,Cisco 和 Net Smiths 公司将 GRE 隧道协议提交给 IETF[RFC 1701、RFC 1702]。Cisco 等公司在 2000 年将其升级为 GRE v2[RFC 2784]。GRE 隧道与手动隧道的基本工作原理类似,但也有类似的缺点,即当隧道数量较多时,传输开销也会增大。

在各类 VPN 组网中,公司通常使用私网 IP 地址,仅在公司网络出口处设置一个公共 IP 地址。GRE 隧道可以帮助此类私网建立穿过公共网的应用。虽然私网的 IP 报文无法在 Internet 上直接路由,但使用 GRE 隧道可将私网 IP 报文封装为 GRE 报文,加上公共网 IP 首部后即可在 Internet 上直接传输私网 IP 报文。接收方把收到报文的 GRE 头部和 IP 首部解封后,再发送初始私网 IP 报文到目的网络上,便可远程访问公司的私网。

【案例 6.2】GRE 隧道案例如图 6.5 所示。请使用 GRE 隧道将两处私网通过 IPv4 网络连接起来,私网均使用 IPv6 地址。

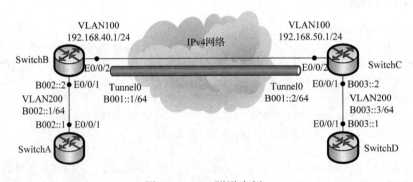

图 6.5　GRE 隧道案例

【解】(1)配置 SwitchA。

```
[SwitchA] ipv6                              //使能 IPv6 转发功能
[SwitchA] interface E0/0/1
[SwitchA-E0/0/1] ipv6 enable
[SwitchA-E0/0/1] ipv6 address B002::1 64
[SwitchA] ipv6 route-static :: 0 B002::2    //配置 SwitchA 默认路由
```

（2）配置 SwitchB。

```
[SwitchB] ipv6                                        //使能 IPv6 转发功能
[SwitchB] interface E0/0/2
[SwitchB-E0/0/2] ip address 192.168.40.1  255.255.255.0
[SwitchB-E0/0/2] quit
[SwitchB] interface E0/0/1
[SwitchB-E0/0/1] ipv6 enable
[SwitchB-E0/0/1] ipv6 address B002::2 64
[SwitchB-E0/0/1] quit
[SwitchB] interface tunnel0                           //隧道配置
[SwitchB-Tunnel0] ipv6 enable
[SwitchB-Tunnel0] ipv6 address B001::1 64
[SwitchB-Tunnel0] tunnel-protocol gre                 //GRE 隧道
[SwitchB-Tunnel0] source 192.168.40.1
[SwitchB-Tunnel0] destination 192.168.50.1
[SwitchB-Tunnel0] quit
[SwitchB] interface tunnel0
[SwitchB-Tunnel0] ipv6 enable
[SwitchB-Tunnel0] ipv6 address B001::2 64
[SwitchB-Tunnel0] tunnel-protocol gre                 //GRE 隧道
[SwitchB-Tunnel0] source 192.168.50.1
[SwitchB-Tunnel0] destination 192.168.40.1
[SwitchB] ipv6 route-static B003:: 64  B001::2        //配置 SwitchB 默认路由
```

（3）配置 SwitchC。

```
[SwitchC] ipv6                                        //使能 IPv6 转发功能
[SwitchC] interface E0/0/1
[SwitchC-E0/0/1] ipv6 enable
[SwitchC-E0/0/1] ipv6 address B003::2 64
[SwitchC] interface E0/0/2
[SwitchC-E0/0/2] ip address 192.168.50.1  255.255.255.0
[SwitchC] ipv6 route-static B002:: 64  B001::1        //配置 SwitchC 默认路由
```

（4）配置 SwitchD。

```
[SwitchD] ipv6                                        //使能 IPv6 转发功能
[SwitchD] interface E0/0/1
[SwitchD-E0/0/1] ipv6 enable
[SwitchD-E0/0/1] ipv6 address B003::1 64
[SwitchD] ipv6 route-static :: 0 B003::2              //配置 SwitchD 默认路由
```

6.4.4　自动兼容隧道

自动兼容隧道是单点对多点的链路，其入口和出口采用的是特殊的 IPv4 兼容 IPv6 地址，其格式为 0:0:0:0:0:0:a.b.c.d/96，即使用了点分十进制的 a.b.c.d 表示 IPv4 地址。这种嵌入式 IPv4 地址可以自动确认隧道终点，大大简化了 IPv6 隧道的建立过程。但由于其必须使用 IPv4 兼容 IPv6 地址，也带来了一定局限性。

【案例 6.3】IPv6 自动兼容隧道案例如图 6.6 所示。两个 IPv6 网络分别通过 SwitchA 和 SwitchB 与 IPv4 网络相连，且 SwitchA 和 SwitchB 上已经建立了对应的 VLAN 接口。请在 SwitchA 和 SwitchB 之间创建自动兼容隧道连接两个 IPv6 网络。

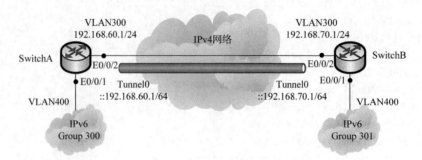

图 6.6　IPv6 自动兼容隧道案例

【解】（1）配置 SwitchA。

```
<SwitchA> system-view                      //使能 IPv6 转发功能
[SwitchA] ipv6
[SwitchA] interface vlan300                //配置接口 VLAN300 的地址
[SwitchA-VLAN300] ip address 192.168.60.1  255.255.255.0
[SwitchA-VLAN300] quit
[SwitchA] link-aggregation group 300 mode manual //配置链路聚合组
[SwitchA] link-aggregation group 300 service-type tunnel
[SwitchA] interface E0/0/1
[SwitchA-E0/0/1] stp disable               //加入链路聚合组时关闭端口 STP 功能
[SwitchA-E0/0/1] port link-aggregation group 300
[SwitchA-E0/0/1] quit
[SwitchA] interface tunnel0                //配置自动隧道
[SwitchA-Tunnel0] ipv6 address ::192.168.60.1 96
[SwitchA-Tunnel0] source vlan300
[SwitchA-Tunnel0] tunnel-protocol ipv6-ipv4 auto-tunnel
                                           //IPv4 兼容 IPv6 自动隧道
[SwitchA-Tunnel0] aggregation-group 300    //Tunnel0 隧道引用链路聚合组 300
```

（2）配置 SwitchB。

```
<SwitchB> system-view
[SwitchB] ipv6                             //使能 IPv6 转发功能
[SwitchB] interface vlan300                //配置接口 VLAN300 的地址
[SwitchB-VLAN300] ip address 192.168.70.1 255.255.255.0
[SwitchB-VLAN300] quit
[SwitchB] link-aggregation group 301 mode manual  //配置链路聚合组
[SwitchB] link-aggregation group 301 service-type tunnel
[SwitchB] interface E0/0/1
[SwitchB-E0/0/1] stp disable               //加入链路聚合组时关闭端口 STP 功能
[SwitchB-E0/0/1] port link-aggregation group 301
[SwitchB-E0/0/1] quit
```

```
[SwitchB] interface tunnel0                         //配置自动隧道
[SwitchB-Tunnel0] ipv6 address ::192.168.70.1 96
[SwitchB-Tunnel0] source vlan300
[SwitchB-Tunnel0] tunnel-protocol ipv6-ipv4 auto-tunnel
                                                    //IPv4 兼容 IPv6 自动隧道
[SwitchB-Tunnel0] aggregation-group 300             //Tunnel0 隧道引用链路聚合组 300
```

6.4.5　6 to 4 隧道

6 to 4 是一种单点对多点的自动构造隧道方式，在 IPv6 报文目的地址中嵌入 IPv4 地址便可自动获得隧道终点地址，从而将多个 IPv6 独立网络通过 IPv4 网络连在一起。由于站点不需向注册机构申请 IPv6 地址空间，从而大大减少了网络配置工作量。6 to 4 隧道通过 6 to 4 路由器向各站点分配 6 to 4 前缀的 IPv6 地址，可从 IPv6 地址前缀中自动取出 IPv4 目的地址。

6 to 4 隧道采用特殊的地址格式：2002:abcd:efgh:子网号::接口 ID/64。其中，2002 为固定的 IPv6 地址前缀，用来标识全球 6 to 4 地址；abcd:efgh 为该隧道对应的 32 位 IPv4 源地址，常用十六进制表示，是为 IPv6 子网申请的全球唯一的 IPv4 地址，该内嵌 IPv4 地址可以自动确定隧道的目的地址。IPv6/IPv4 边界路由器与 IPv4 网络相连的接口上必须配置该唯一的 IPv4 地址。16 位的子网号可供本站点内分配多达 65536/64 个 IPv6 网段。64 位的接口 ID 也可由用户在 IPv6 子网内自行配置。

【案例 6.4】6 to 4 隧道案例如图 6.7 所示。两个 6 to 4 网络组通过网络边缘 6 to 4 路由器连接到 IPv4 网络，请配置 6 to 4 隧道连接 6 to 4 网络中的两个主机 PC400 与 PC401。

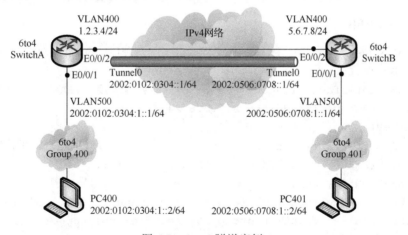

图 6.7　6 to 4 隧道案例

【解】SwitchA 上接口 VLAN400 的 IPv4 地址为 1.2.3.4/24，转换成 6 to 4 前缀 2002:0102:0304::/48。因此，Tunnel0 使用 2002:0102:0304::1/64 子网，VLAN500 使用 2002:0102:0304:1::1/64 子网。

SwitchB 上接口 VLAN400 的 IPv4 地址为 5.6.7.8/24，转换成 6 to 4 前缀 2002:0506:0708::/48。因此，Tunnel0 使用 2002:0506:0708::1/64 子网，VLAN500 使用 2002:0506:0708:1::1/64 子网。

(1)配置 SwitchA。

```
<SwitchA> system-view                        //使能 IPv6 转发功能
[SwitchA] ipv6
[SwitchA] interface vlan400                  //配置接口 VLAN400 的地址
[SwitchA-VLAN400] ip address 1.2.3.4 24
[SwitchA-VLAN400] quit
[SwitchA] interface vlan500                  //配置接口 VLAN500 的地址
[SwitchA-VLAN500] ipv6 address 2002:0102:0304:1::1 64
[SwitchA-VLAN500] quit
[SwitchA] link-aggregation group 400 mode manual    //配置链路聚合组
[SwitchA] link-aggregation group 400 service-type tunnel
[SwitchA] interface E0/0/1
[SwitchA-E0/0/1] stp disable              //加入链路聚合组时关闭端口 STP 功能
[SwitchA-E0/0/1] port link-aggregation group 400
[SwitchA-E0/0/1] quit
[SwitchA] interface tunnel0               //配置 6 to 4 隧道
[SwitchA-Tunnel0] ipv6 address 2002:0102:0304::1 64
[SwitchA-Tunnel0] source vlan400
[SwitchA-Tunnel0] tunnel-protocol ipv6-ipv4 6 to 4   //6 to 4 隧道
[SwitchA-Tunnel0] aggregation-group 400   //Tunnel0 隧道引用链路聚合组 400
[SwitchA-Tunnel0] quit
[SwitchA] ipv6 route-static 2002::16 tunnel 0
                                //目的地址 2002::/16 的隧道静态路由
```

(2)配置 SwitchB。

```
<SwitchB> system-view                        //使能 IPv6 转发功能
[SwitchB] ipv6
[SwitchB] interface vlan400                  //配置接口 VLAN400 的地址
[SwitchB-VLAN400] ip address 5.6.7.8 24
[SwitchB-VLAN400] quit
[SwitchB] interface vlan500                  //配置接口 VLAN500 的地址
[SwitchB-VLAN500] ipv6 address 2002:0506:0708:1::1 64
[SwitchB-VLAN500] quit
[SwitchB] link-aggregation group 400 mode manual    //配置链路聚合组
[SwitchB] link-aggregation group 400 service-type tunnel
[SwitchB] interface E0/0/1
[SwitchB-E0/0/1] stp disable              //加入链路聚合组时关闭端口 STP 功能
[SwitchB-E0/0/1] port link-aggregation group 400
[SwitchB-E0/0/1] quit
[SwitchB] interface tunnel0               //配置 6 to 4 隧道
[SwitchB-Tunnel0] ipv6 address 2002:0506:0708::1 64
[SwitchB-Tunnel0] source vlan400
[SwitchB-Tunnel0] tunnel-protocol ipv6-ipv4 6 to 4   //6 to 4 隧道
```

```
[SwitchB-Tunnel0] aggregation-group 400        //Tunnel0 隧道引用链路聚合组 400
[SwitchB-Tunnel0] quit
[SwitchB] ipv6 route-static 2002:: 16 tunnel0   //目的地址 2002::/16 的隧道静态路由
```

6.4.6　ISATAP 隧道

　　站内自动隧道寻址协议(Intra-Site Automatic Tunnel Addressing Protocol，ISATAP)可以将 IPv4 网络中独立的 IPv6 主机通过自动隧道连在一起，实现 IPv4 网络中各个单独的 IPv6 节点通过 IPv6 路由器互相通信。ISATAP 将 IPv4 地址嵌入 IPv6 分组的目的地址中，可以自动获取隧道的终点地址并自动创建隧道，实现点对点的 IPv6 分组通信。在 IPv4 网络中连接 IPv6 路由器-IPv6 路由器或连接 IPv6 主机-IPv6 路由器，均适合使用 ISATAP 隧道。

　　ISATAP 隧道接口的 IPv6 地址和 IPv6 分组的目的地址均使用特定的 ISATAP 地址格式：64 位前缀::00005EFE:IPv4 地址。64 位前缀为 ISATAP 使用的标准公开的 IPv6 地址，由 ISATAP 路由器发送请求得到。00005EFE 为 ISATAP 隧道地址标识。ISATAP 使用内嵌 IPv4 地址，可以是私有或公有地址，要求双协议栈主机支持 IPv4 单播地址，但不要求节点 IPv4 地址唯一。

　　【案例 6.5】ISATAP 隧道案例如图 6.8 所示。请配置 ISATAP 隧道连接 IPv6 网络和 IPv4 网络，通过 ISATAP 路由器将 IPv4 网络中的 IPv6 主机连接到 IPv6 网络。

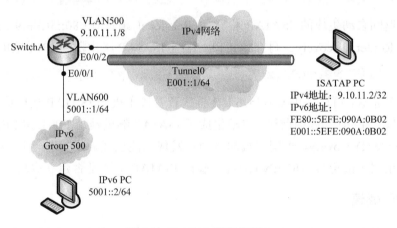

图 6.8　ISATAP 隧道案例

　　【解】(1)配置 SwitchA。

```
<SwitchA> system-view                          //使能 IPv6 转发功能
[SwitchA] ipv6
[SwitchA] interface vlan500                     //配置接口 VLAN500 的地址
[SwitchA-VLAN500] ip address 9.10.11.1 255.0.0.0
[SwitchA-VLAN500] quit
[SwitchA] interface vlan600                     //配置接口 VLAN600 的 IPv6 地址
[SwitchA-VLAN600] ipv6 address 5001::1 64
[SwitchA-VLAN600] quit
[SwitchA] link-aggregation group 500 mode manual   //配置链路聚合组
```

```
[SwitchA] link-aggregation group 500 service-type tunnel
[SwitchA] interface E0/0/1
[SwitchA-E0/0/1] stp disable                    //加入链路聚合组时关闭端口 STP
[SwitchA-E0/0/1] port link-aggregation group 500
[SwitchA-E0/0/1] quit
[SwitchA] interface tunnel0                     //配置 ISATAP 隧道
[SwitchA-Tunnel0] ipv6 address E001::1 64 eui-64
[SwitchA-Tunnel0] source vlan600
[SwitchA-Tunnel0] tunnel-protocol ipv6-ipv4 isatap    //ISATAP 隧道
[SwitchA-Tunnel0] aggregation-group 500    //Tunnel0 隧道引用链路聚合组 500
[SwitchA-Tunnel0] undo ipv6 nd ra halt     //取消对 RA 消息的抑制，以获取地址前缀
[SwitchA-Tunnel0] quit
[SwitchA] ipv6 route-static E001:: 16 tunnel0  //Tunnel0 到 Group 500 的静态路由
```

(2) 配置主机。

ISATAP 隧道的主机配置取决于主机的操作系统。在 Windows XP 操作系统中，ISATAP 接口一般为 2 号接口，仅需将 ISATAP 路由器的 IPv4 地址配置在该主机接口上即可。先查看主机 ISATAP 接口信息，命令如下：

```
C:\>ipv6 if 2                              //查看主机 ISATAP 接口信息
```

主机将返回自动生成的 ISATAP 格式的 link-local 地址(FE80::5EFE:9.10.11.2)，返回 does not use Router Discovery。再在该接口上配置 ISATAP 路由器的 IPv4 地址，命令如下：

```
C:\>ipv6 rlu 2 9.10.11.2
```

主机配置完成，可以使用 C:\>ipv6 if 2 再次查看该主机的 ISATAP 接口信息。可以发现主机已经获取了 E001::/64 的前缀，自动生成了 ISATAP 隧道地址 E001::5EFE:9.10.11.2，并返回 uses Router Discovery，表明主机的路由器发现功能已经启用。进一步，可以使用 ping 命令测试路由器上隧道接口的 IPv6 地址，验证 ISATAP 隧道是否建立成功。

6.4.7　6PE 隧道

6PE 隧道将 IPv6 网络看作 IPv4 的私有网络，利用多协议标记交换(MPLS)VPN 网络，在提供者边缘(Provider Edge, PE)路由器上配置 IPv6。6PE 隧道通过标记分配协议(Label Distribution Protocol, LDP)为 MPLS 骨干网络和各个 IPv6 网络之间建立标记交换路径(LSP)隧道。MPLS 隧道包括二层虚拟专用网(Level 2 Virtual Private Network, L2VPN)和三层虚拟专用网(Level 3 Virtual Private Network, L3VPN)。仅需升级骨干网络中的 PE 设备，便可以连接边界网关协议(Border Gateway Protocol, BGP)。L3VPN 隧道技术使用 6PE 的技术可以将 IPv6 融入 MPLS 网络中，但不支持站点间的内部网关协议(Interior Gateway Protocol, IGP)通信。

【案例 6.6】6PE 隧道案例如图 6.9 所示，路由器 SwitchA、SwitchB 与 SwitchC 之间通过 OSPF 路由协议组成 IPv4 MPLS 网络。其中，SwitchA 与 SwitchC 支持 6PE 技术。请使用 6PE 隧道连接 IPv6 网络与 IPv4/MPLS 网络。

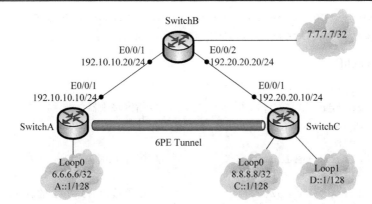

图 6.9　6PE 隧道案例

【解】（1）配置 SwitchA。

```
<SwitchA> system-view
[SwitchA] router id 6.6.6.6                        //指定路由器 ID
[SwitchA] ipv6                                     //使能 IPv6 转发功能
[SwitchA] mpls lsr-id 6.6.6.6                      //使能 MPLS 功能
[SwitchA] mpls
[SwitchA-mpls] mpls ldp                            //配置 6PE 隧道
[SwitchA-mpls-ldp] quit
[SwitchA] interface loop0                          //配置接口 Loop0 的 IP 地址
[SwitchA-Loop0] ipv6 address A::1 128
[SwitchA-Loop0] ip address 6.6.6.6  255.255.255.255
[SwitchA-Loop0] quit
[SwitchA] interface E0/0/1                         //配置接口 E0/0/1 的 MPLS 功能
[SwitchA-E0/0/1] ip address 192.10.10.10  255.255.255.0
[SwitchA-E0/0/1] mpls
[SwitchA-E0/0/1] mpls ldp                          //配置 6PE 隧道
[SwitchA-E0/0/1] quit
[SwitchA] bgp 200                                  //配置 IPv6 BGP 的基本功能
[SwitchA-bgp] undo synchronization
[SwitchA-bgp] group in internal
[SwitchA-bgp] peer 8.8.8.8 group in
[SwitchA-bgp] peer 8.8.8.8 connect-interface loop0
[SwitchA-bgp] ipv6-family
[SwitchA-bgp-af-ipv6] import-route direct
[SwitchA-bgp-af-ipv6] undo synchronization
[SwitchA-bgp-af-ipv6] peer 8.8.8.8 enable
[SwitchA-bgp-af-ipv6] peer 8.8.8.8 label-route-capability
                                           //使能 IPv6 标签路由交换功能
[SwitchA-bgp-af-ipv6] quit
[SwitchA-bgp] quit
[SwitchA] ospf 100                                 //配置 OSPF 的基本功能
[SwitchA-ospf-100] area 0
[SwitchA-ospf-100-area-0.0.0.0] network 192.10.10.0  0.0.0.255
```

```
[SwitchA-ospf-100-area-0.0.0.0] network 6.6.6.6  0.0.0.0
[SwitchA-ospf-100-area-0.0.0.0] quit
```

(2) 配置 SwitchB。

```
<SwitchB> system-view
[SwitchB] router id 7.7.7.7              //指定路由器 ID
[SwitchB] mpls lsr-id 7.7.7.7           //使能 MPLS 功能
[SwitchB] mpls
[SwitchB-mpls] mpls ldp                 //配置 6PE 隧道
[SwitchB-mpls-ldp] quit
[SwitchB] interface E0/0/1              //配置接口 E0/0/1 的 MPLS 功能
[SwitchB-E0/0/1] ip address 192.10.10.20  255.255.255.0
[SwitchB-E0/0/1] mpls
[SwitchB-E0/0/1] mpls ldp               //配置 6PE 隧道
[SwitchB-E0/0/1] quit
[SwitchB] interface E0/0/2              //配置接口 E0/0/2 的 MPLS 功能
[SwitchB-E0/0/2] ip address 192.20.20.20  255.255.255.0
[SwitchB-E0/0/2] mpls
[SwitchB-E0/0/2] mpls ldp               //配置 6PE 隧道
[SwitchB-E0/0/2] quit
[SwitchB] ospf 100                      //配置 OSPF 的基本功能
[SwitchB-ospf-100] area 0
[SwitchB-ospf-100-area-0.0.0.0] network 7.7.7.7  0.0.0.0
[SwitchB-ospf-100-area-0.0.0.0] network 192.10.10.0  0.0.0.255
[SwitchB-ospf-100-area-0.0.0.0] network 192.20.20.0  0.0.0.255
[SwitchB-ospf-100-area-0.0.0.0] quit
```

(3) 配置 SwitchC。

```
<SwitchC> system-view
[SwitchC] router id 8.8.8.8             //为路由器指定 ID
[SwitchC] ipv6                          //使能 IPv6 转发功能
[SwitchC] mpls lsr-id 8.8.8.8           //使能 MPLS 功能
[SwitchC] mpls
[SwitchC-mpls] mpls ldp                 //配置 6PE 隧道
[SwitchC-mpls-ldp] quit
[SwitchC] interface E0/0/1              //配置接口 E0/0/1 的 MPLS 功能
[SwitchC-E0/0/1] ip address 192.20.20.10  255.255.255.0
[SwitchC-E0/0/1] mpls
[SwitchC-E0/0/1] mpls ldp               //配置 6PE 隧道
[SwitchC-E0/0/1] quit
[SwitchC] interface loop0              //配置接口 Loop0 的 IP 地址
[SwitchC-Loop0] ipv6 address C::1 128
[SwitchC-Loop0] ip address 8.8.8.8  255.255.255.255
[SwitchC-Loop0] quit
[SwitchC] interface loop1              //配置接口 Loop1 的 IP 地址
[SwitchC-Loop1] ipv6 address D::1 128
[SwitchC-Loop1] quit
```

```
[SwitchC] bgp 200                              //配置 IPv6 BGP 的基本功能
[SwitchC-bgp] undo synchronization
[SwitchC-bgp] group in internal
[SwitchC-bgp] peer 6.6.6.6 group in
[SwitchC-bgp] peer 6.6.6.6 connect-interface loop0
[SwitchC-bgp] ipv6-family
[SwitchC-bgp-af-ipv6] import-route direct
[SwitchC-bgp-af-ipv6] undo synchronization
[SwitchC-bgp-af-ipv6] peer 6.6.6.6 enable
[SwitchC-bgp-af-ipv6] peer 6.6.6.6 label-route-capability
                                               //使能 IPv6 标签路由交换功能
[SwitchC-bgp-af-ipv6] quit
[SwitchC-bgp] quit
[SwitchC] ospf 100                             //配置 OSPF 的基本功能
[SwitchC-ospf-100] area 0
[SwitchC-ospf-100-area-0.0.0.0] network 192.20.20.0  0.0.0.255
[SwitchC-ospf-100-area-0.0.0.0] network 8.8.8.8  0.0.0.0
[SwitchC-ospf-100-area-0.0.0.0] quit
```

6.4.8　Teredo 隧道

Teredo 隧道能在家庭路由器等网络地址转换(NAT)设备之后工作，使用跨平台隧道协议为 IPv4 网络中无 IPv6 联网的 IPv6 主机提供连接。Teredo 由微软公司的 Huitema 开发[RFC 4380]。Teredo 路由器将 IPv6 分组封装在 IPv4 的 UDP 数据报中，再在 IPv4 网络上传输该数据报并穿过 NAT 设备。

Teredo 隧道定义了 4 种节点。

(1)Teredo 客户端，即连接到 IPv4 网络的 NAT 后方主机，每个 Teredo 客户端被分配一个 Teredo 前缀(2001::/32)开头的 IPv6 地址，格式如表 6.3 所示。

表 6.3　Teredo 客户端 IPv6 地址格式

位	0~31	32~63	64~79	80~95	96~127
位长	32 位	32 位	16 位	16 位	32 位
描述	Teredo 前缀(2001::/32)	Teredo 服务器的 IPv4 地址	标记位和其他比特	混合后的 UDP 端口号	混合后的客户端公共网 IPv4

位 64~79 为标记位，最高有效位(Most Significant Bit，MSB)为 CRAA AAUG AAAA AAAA，其中，默认 C=1，若 Teredo 客户端在 NAT 后面，则 C=0(RFC 5991 始终设 C=0)。R 位尚未分配，可设为 0。U=0 和 G=0 分别模拟 MAC 地址的"通用/本地"和"组/个人"位。原 RFC 4380 规范中第 12 位上的 A=0，但在 RFC 5991 中该位可由 Teredo 客户端随机选择，以保护客户端免受 IPv6 扫描攻击。位 96~127 由 NAT 映射给 Teredo 客户端，各位反转。

(2)Teredo 服务器，即负责初始化 Teredo 隧道配置的主机，使用 UDP 端口号 3544，从不转发客户端流量(除 IPv6 ping 以外)。一台 Teredo 服务器便可支持大量客户端，但限制每个客户端的请求带宽。Teredo 服务器可工作于完全无状态的方式，其占用内存大小与客户端数量无关。

　　(3) Teredo 中继，即 Teredo 隧道的远端，负责为其服务的 Teredo 客户端转发数据，但不包括 Teredo 客户端之间的直接交换。一个 Teredo 中继服务为一个 Teredo 客户端与特定范围内 IPv6 主机转发流量。Teredo 中继占用带宽较大，仅支持数量有限的客户端同时工作。

　　(4) Teredo 特定主机中继，即只服务于运行它的主机，无特别的带宽或路由限制。被服务的主机使用 Teredo 特定主机中继与其他 Teredo 客户端通信，但其 IPv6 网络保持与其他 IPv6 网络的连接。

6.4.9　隧道代理

　　隧道代理能够帮助用户从支持 IPv6 的服务提供商处分配到长久的 IPv6 域名和地址，该技术要求隧道双方均支持 IPv6/IPv4 双协议栈并且 IPv4 连接可用，但隧道代理不支持经过 NAT 设施的隧道。隧道代理系统包括隧道代理(Tunnel Broker，TB)、隧道服务器(Tunnel Server，TS)和隧道客户端(Tunnel Client，TC)3 种设备。隧道代理和隧道服务器可运行于不同的隧道客户端上，一般以 Web 的形式实现对隧道的控制。隧道代理可以大大减少隧道的配置工作量，特别适合小型 IPv6 网络或单个 IPv6 主机联网的场合。

第7章 信息中心网络

针对传统 TCP/IP 网络中的安全性、可靠性、移动性和灵活性问题，国内外存在两种解决思路：一种是改进 TCP/IP 网络，另一种是放弃 TCP/IP 网络。其中，信息中心网络是以信息为中心的去中心化架构，无需集中式机构，无须建立端到端的 IP 连接。信息中心网络中信息与物理地址相独立，每一个节点均可作为信息生产者和消费者。信息中心网络并非使用以主机为中心的 TCP/IP 通信机制，而是以基于互联网需求为导向，全面提升网络信息获取、移动性支持和面向信息的网络安全水平。

7.1 P2P 网络

点对点网络(Peer-to-Peer，P2P)也称对等网络，属于分布式网络架构。Peer 原意指地位或能力等同的同事或伙伴，表示 P2P 网络中的节点均为对等体。P2P 网络中的各个节点具有相同的地位和权利，这些节点既可以请求者身份申请网络服务，又可以服务者身份响应邻居计算机发出的请求，并根据请求提供相应的服务与资源。P2P 网络打破了以服务器作为中心的客户端/服务器(C/S)架构，凭借客户端的处理能力使网络重回去中心化架构，给各个网络对等体的通信和服务赋予平等、自由的地位。

7.1.1 P2P 网络概述

P2P 的提出可以追溯到互联网出现之初。图 7.1 所示是常见的互联网架构，包括一个中心服务器和两个对等的 PC(客户端)，服务器与 PC 之间是 C/S 架构，两台 PC 之间为 P2P 架构。在 C/S 架构中，服务器为生产者，客户端为消费者，两者之间存在信息不平衡。而在 P2P 架构中，网络节点之间不区分谁是中心节点(中心服务器)，每个节点都既是信息的生产者也是信息的消费者，同时拥有通信和服务的功能。所以，P2P 架构具有更低的部署成本和更强的扩展性能，打破了 C/S 架构中的信息不平衡状况。

1979 年，Truscott 与 Ellis 发布的新闻讨论组(Uses Network，USENET)是最早的基于 P2P 的经典应用。1984 年，Jennings 开发了服务于兴趣组的另一款经典 P2P 应用 FidoNet，能够实现使用不同公告板系统(BBS)的用户互相交换信息，对等节点间可以使用调解器(Modem)直接互相访问。1999 年，美国东北大学 18 岁的学生范宁(Fanning)开发了 Napster 程序，并创建了 Napster 公司，被公认为 P2P 应用的开端。

与 C/S 架构相比，P2P 架构的特点如下。

(1)节点平等性，即去中心化(Decentralization)。P2P 网络没有一个中心化的服务器或中介机构，所有节

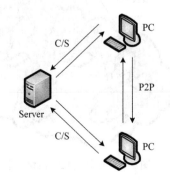

图 7.1 常见的互联网架构

点地位平等，具有交流双向性，生产者和消费者合二为一。

（2）负载均衡（Load Balance）。P2P 网络中各个节点的角色是服务器和客户端的二合一，对服务器计算能力及存储容量的要求大大低于 C/S 架构。

（3）可扩展性（Scalability）。当 P2P 的网络节点数量增加时，不仅增加了服务请求数量，也增加了系统资源及服务能力，很好地解决了 C/S 架构扩展中的热点效应问题。

（4）健壮性（Robustness）。P2P 网络具有动态性，网络节点可以自主地选择加入或者退出网络，从而构成耐攻击、高容错的自组织结构。

（5）私密性强。P2P 网络空间分配无须服务器干预，所有节点都参与中继转发。P2P 网络具有通信直接性，节点之间不必通过中间介质即可直接交换信息和服务。

（6）性价比高。P2P 架构能够将计算任务和存储任务分布至不同节点上执行，不需要新建服务器架构，从而充分利用了互联网中现存的大量节点，整合其空闲算力或储存空间。

7.1.2　P2P 网络拓扑结构

通常来说，P2P 网络的发展可根据其拓扑结构分为 4 个阶段：集中式、纯分布式、混合式及结构化。

1. 集中式 P2P 网络

集中式 P2P 网络是 P2P 发展的最早阶段，有着明显的 C/S 架构的影子，即每一种 P2P 模式均使用一台中央服务器负责资源的记录和查询的回复，各对等节点负责信息通信和资源下载。1999 年，Napster 程序的运作模式即使用了 Napster 服务器。早期的 P2P 文件交换系统必须依赖中央服务器才能正确工作，但一旦服务器关闭，文件交换则中止。

早期的 P2P 系统实现了内容路由，即当某些资源被 P2P 网络节点请求时，就必须先确定可以提供该资源的节点所在位置。为此，P2P 网络需要建立拓扑的"边"，即为节点之间创建路径以传输数据。请求节点通过"边"把查询请求传输给其他节点，服务节点通过"边"为请求节点提供资源或服务。不同于基础通信网络中的物理链路，这种"边"是一种创建于传输层协议之上的逻辑连接通道，又称为覆盖拓扑或覆盖网络。

集中式 P2P 网络常用的资源定位方法是集中机制，即集中式内容路由，如图 7.2 所示。中心节点保存了每一个节点资源的索引信息，只要对资源索引表格进行遍历搜索，就能找到请求节点所需的资源。集中式内容路由和 C/S 架构非常相似，拓扑结构简单，易于实现。

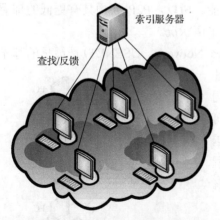

图 7.2　集中式 P2P 网络结构

但是，该方法的实现受限于中心节点和服务器性能。为了实现集中式内容路由，中心节点中需要保存数量庞大的资源索引表格，并且保持与所有节点同步更新。如果中心节点出现问题，就会降低整个系统的安全性和可靠性。

2. 纯分布式 P2P 网络

随后出现的第二代 P2P 网络为纯分布式 P2P 架构，完全取消了中央服务器，首次实现了"完全地去中心化"，将全部服务和资源完全分布于所有 P2P 节点之中。该网络拓扑呈现松散的随机图的结构，使用泛洪(Flooding)方式对资源进行查询及定位，使用生存时间(TTL)衡量链接存活时间。2000 年，Nullsoft 公司的弗兰克尔(Frankel)与帕勃(Pepper)开发的 Gnutella 网络就是最经典的纯分布式 P2P 应用，完全摆脱了对中央服务器的依赖，完全由各个节点互相发送查询请求。

在纯分布式 P2P 架构中，P2P 节点之间的连接是完全随机的拓扑结构。P2P 节点使用拓扑泛洪方式执行内容路由操作，又称为纯分布式路由查询技术，如图 7.3 所示。接到查询请求的节点自行搜索本节点的资源列表是否拥有该资源，若存在则响应搜索；否则继续泛洪传播下去，直到找遍全网为止。

集中型或星型网络中的中心节点与其他节点均为邻居，因此不适用于泛洪方式。而随机拓扑构成的纯分布式 P2P 网络适合使用泛洪方式，泛洪任务可由每个节点分担。随机网络中节点收到的泛洪消息数量与该节点的度有关，通常不会集中于某一个节点上。尽管如此，泛洪查询方式仍会占用较多资源，一旦个别节点性能不够好，就会造成 Gnutella 网络分片，降低整个网络的可用性和可扩展性。

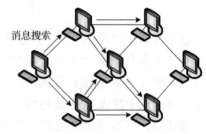

图 7.3　泛洪方式

3. 混合式 P2P 网络

混合式 P2P 网络结合了集中式与纯分布式的优势，其从整体上看是纯分布式的，但局部架构为集中式，如图 7.4 所示。其中，集中式架构的局部网络结构是围绕中心节点形成的局部星型结构，中心节点根据其所拥有的资源及性能进行选择；分布式架构的整体网络结构则由已经组好的局部网络随机组网而成。2001 年，詹斯特罗姆(Zennstrom)推出了文件共享程序 KaZaA(Kazaa Media Desktop，KMD)，它是混合式 P2P 网络的典型代表。2000 年，麦凯莱布(McCaleb)和雅冈(Yagan)创立的 P2P 文件共享网络 eDonkey 也是一个混合式 P2P 网络。

混合式 P2P 网络包括两类节点，其中一类为超级节点(Super Node，SN)，另一类为普通节点(Ordinary Node，ON)。每一个 ON 只能与一个 SN 建立直接连接，但一个 SN 可与多个 SN 或 ON 建立直接连接。整个网络拓扑可分两级，第 1 级是由多个 SN 构成的分布式网络，第 2 级是由多个 ON 围绕每一个 SN 构成的集中式局部网络。多个 ON 与一个 SN 形成星型结构，SN 为父节点，各个 ON 为子节点，但是每一个 ON 和其他的 ON 都不是邻居。多个 SN 可以进一步组网，连接多个 SN 的 SN 节点成为父节点，其余 SN 为子节点。

当有新的节点进入 P2P 网络时，根据其拥有 CPU、内存、带宽等资源的情况决定其成为 SN 或 ON。若该节点加入网络后成为一个 ON，则只能选取一个 SN 连接并与之通信；若该节点加入网络后成为一个 SN，则可以选取其他 SN 或 ON 连接并与之通信。混合式

P2P 网络的全部 SN 存储了整个网络的资源索引信息，当请求节点使用泛洪方式广播查询时，该方法能有效限制泛洪范围，解决了纯分布式 P2P 架构中泛洪范围过大的问题。

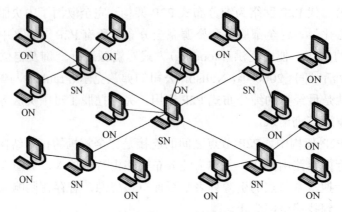

图 7.4　混合式 P2P 网络结构示意图

在混合式 P2P 网络中，一个超级节点和若干个普通节点相连组成的局部结构又称为簇。每一个 SN 都代表着一个簇。多个簇中的超级节点互相连接，构成了整个网络拓扑结构。混合式 P2P 架构特别适合异构网络，即网络中的节点资源、带宽、性能等差别较大的网络。但是，混合式 P2P 架构中的超级节点如果发生单点失效的情况，仍然可能破坏所在簇的结构和连通性，从而导致与之相连的若干个节点断开。

4. 结构化 P2P 网络

为了解决纯分布式 P2P 架构中路由查询导致的泛洪范围过大的问题，出现了结构化 P2P 网络，它可以把全部节点组织成有序的环型或树型结构，而不会形成环的连通结构。结构化 P2P 网络既可以在路由拓扑上减少广播风暴，也可以将资源索引信息按特定规则存储到指定的节点中，而无须将资源索引信息仅仅存储于包含该资源的节点中。2001 年，由麻省理工学院提出的 Chord 模型、英国剑桥大学的微软研究院和莱斯大学提出的 Pastry 模型、加利福尼亚大学伯克利分校提出的 CAN 模型，都是典型的结构化 P2P 架构。

结构化 P2P 架构中的节点仅保存其邻居后继节点的信息，由分布式散列(哈希)函数将输入信息唯一地映射至某个节点，并使用预设的路由算法连接该节点。结构化 P2P 架构中的单个节点并不负责维护整个网络资源信息，抛弃了集中式架构中的中央处理器和分布式架构中的泛洪查询方式，同时也有效解决了混合式 P2P 架构中存在的单节点失效问题。

为了实现结构化 P2P 架构中不同资源索引信息的不同存储，可将其划分为两个子空间，即节点空间和资源空间。节点空间指 P2P 网络中全部节点的集合，每一个节点使用唯一的节点编号作为标识，且节点编号范围与资源编号范围相同。资源编号空间和节点编号空间均有大小关系、偏序关系等数字特征，从而可以构造出不同结构。资源空间指 P2P 网络中全部资源的集合，每个资源使用唯一的资源编号作为标识。常用的资源编号方法是 Hash(哈希)函数法，即使用 Hash 函数将资源名称转换为另一个数值。每个资源按指定的资源索引格式进行描述，即<资源编号,资源名称,资源存储节点>。

结构化 P2P 架构通常使用基于分布式哈希表(Distributed Hash Table，DHT)的分布式哈希算法。哈希表的全部查找操作都可以在 $O(1)$ 时间复杂度实现，结构简单，操作效率高。DHT 可把一个关键值(Key)的集合分布到所有节点上，并迅速定位到唯一的关键值(Key)对应的节点(Peer)，特别适合具有大量节点参与或退出的结构化 P2P 架构。

Chord 模型中对于资源空间中一个资源编号为 i 的节点，在节点空间中找到一个节点编号为 $j(j \geq i)$ 的节点作为节点 i 的后继节点，并使两节点编号的距离最短。若各个节点均有整个网络的所有节点编号，就可以为自身的资源设立索引，并将该索引放到相应节点中。

Pastry 网络同样使用 Hash 函数计算资源编号及节点编号来创建编号空间，也把资源索引存放于编号距离最短的节点中。但是，Pastry 网络增加了最长前缀匹配算法，并且使用层次化结构代替了 Chord 环网络的二分差索引指针，能够根据编号数值对节点编号空间执行分层及分类操作。

内容可寻址网络(Content Addressable Network，CAN)也使用 Hash 函数运算将资源与节点映射至同一个编号空间，但使用向量空间作为编号空间，使用多维向量为每个节点编号。CAN 模型类似于三维晶体格子体系，一个编号对应于多维向量空间中的一个点，若向量空间中位于同一维度的两个节点坐标差值为 1，则可定义为邻居。CAN 模型仅需要存储邻居节点的指针，查询时使用贪心算法依次询问距离最近的邻居节点，直到找到为止。

7.1.3　P2P 网络核心技术

1. 非实时内容传输

P2P 网络根据需求不同可使用不同的传输技术，例如，针对文件下载等非实时应用，可使用非实时内容传输技术。在进行非实时内容传输时，先给每个文件分配唯一的文件描述符，并将下载文件划分为多个片段以便并行传输。当有节点请求该文件时，可由发布站点获取文件描述符，再根据描述符搜索路由，连接相应的路由节点，并在具有连接关系的节点之间共享片段信息。该技术还使用暂缓重组、断点继传的方法提高内容传输效率，即当所有片段下载完后再重新将所有片段组合为一个原始文件。

2. 实时内容传输

相对于非实时内容传输，实时内容传输对传输时间的要求更为苛刻，通常对于缓存时间的要求是几秒至几分钟。内容在节点间的传输遵守单向传输原则，属于直观实时流传送系统。每个 P2P 网络的节点在实时流媒体应用中都会分配一个内存块或缓存(Buffer)，常用循环队列描述，缓存的大小即为队列的长度。循环队列设有两个指针，即新到指针和当前指针。新到指针永远指向最新达到的内容所在位置；当前指针永远指向被读取的内容所在位置。从当前指针所指位置逆时针至新到指针所指位置之间的区域就是可播放内容。

3. NAT 穿越

NAT 穿越可以帮助实现在 NAT 机器上创建映射表，常用的有基于打洞的 UDP Punch 技术和基于 NAT 设备管理接口的 UPnP 技术。

UDP Punch 技术可以利用 UDP 连接进行传输，利用 UDP 连接防火墙后的一台主机 A

和使用公共网地址的一台服务器。该台服务器即为 NAT 穿越服务器，其知道主机 A 用于 UDP 连接的端口号和公共网地址；当有主机 B 想与主机 A 通信时，NAT 穿越服务器可把主机 A 经过防火墙后对应的端口号及公共网地址发送给主机 B，主机 A 与主机 B 便可创建 UDP 连接。

通用即插即用(UPnP)为通用即插即用论坛(UPnP™ Forum)推出的网络协议，以简化网络的方式实现家庭网络和公司网络中不同设备的无缝连接。UPnP 协议是基于 TCP/IP、UDP 和 HTTP 的分布式、开放式体系，支持零配置和自动检测。多种介质均可应用 UPnP 而无须设备驱动，包括电话线、以太网、电力线通信(PLC)、红外通信技术 IrDA、无线电 Wi-Fi、蓝牙及 Firewire(IEEE 1394)。

NAT 穿越也可以使用 TCP，因为同一个内网里的主机通过同一源端口与多种外网主机创建连接时，其源端口(Src Port)映射是相同的。一台中间服务器(Middle Server)使用公有地址给请求主机与响应主机发送消息，位于一处 NAT 设备后的请求主机作为客户端(Client)，位于另一处 NAT 设备后的响应主机则作为服务器(Server)。

4. 文件共享

P2P 文件共享系统和 FTP 文件共享系统是常见的两个文件共享技术，但两者的主机在文件共享过程中所承担的角色不同。在 P2P 文件共享系统中，所有的主机都既是服务器又是客户端，所以也称为对等网文件共享系统；在 FTP 文件共享系统中，一般使用一台主机作为服务器，其余主机均作为客户端，所以也称为 C/S 方式文件共享系统。美国软件工程师科亨(Cohen)于 2003 年发明的 Bit Torrent(BT)，以及亨德里克(Hendrik，后改名 Merkur)于 2002 年 5 月发布的 eMule，都是经典的 P2P 文件共享系统。

Bit Torrent 是基于 TCP/IP 协议的 P2P 文件传送协议，位于 TCP/IP 的应用层，文件发布者需根据目标文件生成一个种子文件(.torrent 文件)，即一种包含 Tracker 信息和文件信息两部分内容的文本文件。

eMule 由 2000 年的 eDonkey 发展而来，使用了多源文件传送协议(Multisource File Transfer Protocol，MFTP)，允许同一个文件由多个源同时下载。eDonkey 的索引服务器分布于全球，由用户私有，而非集中式服务器。eDonkey 先搜寻文件片段，然后从多个节点处同时下载各个文件片段，全部下载完后再将多个文件片段拼接成一个完整的文件。

5. 流媒体

流媒体(Streaming Media)是指以流水方式发送多媒体数据包的技术，通过网上分段连续发送压缩的媒体数据，为用户提供即时传输和共享影音的服务。流媒体系统通常包括多个可互相交互数据的软件模块，最核心的 3 个软件模块是编码器(Encoder)、服务器和播放器(Player)。编码器负责把接收到的音频或者视频文件进行编码，转为流格式文件；服务器负责把编码后的流格式文件发送给客户端；客户端的播放器负责将接收到的流格式文件进行解码并播放。

2002 年 4 月创立的 PeerCast.org 是一个开源的 P2P 模式流媒体系统，可为用户无偿提供 P2P 电台软件。PeerCast 的前身是 Gnutella 协议，使用了类似的泛洪方式，支持广播，支持 MP3、WMA、AVS、WMV 与 NSV 等流格式。

6. 即时通信

即时通信(IM)支持两人及以上利用网络即时交换文字、图片、语音、视频进行实时通信。2003 年诞生的 Skype 就是一款使用 P2P 技术的基于 IP 的语音传输 VoIP 通信应用。常用即时通信软件有 QQ、MSN、AOL Instant Messenger、Yahoo Messenger、NET Messenger Service、Jabber、ICQ 等。

7. P2P 搜索引擎

在 P2P 早期,Napster 等基于服务器的文件共享架构广泛使用中心搜索技术,各节点在请求搜索时一律将搜索消息发送至中央服务器,由中央服务器搜索指定标志名的资源。纯分布式 P2P 架构使用一种分布式搜索算法,无需中央服务器,由分布式节点搜索所需的资源,从而提高搜索效率。但是分布式搜索需要相关的统计知识,如关键字的频率等,以提升搜索效率。KaZaA 等混合式 P2P 架构将服务器也当作节点进行分布式搜索。

广度优先搜索(Breadth First Search,BFS)指按广度顺序遍历整张拓扑图,直到搜索到目标为止,而不针对目标的可能位置进行搜索。纯分布式 P2P 应用 Gnutella 使用 BFS 技术进行泛洪搜索,Dijkstra 单源最短路径算法及 Prim 最小生成树算法均采用 BFS 思想进行搜索。

深度优先搜索(Depth First Search,DFS)是按深度顺序遍历整张拓扑图,直到搜索到目标为止,也不针对目标的特定位置。早期爬虫开发均使用了 DFS 技术。

最大度搜索基于幂律搜索,所有节点均了解其邻居节点的度的大小,且节点度数越大的节点所拥有的信息越多。若邻居节点中无所需的目标,则该邻居节点再搜寻其度最大的邻居节点,继续搜索直到找到所需的目标为止。

随机游走搜索(Random Walk Search,RWS)类似于布朗扩散运动,无法基于过去的数据来预测将来的搜索方向。

半结构化 P2P 架构的 Freenet 系统使用深度优先的链式搜索机制。Freenet 中每个节点均维护一张动态路由表,记录网络局部区域的节点地址及其拥有的资源,且每个资源均分配独一无二的资源编号(FileID),提供"尽力而为"的搜索。

结构化 P2P 网络中 Chord 搜索算法将所有资源名映射到语义空间,所有节点名映射到节点空间,两个空间均为属于一个笛卡尔空间。整个 Chord 网络从逻辑上形成一个环,用户可根据逻辑环迅速搜索到资源所在的目的节点。结构化 P2P 网络中 Pastry 搜索算法与 Chord 算法类似,使用 Hash 函数创建资源编号空间及节点编号空间,也把资源索引存放于编号距离最短的节点中,但 Pastry 网络使用树型拓扑结构搜索。结构化 P2P 网络中 CAN 搜索算法是基于节点之间几何空间相邻关系的多维空间搜索算法,每个节点存储了 Hash 表的一部分作为一个区(Zone)。CAN 节点所需维护的控制状态比较少,且状态数与节点数无关。

搜索引擎通常由爬虫程序、索引分析程序、查询器组成。爬虫程序会分析 URL 之间存在的关联而自动爬行所有网络,并抓取所爬行过的站点。索引分析程序会使用超链接算法之类的相关度算法分析所获得的网页信息,并建立倒排序的索引库供搜索。查询器用于协助用户查询索引库,用户只需在查询器页面输入关键字,便可调用排序算法返回查询结果。搜索引擎实际上是搜索提前抓取到的网页的索引库,而非直接搜索全网,大大提高了搜索速度。

【**案例 7.1**】防火墙 P2P 限流案例如图 7.5 所示。请配置防火墙进行 P2P 限流组网，防火墙为路由模式并配置 NAT 策略。内网用户通过防火墙 Firewall 后转换源地址，防火墙使用上行口 E0/0/0 的 IP 地址为转换后的源地址，并变换直连防火墙的上下行口的 IP 地址。防火墙对用户 1 和用户 2 分别使用不同的 P2P 限流策略，用户 1 的带宽限流为 20Mbit/s，用户 2 的带宽限流为 40Mbit/s。

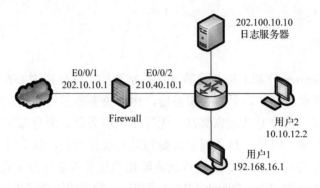

图 7.5　防火墙 P2P 限流案例

【**解**】

```
[Firewall] firewall mode route              //工作于路由器模式
[Firewall] interface E0/0/1                 //设置接口地址
[Firewall-E0/0/1] ip address 202.10.10.1  255.255.255.0
[Firewall] interface E0/0/2
[Firewall-E0/0/2] ip address 210.40.10.1  255.255.255.0
[Firewall] firewall zone untrust            //接口加入安全域
[Firewall-zone-untrust] add interface E0/0/1
[Firewall] firewall zone trust
[Firewall-zone-trust] add interface E0/0/2
[Firewall] firewall packet-filter default permit all   //开启全部缺省过滤
[Firewall] nat address-group 1 202.10.10.1 202.10.10.1   //NAT 地址转换地址池
[Firewall] acl number 100                   //NAT 地址转换策略
[Firewall-acl-adv-100] rule permit ip
[Firewall] firewall interzone trust untrust    //NAT 地址转换域间配置
[Firewall-interzone-trust-untrust] nat outbound 100 address-group 1
[Firewall] acl number 200                   //用户 1 的 P2P 限流策略
[Firewall-acl-adv-200] rule permit ip source 192.168.16.1  0.0.0.0
[Firewall-acl-adv-200] rule permit ip destination 192.168.16.1  0.0.0.0
[Firewall] firewall p2p-car class 0 cir 20000 //用户 1 的带宽限流 20Mbit/s
[Firewall] acl number 300                   //用户 2 的 P2P 限流策略
[Firewall-acl-adv-300] rule permit ip source 10.10.12.2  0.0.0.0
[Firewall-acl-adv-300] rule permit ip destination 10.10.12.2  0.0.0.0
[Firewall] firewall p2p-car class 1 cir 40000 //用户 2 的带宽限流 40Mbit/s
[Firewall] firewall interzone trust untrust   //用户 1 和用户 2 的域间配置
[Firewall-interzone-trust-untrust] p2p-car 200 class 0 inbound
```

```
                                              //用户 1 上行
[Firewall-interzone-trust-untrust] p2p-car 200 class 0 outbound
                                              //用户 1 下行
[Firewall-interzone-trust-untrust] p2p-car 300 class 1 inbound
                                              //用户 2 上行
[Firewall-interzone-trust-untrust] p2p-car 300 class 1 outbound
                                              //用户 2 下行
[Firewall] info-center loghost 202.100.10.10  //配置日志服务器
[Firewall] firewall log stream enable         //日志流启用
```

7.2　区块链技术

区块链是由众多分布式区块构成的去中心化新应用。1991 年,哈伯(Haber)与斯托尔内塔(Stornetta)首次提出区块之链(Chain of Blocks),之后演化为区块链(Blockchain),二人被誉为"区块链之父"。2008 年,中本聪(Satoshi Nakamoto)发表论文《比特币:一种点对点的电子现金系统》(*Bitcoin: A Peer-to-Peer Electronic Cash System*)利用区块链技术构建比特币及数字货币在线支付系统,而完全无需中央银行。每个区块中包括时间戳、数据记录、本区块的根哈希、前一区块的根哈希等信息(图 7.6),且所有区块通过共识机制确保所记录的数据无法篡改。区块的产生时间称为时间戳,令所有区块成为前后关联的连续数据存储结构。区块根哈希是数据记录树的根节点哈希,因为数据记录在存储时往往会以树(如默克尔树)的形式排列。

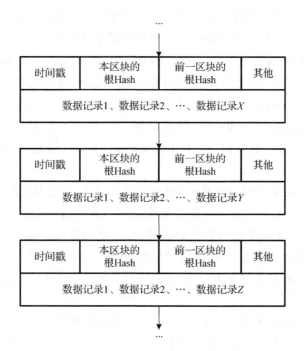

图 7.6　区块链结构示意图

区块链具有以下特征。

(1) 去中心化。区块链能够以分布式完成信息的记录、存储及更新，而无须中心节点参与。区块链全网节点拥有平等的权利与义务，修改数据需要全网所有节点达成共识。

(2) 自治性。智能合约可以帮助区块链构建一种分布式自治组织（Decentralized Autonomous Organization，DAO），所有节点完全按照事前制定的规则工作。

(3) 信息不可篡改。区块链数据信息经过所有节点共识后记入分布式账本之中，区块链所有节点均保存了该笔交易的备份，所以区块链数据记录具有很好的可靠性，即信息不可篡改。

(4) 匿名性。区块链使用了去信任的架构，节点之间在交易时无须考虑信任问题，在执行交易时无须公开身份促使不信任的交易双方产生信任，其匿名机制是可信的。

(5) 透明性。区块链全网均可看见数据的记录情况，所有的数据信息都是公开透明的，可被全网节点审查、追溯，并以此建立信任机制。

(6) 开放性。区块链技术是数学、密码学、经济学、计算机网络、拓扑学等跨学科技术结合的产物，所有用户和区块链节点均可使用公开的接口去访问区块链中的公开信息。

7.2.1　区块链的分类

区块链有以下几种不同的分类方法。

(1) 按照区块链的开放程度，可以划分为公有链、联盟链、私有链。

公有链或公共区块链（Public Blockchain）允许任何用户加入区块链中，也允许所有用户对区块链系统中的交易数据进行查询和共识，每个用户均可向区块链发送交易请求或对请求消息进行确认。公有链的架构是纯分布式的，数据完全透明，用户参与度高。例如，比特币（Bitcoin，BTC）、以太坊（Ethereum，ETH）等都是典型的公有链应用。

联盟链或共同体区块链（Consortium Blockchain）仅允许预先指定的用户加入区块链中，节点之间一般具有稳定的连接和合作，验证效率高。联盟链的架构并不是纯分布式的，而是部分去中心化的。联盟链上的数据有的公开，有的则私有而不公开，在保证交易信息隐私性的同时，也给联盟链带来了较强的可扩展性。联盟链也可能导致数据的联合篡改。例如，超级账本（Hyperledger）、R3 区块链联盟（R3CEV）等都是典型的联盟链应用。

私有链或私有区块链（Private Blockchain）仅允许有限范围的用户（如某机构的内部人员）加入区块链中，且节点数量有限。私有链的交易验证不需要全网所有节点共同确认，仅需若干受信节点（如高算力节点）验证即可，交易成本更低。私有链的验证者是内部公开的，节点无法联合起来一起制造"51%攻击"。私有链甚至允许参与节点修改交易规则。常见的私有链都选择依托于公有链运行。例如，Eris Industries 就是一个典型的私有链应用。

(2) 按照区块链的应用范围，可以划分为基础链和行业链。

基础链用于提供通用的各类底层开发协议和区块链工具，支持开发者在其基础上快速开发出各种去中心化应用（Decentralized Application，DAPP），通常是公有链。以太坊（ETH）、企业运营系统（Enterprise Operation System，EOS）都是典型的基础链。

行业链主要用于提供顶层的各类行业应用,可为不同行业提供定制的交易协议和工具,而非底层技术,通常是专用区块链。例如,比原链(Bytom,BTM)用于资产类公有链,GX链用于数据公有链,SEER 用于文体行业公有链。

(3)按照区块链的独立性,可以划分为主链和侧链。

主链通常是正式上线的、可独立运行的区块链系统,具有很强的独立性。例如,比特币(BTC)、以太坊(ETH)等都是典型的主链应用。

侧链用于实现双向转移,统指遵循侧链协议的所有区块链,而非特指某个区块链。侧链本身也可单独作为一条主链,而一条符合侧链协议的主链也可称为侧链。例如,在 Mixin Network 中,支持数字资产在主链及侧链之间互相转移。

(4)按照区块链的层级关系,可划分为母链和子链。

母链是区块链底层的基础,是可生成其他链的主链。例如,Nuls 公有链是全球区块链开源社区项目,可定制不同的公有链基础设施;本体(Ontology,ONT)构建了一个分布式融合的信任体系,允许用户开发跨链、跨系统、跨行业的区块链基础设施。

子链是在底层母链基础上构建的区块链。例如,印链是接入 Nuls 的第一条子链,而 Press one 是接入 Mixin Network 的子链。

7.2.2　区块链工作原理

1. 拜占庭将军问题

1982 年,计算机科学家兰波特(Lamport)等提出了著名的"拜占庭将军问题"(Byzantine Failures),即一种容错计算问题。拜占庭帝国(5～15 世纪的东罗马帝国,现土耳其)有 10 个邻国,但拜占庭帝国易守难攻,至少要联合一半(6 个及以上)邻国的力量才可以成功入侵它。单独一个邻国无法入侵成功,而且一旦其入侵失败,该邻国还会遭到其他 9 个邻国的攻击。10 个邻国构成了一个互不信任的分布式网络,各个邻国的将军都无法判断其他邻国是否会成为叛徒,如果入侵的邻国数不够 6 个及以上,就有可能导致入侵失败。

为了解决"拜占庭将军问题",邻国间需要拟定一个分布式的协议来协商,常见的有口头协议算法、书面协议算法等。口头协议算法能够解决叛徒数小于邻国总数 1/3 的"拜占庭将军问题",但无法对消息溯源。书面协议算法使用了不可伪造的签名,所有人均可验证签名的可靠性并发现篡改,但是其签名和验证依赖于可信的中心节点,而且难以考虑信息传递时延和签名体系的差异。

区块链考虑了传递信息时延和成本,传递信息的成本称为工作量,区块链中的矿工需要计算出一个随机的哈希值才可以获得传递信息的资格,即随机仅允许一个矿工在特定时间内传递信息。当用户发出交易请求时,必须使用公钥加密工具进行签名,加上哈希计算的速度限制,为不信任的若干节点建立了一个可信的网络,从而能够有效解决"拜占庭将军问题"。

2. 时间戳

时间戳(Time-stamping)用于确认区块链中数据产生的时间,并验证该数据在产生后是否发生了篡改。时间戳服务机构需要确保其使用的时间源具备足够的可信度，且数据内容未更改。时间戳系统用于对区块链签名对象进行时间戳的产生和管理，签名产生时间戳，确保在进行数字签名之前原始文件已经存在。时间戳令每个区块都可以按照时间的顺序依次连接，从而形成了前后相接的链状结构，也将所有的分布式账本按时间顺序串联起来。

简单的时间戳服务系统通常包括时间戳服务机构(Time-stamping Authoritor)、时间戳服务申请者(Subscriber)和充当时间戳验证者的依赖方(Relying Party)。时间戳将时间标签赋予数据信息，令所有记录的数据都不会重复，实现了交易溯源，便于区块链全网所有节点准确检验每条记录的真实性。另外，区块链运行中往往会产生多条链，最长的链由可信节点管理，攻击者必须完整地伪造出一条长度更长的链才可伪造数据。随着时间演变和节点数增加，攻击者伪造链的难度与成本呈指数级别增长。

3. 区块链工作流程

区块链工作流程需要借助于数字签名机制。数字签名机制给每个用户分配一个私钥用于数字签名，并使用哈希算法将输入的任意长度数值转换成固定长度的字符串，且变换过程不可逆。区块链的主要工作步骤如下。

(1)发送节点把新的数据记录广播到全网。广播的新记录可以仅到达数量充足的节点，而不必到达所有节点。

(2)接收节点验证接收到的数据记录的合法性，验证通过的数据记录会加入一个区块中。为了防止数据记录造假和验证失败，区块链使用了时间戳使数据区块与其中的数据内容相关联。

(3)所有节点对数据记录执行全网共识算法。

(4)验证通过后的区块被全网节点接收并正式存入区块链，以该区块的随机散列值为基础延长区块链。区块链网络通常选择最长的链进行验证和延伸。

在区块链工作过程中，假设同一时间有多个新区块被广播，但是它们的时间戳会有所不同，则其他节点就可依据所收到区块的时间差异按序工作。区块链通常将先到达的区块加入最长的链上，但是其他短链也需要保留以便以后可能会变长。为了避免出现此类区块链交叉的情况，可使用共识算法。

7.2.3　分布式账本

分布式账本(Distributed Ledger)即共享于全网的分布式数据库，其中记录了区块链中所有的交易，包括资产、数据等，具有可复制、可同步的特点。分布式账本也称为共享分类账本，可用于分布在不同地理位置的节点共享和同步数据，无须中心节点参与。分布式账本为区块链中的每个参与者建立唯一的真实账本的副本，副本与真实账本保持同步。

分布式账本中存储的数字资产包罗万象，可以是实体的，也可以是电子的，通常是具有金融、法律意义的资产。分布式账本使用公私钥加密机制和数字签名方法来控制账本访问权，借助密码学原理维护账本中存储的数字资产的安全性和可靠性。分布式账本记录的更新不涉及金融机构等第三方机构或可信仲裁机构，所有节点按照共识机制来协商，所有数据记录都包括独一无二的时间戳和数字签名，可提供安全审计功能。

7.2.4　非对称式加密

区块链中使用了非对称式加密技术，如信息加密、数字签名和登录认证等。比特币交易过程就是典型的区块链信息加密过程。其中，信息发送方使用信息接收方的公钥作为加密密钥，把信息加密后发送给信息接收方；信息接收方使用自己手中的私钥解密接收到信息。一般由比特币钱包文件存储公钥及私钥，一旦私钥泄露将导致该私钥对应的数字资产丢失。因此，也出现了一些私钥加密技术。区块链数字签名过程中和区块链登录认证过程中，信息发送方使用自己手中的私钥加密信息，再将加密后的信息发送给信息接收方，信息接收方使用信息发送方的公钥解密接收到的信息，确认接收到的信息是由信息发送方所签名的。

区块链系统通常利用随机数生成器产生随机数作为私钥，并将随机数生成器置于操作系统底层。通过私钥可以生成公钥，但不能使用公钥生成私钥。当随机数长度是 256 位时，私钥空间已经足够巨大，使用遍历的方法获取私钥是极为困难的。例如，先使用 Secp256k1 椭圆曲线算法生成 65 字节的随机数，再利用 SHA256 和 RIPEMD160 双哈希运算将公钥转化成为摘要，最后利用 SHA256 哈希算法和 Base58 变换生成比特币地址。RACE 原始完整性校验信息摘要(RACE Integrity Primitives Evaluation Message Digest，RIPEMD)是比利时的鲁汶大学的 Dobbertin、Bosselaers 和 Prenee 组成的 COSIC 研究小组于 1996 年发布的加密哈希函数，其设计基于 MD4 算法，使用 160 位元。

数字货币进行交易时通常使用一体化钱包，即将交易过程全部置于一个物理介质之中，以便高效处理用户认证、交易确认等过程。数字货币还使用可分离介质取代一体化钱包，即将交易时的验证过程分离，由多个分离的物理介质协作完成交易，确保攻击者无法做到同时控制多个物理介质。常用的分离介质有数字证书(CA)、冷钱包等。

7.2.5　Hash 函数

Hash 函数，又称散列函数或杂凑函数，可把任意长度的输入(预映射(Pre-image))映射为固定长度的输出(散列值)，即将任意长度的信息压缩为某一固定长度的信息摘要。Hash 函数是一种压缩映射，输出散列值空间远小于输入预映射空间，不同输入可能映射为同一输出，所以无法根据散列值来逆推出唯一的输入值。

Hash 函数要能保证密码安全，就要保持足够的碰撞阻力。Hash 函数的碰撞是指不同输入映射为同一输出的情形。如果攻击者无法找到碰撞，即无法根据散列值来逆推出唯一的输入值，则可认为该 Hash 函数有碰撞阻力。由于 Hash 函数输入空间无限(字符串长度任意)，而输出空间有限(字符串长度固定)，所以不同的输入会必定会产生相同的输出。根据基本的计数论证(Counting Argument)和鸽巢原理(Pigeonhole Principle)，也可以从数学上证实 Hash 函数碰撞确实存在。因此，是攻击者无法找到碰撞，而不是碰撞不存在。

Hash 函数还拥有隐秘性或不可预测性，即对于公开的 Hash 函数输出值 $v = H(u)$，无法计算其输入值 u。可以使用信息论中的最小熵来检验结果的可预测性，分布随机变量常

用的是高阶最小熵。另外，Hash 函数还具有谜题友好性。谜题友好指的是根据某个输出值求解其对应的输入值，而输入空间包含的随机因素会导致求解过程极其困难。对于谜题友好 Hash 函数，有一个长度为 n 的输出值 $v = H(u)$，无法在远小于 2^n 的时间内求解出输入值 u，并确保 $H(k\|u) = v$ 成立，式中，k 为高阶最小熵分布值。

7.2.6 共识机制

通常区块链共识过程可分成两步：第 1 步挑选一个特定的节点用于创建一个区块，保证其准确无误地加入区块链中；第 2 步由所有节点对分布式数据记录达成共识，没有分歧，甚至防止恶意入侵。常用的共识机制有工作量证明（PoW）、权益证明（PoS）、工作量+权益的混合证明（PoW+PoS）、股份授权证明（DPoS）、瑞波共识协议（RCP）等。

1. 工作量证明

工作量证明（Proof of Work，PoW）即根据节点的算力和工作量的多少来达成共识。PoW 共识机制中，节点若要获取创建新区块的资格就必须一直不停地耗费自身算力去执行哈希计算，直至随机数符合预期的要求。1993 年，Dwork 和 Naor 最早提出了 PoW，之后由 Satoshi Nakamoto 于 2008 年将其应用于比特币中。通常，验证节点也要消耗自己的算力或能源来争夺区块链的记账权，以避免虚假交易和双重支付。

比特币系统即使用 PoW 共识机制来达成区块链的共识。验证节点或记账节点也叫作矿工，负责记录每笔交易数据。生成比特币的过程叫作挖矿，即利用散列计算找随机数的过程。赚取比特币的计算机或申请节点称为矿机，负责进行挖矿，包括中央处理器（Central Processing Unit，CPU）矿机、图形处理单元（Graphics Processing Unit，GPU）矿机、专用集成电路（Application Specific Integrated Circuit，ASIC）矿机等。若干矿机集中起来联合挖矿就形成了一个矿场，一个或多个矿场可汇聚成矿池。

所有区块的源头就是创世区块，合理的区块随机数通常拥有 M 个前导 0，M 值大小与运算的难易程度有关。在 PoW 中，由于所有区块都依赖前一个区块进行验证，算力攻击的概率难度将呈指数上升，即遵循泊松分布。但是 PoW 也会造成算力和能源的浪费，节点并非专注于分布式记账。另外，个别矿池的算力过度集中，如占全部算力的 50%或更多，也有可能造成安全隐患。

2. 权益证明

权益证明（Proof of Stake，PoS）根据节点拥有的一定数量加密货币的所有权来达成共识。PoS 共识机制中，节点需要存入一定数量的电子货币作为权益才有可能成为验证者，相当于在区块链中存入保证金。权益的数量与该节点被选为验证者的概率是线性相关的，从而确保高权益的节点创建下一个区块。PoS 随机散列运算被约束在一个有限制的时空内完成，而非 PoW 无限制空间运算，从而节约了大量的算力和能源消耗。2012 年 8 月，在 Sunny King（网名）推出的点点币（Peercoin，PPC）中首次应用了权益证明共识机制。该加密货币使用工作量证明进行新币发行，使用权益证明进行网络安全维护。

未来币使用 PoS 共识机制，以币天(币×天)为单位来衡量货币持有量和持有时间，即 1 币天表示每个币每天产生的权益。所有区块都具有识别参数、签名参数，只有激活账户可以使用其私钥创建长度为 64 字节的签名。该签名还会利用 SHA256 进行散列，其中前 8 字节生成一个数字 hit 值，用于与当前的目标值比较。若计算出的 hit 值低于目标值，该账户便可创建新区块。未来币新节点交易验证次数达到 1440 次，则视为激活账户。不同于 PoW 中相对稳定的权益，PoS 中的权益和目标值变化较大，其值会随时间戳增加而增加。若在 1s 之内，无 hit 值比目标值低的账户出现，则目标值会在下一秒调成原来的两倍。该过程会不断重复，直到出现活动账户低于 hit 值为止从而成功创建新区块。

3. 工作量+权益的混合证明

2012 年出现的 Peercoin 使用了 PoW+PoS 的混合证明共识机制，其中 PoW 共识机制负责产生新币，PoS 共识机制负责保证全网的安全性。相应地，Peercoin 区块链中有两种不同的区块，即 PoW 区块与 PoS 区块。生产 PoS 区块和 PoW 区块类似，都是非确定的。PoS 输入必须遵守哈希协议，PoS 首次输入即为权益核心。PoS 区块的用户可以得到一个创建 PoS 区块与创造 PoS 新币的优先级，还可以通过消耗 PoS 币天来获取利息。

PoS 权益核心以用户消耗币天的目标值为标准来构建随机散列目标。PoS 中的每个节点均具有相同的目标值，消耗币天越多的节点则越容易获得优先级。PoS 中所有的区块在交易中所消耗的币天都会被汇总，以提升本区块的权益分数，区块链将币天消耗最高(权益分数最高)的区块确定为主链。在 PoW+PoS 共识机制中，任何一个货币拥有者都有可能挖矿成功，而与其拥有的货币数量无关(只需一定数量的货币所有权即可)，更容易分叉，不会出现集中算力形成的矿场或矿池，降低发生"51%攻击"的概率。

4. 股份授权证明

股份授权证明(Delegated Proof of Stake，DPoS)机制使用股东(又称代表、证人)来达成共识，由固定的算法来随机挑选股东去创建区块，节点选中为股东的概率与其账户资产有关。DPoS 参与交易的节点数少于同样规模网络下的 PoW、PoS 共识机制。2014 年，Invictus 公司推出的比特股(BitShares)首先提出了 DPoS，支持虚拟货币、法币、贵金属等的开源分布式交易。DPoS 可以给所有持币节点赋予投票权，通过投票选出票数最多的 100 个节点作为股东，给这些节点分配一个时间段，并按照顺序依次轮流创建区块。创建区块的股东都会获得一笔酬劳，大约是一个区块平均交易费用的 1%，相当于股东分红或股权权益。但是，随着时间的推移，账户资产较多的少数节点就有可能掌控创建区块的权利。

类似于 PoW 系统和 PoS 系统，DPoS 也使用长度最长的链创建区块。DPoS 系统股份授权与节点算力无关，也与节点掌握的资源无关，比 PoW、PoS 等系统更民主。DPoS 交易需要每个被签名的区块获得一个受信任节点的签名，但其交易确认并不需要可信的验证节点达到一定数量。不同于 PoW 和 PoS，在 DPoS 中，允许一个区块存储多笔交易信息。

5. 瑞波共识协议

瑞波共识协议(Ripple Consensus Protocol，RCP)使用一组特定的节点列表来达成共识，每加入一个新的节点，就需要特殊节点列表中超过一定数量的成员同意。2013 年，美国旧金山的瑞波实验室推出了瑞波(Ripple)系统作为一种互联网金融交易协议。尽管 2004 年就出现了瑞波的早期版本，但该版本并未获得成功。瑞波系统使用网关作为资金进出的端口，使用瑞波币(XRP)作为系统内的流动性工具，XRP 也是各类货币互相兑换的中间货币。

瑞波系统的交易记录(区块)具有更快的打包速度，通常只有几秒，而比特币却要约 10min；瑞波系统的交易记录(区块)具有更快的确认方式，所有节点同时进行确认，并一起完成共识，而比特币则由多个节点逐个进行确认，耗时更久。

6. 其他共识协议

恒星共识协议(Stellar Consensus Protocol，SCP)使用若干节点组成受信任的组(又称仲裁切片)，只有这些受信任的节点同意的交易才能被验证。Pi 币使用恒星共识协议，将 Pi 币矿工的安全圈聚集于全局信任图中，Pi 币节点构成仲裁切片，只有指定的受信任节点才可以验证共享分类账本上的交易。

实用拜占庭容错(Practical Byzantine Fault Tolerance，PBFT)的核心思想是 $n_\Sigma \geqslant 3n_F+1$，式中，$n_\Sigma$ 为区块链系统中的节点总数；n_F 为系统故障节点的数量。当某个区块链系统包括 n_Σ 个节点时，可以容忍出现 n_F 个故障。PBFT 算法流程主要包括 3 步。

第 1 步，预准备(Pre-prepare)阶段，取一个副本作为主节点，其他 3 个副本作为备份节点，客户端向主节点发送使用业务交易请求。

第 2 步，准备(Prepare)阶段，主节点将业务交易请求广播给其他 3 个副本节点，所有副本节点必须执行业务交易请求，并将执行结果返回客户端。

第 3 步，确认(Commit)阶段，客户端需要接收 n_F+1 个副本节点所返回的相同结果，再根据 $n_\Sigma \geqslant 3n_F+1$ 规则判断本轮共识的验证结果。

Pool 验证池机制利用了服务器软件开发中的 Pool(池)概念，将池作为一个容器来保存各类需要的工作对象，无须依赖代币完成验证工作。Pool 验证池机制建立在分布式一致性算法基础上，包括图灵奖得主兰波特(Lamport)于 1998 年在 *The Part-Time Parliament* 论文中提出的 Paxos 算法、斯坦福大学的翁加罗(Ongaro)和奥斯特豪特(Ousterhout)于 2014 年在 *In Search of an Understandable Consensus Algorithm* 论文中提出的 Raft 算法。

7.2.7 智能合约

1. 智能合约的起源

1993 年，计算机科学家、加密大师绍博(Szabo)首次提出了智能合约概念，并在 1994 年发表了论文《智能合约》(*Smant Contracts*)，他被称为"智能合约之父"。比特币的核心人物托德(Todd)将智能合约和预言机(Oracles)引入了比特币中，并以自动售货机为例描述智能合约。因此，自动售货机可视为最早的智能合约。

萨博描述智能合约为：利用数字方式控制合约，而不限于在自动售货机中嵌入各种有价商品，能够动态地、主动地执行资产交易，并提供观察和验证机制，确保交易准确无误。萨博还给出了智能合约的三要素。

(1)一个能够令合法交易方排除非法交易方的锁。

(2)一个能够让债权人隐私接入的后门。

(3)仅在出现违约且未付款时才开启后门,交易成功后会永久关闭后门。

智能合约的定义实际上就是一系列数字化承诺,规定了合约参与者所应该承担的一系列责任和应尽的相关义务,智能合约的执行是自动完成的,完全无须人为干预。

2. 智能合约的协议

从计算机语言角度来说,智能合约协议与 if…then 语句是相似的,并以此与现实的资产相联系。若交易中触发了在事先已经确定好的一条规则,智能合约就会自动地执行合同条款,整个协议过程可完全交给计算机,由其自动运行合约程序来实现。

完整的智能合约协议包括以下几个部分。

(1)合约参与者:参与智能合约交易过程的相关用户。

(2)合约资产集:数字化的交易资产,包括合约参与者账户、持有的数字资产等。

(3)自动状态机:智能合约运行的状态及转换机制,包括当前状态、下一步状态等。

(4)合约事务集:合约执行的动作或行为集合,根据交易请求和规则控制资产转移。

在计算机上实现智能合约还需要底层协议的支持,合约设计者应当根据数字资产的本质和合约履行期间的相关因素选择合适的协议。相应地,该智能合约的开发还需要比特币脚本语言提供数字形式支持,而比特币脚本语言能够提供一种非图灵完备的、命令式的、基于栈的编程环境。另外,智能合约协议在完成自主交易的同时,还负责数字程序进行接收和保存数字资产、对外界的请求做出响应,以及消息和数字资产的接收和发送工作。

3. 智能合约与传统合约的差异

智能合约的设计也借鉴了传统合约的思想,包括主体、客体和内容几个方面,按照合约法律规则对合约当事人在民事行为中涉及的权利和义务关系进行了规定。合约的主体是指参加合约法律关系的当事人,包括自然人、法人和其他组织,可依法享有合约规定的权利并承担相应义务。合约的客体是指合约法律关系中主体权利和义务所涉及的对象,包括物体、资产、行为、智力成果等。合约的内容是指合约规范的主体权利和义务,包括权利主体依据法律和合约规则按自身意志做出某种行为的主要条款,以及义务主体依据法律或合约规则必须做出某种行为或不应该做出某种行为的主要条款。

然而,智能合约与传统合约并非完全相同,表 7.1 列出了两者的主要差异。

表 7.1 智能合约与传统合约的差异

对比项	智能合约	传统合约
合约执行	交易申请时自动执行	合约签署后人工执行
合约请求	客观请求	主观请求
条件触发	自动触发	人工触发
违约惩罚	去中心化共识机制和数字资产抵押	依赖于中心化的司法机构和法律体系
合约运行成本	较低,无须人工干预	较高,全程人工干预
适用范围	范围不受限,全球性	范围受限,有国别和辖区差异

　　智能合约以客观请求为主，难以掺杂主观因素；而传统合约却以主观请求为主。智能合约中提前设定的规则包括约定、抵押和惩罚，一旦确定则由交易各方严格遵守、自动执行，合约机通常无法考虑交易各方的主观判断；而传统合约的规则均以交易各方主观交流为主，变通性较强。

　　智能合约能够由运行的计算机程序自动判断是否满足触发条件，并根据条件自动触发合约，自动执行后续步骤；但是传统合约不是靠计算机程序自动判断触发条件，而是靠人工主观判断，触发的准确性和时效性均差一些。

　　智能合约使用去中心化共识机制和数字资产抵押方式，有权按照条款直接对违约方做出相应惩罚，处罚时间更短，处罚力度更精准；但传统合约的违约惩罚通常需要依赖于中心化的司法机构和法律体系，牵涉的诉讼时间更长，诉讼成本更高。

　　智能合约的自动化程序大大降低了合约运行的时间成本、资金成本和人力成本，只需将协商好的协议发布至全网，所有交易均可自动执行；而传统合约往往需要更多的人力成本和更高的时间成本，在条件触发、奖惩机制、资产流转等方面所花的费用比智能合约高。

【案例 7.2】 在 Windows 64 位环境下配置以太坊（ETH）。

【解】 (1)安装软件并配置环境。

步骤 1，下载 Geth.exe，下载地址为 https://geth.ethereum.org/downloads。

```
geth-windows-amd64-1.7.3-4bb3c89d.exe //运行文件进行安装
sudo apt-get intall git                //安装分布式版本控制系统 git
sudo apt-get intall curl               //安装命令行 URL 文件传输工具 curl
```

步骤 2，安装与配置 go 语言环境，可用 go version 验证是否安装配置正确。

```
curl -O https://storage.googleapis.com/golang/gox.x.x.linux-amd64.tar.gz
                              //go 语言安装方法 1
tar -C /usr/local -xzf gox.x.x.linux-amd64.tar.gz
mkdir -p ~/go;               //go 语言安装方法 2，从官网下载，并修改环境变量
echo "export GOPATH=$HOME/go" >> ~/.bashrc
echo "export PATH=$PATH:$HOME/go/bin:/usr/local/go/bin" >> ~/.bashrc
Read the environment variables into current session: source ~/.bashrc
```

步骤 3，安装基于 Chrome V8 引擎的 JavaScript 运行环境 node.js。

```
tar -zxvf node-vx.x.x.tar.gz              //node.js 安装方法 1，下载源码安装
cd node-vx.x.x
sudo./configure
sudo make
sudo make install
curl -sL https://deb.nodesource.com/setup_8.x | sudo -E bash-
                              //node.js 安装方法 2，使用 apt 安装
sudo apt-get install -y nodejs
tar -xvf node-vx.x.x-linux-x64.tar.xz //node.js 安装方法 3，下载二进制包解压缩
sudo mv node-v4.4.4-linux-x64 /opt/
sudo ln -s/opt/node-vx.x.x-linux-x64/bin/node/usr/local/bin/node
```

```
                              //安装 node
sudo ln -s /opt/node-vx.x.x-linux-x64/bin/npm /usr/local/bin/npm
                              //安装 npm
```

可以使用 node -v 或 npm -v 验证安装结果。

步骤 4，安装以太坊(Ethereum)。

```
sudo apt-get install software-properties-common    // Ethereum 安装方法 1
sudo add-apt-repository -y ppa:ethereum/ethereum
sudo apt-get update
sudo apt-get install ethereum // Ethereum 安装方法 2，使用 go-Ethereum
```

步骤 5，安装智能合约的高级编程语言 solidity，并配置环境。

```
npm /node.js                        //方法 1，npm 命令在线安装
https://github.com/ethereum/webthree-umbrella/releases%E3%80%82
                                    //方法 2，二进制安装包
```

(2)搭建以太坊区块链。

步骤 1，创建创世区块。

```
genesis.json
{
  "config": {
      "chainId": 10,           //区块链的 ID
      "homesteadBlock": 0,     //硬分叉区块高度
      "eip155Block": 0,        //节点开始实现 EIP155 协议
      "eip158Block": 0         //节点开始实现 EIP158 协议
    },
  "coinbase"   : "0x0000000000000000000000000000000000000000", //矿工的账号
  "difficulty" : "0x20000",      //当前区块难度值，影响区块链生长速度
  "extraData"  : "",             //设置区块额外数据，最多 32 字节长度
  "gasLimit"   : "0x2fefd8",     //区块能包含的交易信息最大值
  "nonce"      : "0x0000000000000042",     //64 位的哈希值
  "mixhash"    : "0x0000000000000000000000000000000000000000000000000000000000000000",
                                    //前一个区块的一部分生成 Hash 值，创世区块该值为 0
  "parentHash" : "0x0000000000000000000000000000000000000000000000000000000000000000",
                                    //前一个区块的 Hash 值，创世区块该值为 0
  "timestamp"  : "0x00",         //创世区块的时间戳，可设为 0
  "alloc"      : {}              //预设一个账号及其以太币数量
}
```

步骤 2，启动区块链。

```
geth --identity "TestNode" --datadir "./chain1" --nodiscover console
2>>chain1_output.log
     //identity 为区块链节点 ID，datadir 为区块链数据存储位置 nodiscover 关闭节点
     //发现机制，避免加入配置一样的其他节点 console 工作于命令行模式，可在 Geth 中执
     //行命令 2>>指定 log，若不指定则默认输出到 terminal
```

步骤 3，创建账号。可以创建有密码和无密码的两种账号。

```
personal.newAccount('101010')        //密码为 101010
user1 =eth.accounts[0]               //账户赋值给变量 user1
personal.newAccount('010101')        //密码为 010101
user2 =eth.accounts[1]               //账户赋值给变量 user2
```

步骤 4，安装图形化钱包。

安装 Ethereum-Wallet-win64-xxx.zip，下载地址：https://github.com/ethereum/mist/releases/。

运行 Ethereum-Wallet.exe。如果显示 PRIVATE-NET，表示区块链启动成功，可单击 LAUNCH APPLICATION 进入图形化钱包。

步骤 5，连接其他节点。

```
admin.nodeInfo        //获取本节点信息，并发送到其他节点
admin.addPeer         //在其他节点上输入命令以添加新节点
admin.peers           //查询成功添加的节点
```

(3)区块链运行。

步骤 1，挖矿。

```
miner.start()        //开始挖矿，可由日志 tail -f xxx.log 查看挖矿情况
miner.stop()         //停止挖矿
```

步骤 2，显示当前区块。

```
eth.blockNumber        //显示当前区块
```

步骤 3，转账。

```
web3.personal.unlockAccount(user1,"101010")    //转账前解锁
web3.eth.sendTransaction({from:user1,to:user2,value:web3.toWei(5,"ether")})
                                               //交易查询
```

可执行挖矿命令直至转账操作全部完成。

步骤 4，查看余额。

```
function checkAllBalances()                         //通过 checkall.js 查看
{
    var totalBal=0;
    for (var acctNum in eth.accounts) {             //查询所有账户
      var acct=eth.accounts[acctNum];
      var acctBal=web3.fromWei(eth.getBalance(acct), "ether");    //查看余额
      totalBal+=parseFloat(acctBal);
      console.log("eth.accounts["+acctNum+"]:\t"+acct +"\tbalance:"+acctBal+
              "ether");
    }
    console.log("Total balance:"+totalBal+"ether"); //控制台中打印账户信息
};
```

7.3　信息中心网络架构

信息中心网络(Information Centric Networking，ICN)即以信息或内容为中心而构建的网络架构，通过信息的名字识别每一条信息，通过解耦信息与地址之间的对应关系增强网络的信息服务能力。ICN 将信息与终端地址剥离，以发布/订阅(Publish/Subscribe)模式来提供网络服务，打破了传统互联网中端到端的连接模式。2007 年，加利福尼亚大学伯克利分校提出的面向数据的网络体系结构(Data Oriented Network Architecture，DONA)可视为最早的 ICN 方案。当年正值欧盟第 7 框架计划(7th Framework Programme，FP7)第一年。

ICN 包括两种主要的包：信息包和数据包。其中，信息包保存了用户请求的路径信息，以便内容发布者返回响应数据；数据包是内容发布者回应用户请求的数据。ICN 信息包和数据包均包括三张表：内容存储(Content Store，CS)表，即所收到的数据包内容，半永久性存储；待定请求表(Pending Interest Table，PIT)，即信息包信息和对应匹配信息的接口集；转发信息表(Forwarding Information Base，FIB)，即转发信息。

1. 覆盖网络

覆盖网络(Overlay Network)面向应用层，支持无 IP 地址标识的目的主机路由，又称应用层网络，不考虑网络层和物理层问题。网络覆盖指用户在可接收网络信号的范围内。网络覆盖半径 30m，指用户在以发射点为圆心的 30m 半径内均可收到信号。半结构化 P2P 架构的 Freenet 系统和结构化 P2P 架构的 DHT 系统是典型的覆盖网络，可以路由至一个 IP 地址事先未知的文件存储节点。

2. 内容分发网络

内容分发网络(Content Delivery Network，CDN)，又称内容传送网络，实质上是被优化的网络覆盖层以提升网络访问速度，又称为网络加速器。1996 年，美国麻省理工学院为了在传统互联网上发布宽带媒体内容，在 IP 网基础上首次建立了一个内容分发平台，并于 1999 年成立 CDN 服务公司。

CDN 由内容交换机、内容路由器、内容缓存器、内容管理系统等组成。

(1)内容交换机位于 CDN 网络用户集中接入点，对单点多个内容缓存节点进行负载均衡和访问控制。

(2)内容路由器使用负载均衡系统将用户请求调度到 CDN 网络合适设备上，对多个内容缓存节点的负载进行动态均衡，针对用户请求优化访问节点。内容路由器支持制定路由策略，包括用户与节点的接近程度、内容相关性、设备负载、网络状况等。

(3)内容缓存器位于 CDN 网络用户侧接入点，面向最终用户的内容提供设备，可对静态 Web 和流媒体进行内容的边缘传播和存储，为用户提供就近访问。

(4)内容管理系统对 CDN 内容进行管理，包括内容注入、审核、发布、分发、服务等。

3. 内容中心网络

内容中心网络(Content Centric Network，CCN)使用内容标识层(又称信息对象层)取代原 IP 层，利用内容标识(或信息对象)的名字进行寻址，而非通过 IP 寻址。因此，CCN 对不同概念系统均设计了各自的命名规则。2006 年，TCP 流量控制算法创始人雅各布森(Jacobson)在 Google Tech Talk 上介绍了内容中心网络的层次结构。

CCN 基于发布/订阅模型，并使用了注册/兴趣(Register/Interest)操作，支持内容发布者和内容订阅者在时空上解耦合。内容发布者通过信息发布来分享内容，内容订阅者可对特定的内容发出订阅请求。内容发布者和内容订阅者并不需要在同一时间出现，双方也不需要知道对方的地址。

内容中心网络利用了计算机网络中存储容量大的优势，通过缓存机制大大提升了网络性能，同时还降低了存储代价。不同于传统 IP 网络中基于主机-主机的路径安全机制，CCN 采用基于内容的安全机制。CCN 可对每个内容标识(或信息对象)进行加密和对内容发布者进行签名，并由内容订阅者验证签名．提高了内容的安全性。

4. 命名数据网络

命名数据网络(Named Data Network，NDN)基于加利福尼亚大学伯克利分校的 DONA 体系结构使用命名路由，并使用路由器缓存内容，提高网络传输速率和内容检索效率。NDN 安全性以数据为中心，每个数据包均有签名，各应用程序借助加密机制来限制节点对内容的访问权。NDN 包括两种角色，即消费者(Consumer)和生产者(Producer)；使用两类包，即 interest 包和 data 包；所有内容(Content)使用名字(Name)来标识。NDN 使用接收者驱动(Pull)机制，由消费者发送带名字的 interest 包订阅某内容，生产者收到 interest 包后，即将相应名字的 data 包沿着反向路径返回。

NDN 是美国国家科学基金会(National Science Foundation，NSF)于 2010 年发起的新一代网络架构之一，以取代现有的 TCP/IP 架构。2010 年，美国 NSF 资助了 4 个未来互联网体系结构(Future Internet Architecture，FIA)项目，其中就包括 NDN。NDN 路由器支持内容存储，满足 interest 包请求的节点可直接返回对应 data 包。NDN 中间节点利用 interest 包聚合机制而无须重复转发相同内容，提高了网络性能。NDN 支持自适应转发、多路径转发和快速故障恢复，支持新的路由协议。

第8章　体验质量控制

Internet 中现有的传输模式主要是"尽力而为"(Best-effort)服务。随着 Internet 上多媒体应用的日益增加，Internet 逐渐从单一的数据传输网转变为数据、语音、图像等多媒体信息的综合传输网，而这种"尽力而为"服务已经无法满足多媒体应用对网络传输质量的要求。提高网络资源利用率，为用户提供更高的体验质量(Quality of Experience，QoE)，需要使用 QoE 控制机制，包括 IETF 提出的集成服务(IntServ)和区分服务(DiffServ)体系结构、分组调度和队列管理算法、网络微积分(Network Calculus)等。

8.1 拥 塞 控 制

早期的 TCP 协议没有使用拥塞控制，仅使用了流量控制，接收端将其接收能力通过 TCP 报头告知发送端。此种机制未考虑网络的实际承受能力，而仅考虑接收端的接收能力，很容易造成网络崩溃。

拥塞是指网络的性能会随着网络中报文的增多而下降的情况。如图 8.1 所示，当网络负载(Load)较轻时，吞吐量(Throughput)的增长与网络负载呈类似线性关系，但网络响应时间(Response Time)或网络延迟增长不明显。随着网络负载到达上升拐点(knee)，吞吐量的增长到了一个平稳状态，但网络响应时间或网络延迟开始快速增长，网络的使用效率在上升拐点附近时最高。在网络负载超过下降拐点(cliff)之后，网络拥塞变得极为严重，网络吞吐量开始急剧减少，但网络响应时间或网络延迟却急剧增加。

拥塞的根源在于网络资源和网络流量的不均衡性，因此，单纯增强网络处理能力并不能自动消除拥塞。拥塞控制的任务就是让网络节点避免拥塞或缓解已发生的拥塞现象，让网络尽可能工作在图 8.1 中上升拐点附近。因此，拥塞控制算法可以分为两种不同的机制，即拥塞避免和拥塞控制。拥塞避免(Congestion Avoidance)是拥塞预防机制，以事先避免拥塞，维持网络在高吞吐量、低延迟的状态下运行。拥塞控制(Congestion Control)是事后恢复机制，以便将已经发生拥塞的网络从拥塞状态中解放出来。

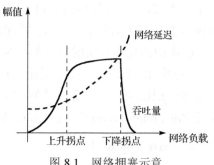

图 8.1　网络拥塞示意

流量控制也是拥塞控制中常用的方法，用于对数据传输的速率进行控制。但流量控制仅仅是将发送端的发送速率控制在接收端的接收能力之内，其控制对象仅限于发送过程中的发送端和接收端。

8.1.1　队列控制算法

拥塞控制的处理方法之一是使用队列技术，即将从一个接口发出的所有报文装入队列（通常为多个），依据各队列的不同策略进行不同处理。

1. 先进先出队列

先进先出（First In First Out，FIFO）队列有时也称先来先服务（First Come First Service，FCFS）队列，即当报文进入接口的速度大于接口的发送速度时，按报文到达接口的先后次序将报文装入队列。Internet 的默认服务模式是"尽力而为"的服务，广泛使用去尾（Drop Tail）算法，采用 FIFO 队列。

2. 优先队列

优先队列（Priority Queuing，PQ）对报文按优先级进行分类，并先服务高优先级的子队列，直至高优先级的子队列为空，再服务较低优先级的子队列。若在更高优先级的子队列中装入了数据包，则 PQ 会中断当前子队列的服务，并转而服务更高优先级的子队列。PQ 通常分为 4 个优先级（即 High、Medium、Normal、Low）。PQ 各子队列均设有最大队列长度（Queue-size），超出该值的报文将被丢弃。虽然 PQ 确保了高优先级的数据流得到更快的服务响应，但 PQ 需要在每一跳上手工设置优先级分类，且低优先级报文可能会长时间得不到服务响应（俗称"饥饿"）。

3. 用户定制队列

用户定制队列（Customized Queuing，CQ）对报文最多分成 17 类（0～16），并将报文按分类装入相应队列。CQ 的 17 个队列中，0 号是优先队列，通常用作系统队列，装入高实时性的交互式协议报文；1～16 号为普通队列，只有 0 号队列为空时，才处理 1～16 号队列中的报文，而且用户可以自行定义各队列占用带宽比例。在 CQ 出队时，1～16 号队列中按带宽分配比例各取一定数量的报文到接口发送，避免了 PQ 策略中的"饥饿"现象。但 CQ 中的高优先级实时业务的响应性能可能差于 PQ。

CQ 中 16 个普通队列采用轮询调度，用户可以自行定义不同的字节数以调节所有队列的带宽分配比例。自定义字节数的大小决定了轮询调度的粒度，通常可按网络的最大传输单元（Maximum Transmission Unit，MTU）配置，以减少 CQ 轮询的空转时间。

4. 加权公平队列

加权公平队列（Weighted Fair Queuing，WFQ）对报文按流进行分类（相同源 IP 地址、目的 IP 地址、源端口号、目的端口号、协议号，Precedence 的报文），每个流按散列方式分配到一个队列中，队列数目可预先配置 16～4096 个。WFQ 的权值取决于 IP 报文头中的优先级（Precedence），对不同优先级的业务进行加权，并确保相同优先级的业务间公平分配资源。

在入队时，WFQ 中的类别完全由 Hash 算法决定，以便将不同的流尽量装入不同队列中。在出队时，WFQ 按每个流的优先级来加权分配其所占有的出口带宽，即优先级加权越小，分配的带宽越少；优先级加权越大，分配的带宽越多。WFQ 配置简单，省去了复杂的人工分类。

5. 基于类的加权公平队列

基于类的加权公平队列(Class-Based Weighted Fair Queuing，CBWFQ)扩展了加权公平队列(WFQ)，允许使用基于标准的分类，包括协议名称、访问控制列表(ACL)、输入界面、服务质量(Quality of Service，QoS)标志。CBWFQ 使用 ACL 分类数据流时，可应用注入宽带、队列限制等参数提供自定义通信类型支持。CBWFQ 支持用户自定义流量分类，队列个数和分类一一对应，并对不同的类保证一定带宽。与 WFQ 在保证正常流量时，侧重于低延迟语音流量的服务不同，CBWFQ 对所有流量公平服务，并无侧重。

6. 加权随机早期检测

随机早期检测(Random Early Detection，RED)根据队列平均长度来决定拥塞避免机制和处罚随机函数的参数，一旦在早期检测中发现可能出现拥塞，则随机选择连接丢弃一个通信分组，并通知其拥塞，同时降低数据发送速率。RED 能够在队列溢出丢包发生之前及时减小拥塞窗口，在队列长度变大之前能够平滑瞬时拥塞，大大减少了分组丢弃的现象。

加权随机早期检测(Weighted Random Early Detection，WRED)结合了随机早期检测与优先级排队，优先级更低的数据包将优先丢弃，保证了高优先级分组的优先通信权。

7. 低延迟队列

低延迟队列(Low Latency Queuing，LLQ)对 CBWFQ 做了进一步的改进，新增的一个或多个严格优先级队列具有最小保证带宽，其优先级高于其他所有队列，非常适合对时延敏感的语音应用。LLQ 严格限制优先级队列的数据包，在网络拥塞时不允许超过其配置带宽，否则将被丢弃。和 CBWFQ 一样，LLQ 中任何未分类的流量均视为 Class-default 流量。LLQ 也能够自定义流量类别，为不同类别流量提供带宽保证。LLQ 还可以对除严格优先级队列外的 Class-default 流量类别队列使用 FIFO、WFQ、WRED 等不同策略。

【案例 8.1】在实际拥塞控制中，往往会根据需要同时使用多种队列控制算法，构成多级队列调度机制。假设某网络采用二级队列调度算法进行拥塞控制。新创建的数据包首先进入一级队列 Q1，Q1 采用先来先服务调度算法。Q1 给数据包分配的时间片为 20ms，若数据包在一个时间片内未结束，则转入二级队列 Q2。拥塞控制机制优先调度一级队列 Q1 中的数据包，当 Q1 为空时才调度 Q2 中的数据包。二级队列 Q2 采用优先级调度算法，且短的数据包优先级更高。假设 Q1、Q2 初始队列为空，用户依次创建数据包 P1、P2，其需要的网络服务时间分别为 60ms 和 40ms。试计算数据包 P1、P2 在拥塞控制中的平均等待时间。

【解】0ms 时，数据包依次装入一级队列 Q1{P1(60)，P2(40)}，二级队列为空 Q2{}。

20ms 时，P1 在 Q1 中先服务 20ms 再转入 Q2，则 Q1{P2(40)}，Q2{P1(40)}。

40ms 时，P2 在 Q1 中服务 20ms 转入 Q2，则一级队列为空 Q1{}，Q2{P2(20)，P1(40)}。

60ms 时，P2 在 Q2 中因时间更短而优先执行 20ms，则 Q1{}，Q2{P1(40)}，P2(0)结束。

100ms 时，P1 在 Q2 中因时间更长而后执行，共 40ms，则 Q1{}，Q2{}，P1(0)结束。

$$P1\ 等待时间=100-60=40(ms)$$
$$P2\ 等待时间=60-40=20(ms)$$
$$平均等待时间=(40+20)/2=30(ms)$$

8.1.2　流量整形算法

流量整形(Traffic Shaping)主动调整流量输出速率，可以实现以一个较稳定的速度向外发送报文，常用技术为通用流量整形(Generic Traffic Shaping，GTS)技术和帧中继流量整形(Frame-Relay Traffic Shaping，FRTS)技术。不同于流量监管中直接丢弃突发流量，流量整形使用缓冲区技术容纳突发流量，在带宽够用或缓冲区的数据包数量低于预设阈值时，再将缓冲区的突发流量发送出去，从而限制外出流量的速率，以便符合网络带宽的容限。

在流量整形中，接口对收到的报文按照以下 3 种情况进行分类处理：第 1 种是不参与流量整形的报文，则继续发送；第 2 种是参与流量整形的报文，且有等待队列，则将其加入等待队列并依据流量整形算法进行调度转发；第 3 种是参与流量整形的报文，且无等待队列，则依据流量整形算法进行调度转发，若接口接收到报文时，等待队列已满，报文将被丢弃。

流量整形能够用于以太网、ATM、HDLC、帧中继及 PPP(除 ISDN 和拨号接口外)的二层技术中。其中，通用流量整形可用于除帧中继之外的其他二层技术，也能够指定组来对访问控制列表中定义的特定流量进行整形。

1. 流量整形的核心算法

流量整形的核心算法可分为令牌桶(Token Bucket)算法和漏桶(Leaky Bucket)算法。

令牌桶算法通过设置缓冲区和令牌桶来限制网络某处连接的流出流量与突发流量，只要控制令牌桶的令牌数量，就可以限制数据的平均传输速率，如图 8.2 所示。

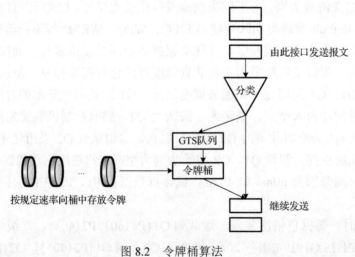

图 8.2　令牌桶算法

在令牌桶系统中，流量整形根据每个接口的不同指标决定新的数据包是传输、延迟还是丢弃。承诺信息速率(CIR)是指接口在一个时间段内可以传输数据包的速率。承诺突发速率(Committed Burst-Size，CBS 或 Bc)是指令牌桶在一段时间间隔内能够使用的最大令牌数量。在接口接收到数据包后，该数据包将从令牌桶中提取出一个令牌；在该数据包被发送后或到达时间周期(Tc)后，将该令牌释放回令牌桶中。若令牌桶为空，则到达接口的任何数据包都将加入等待队列中，直到时间周期结束才重新添加令牌。若持续超过承诺信息速率，令牌从令牌桶中取走的速率将大于其添加的速率，将会造成数据包丢弃。

漏桶算法使用漏桶机制进行流量整形或速率限制，通过控制数据注入速率来平滑网络上的突发流量。不同于令牌桶算法，漏桶算法能够整形突发流量。但漏桶的漏出速率参数是固定的，所以在一些没有发生拥塞的情况下，漏桶算法也会限制某个单独的流突发速率。所以，对突发流量，漏桶算法效率不够高，而令牌桶算法表现更好。在很多场合中，往往会结合漏桶算法和令牌桶算法，为网络流量提供更灵活的控制机制。

过量突发速率(Excess Burst，Be)是指在每一个时间间隔内被允许突发超出持续突发速率的流量速率。流量每隔一个时间周期(Tc)将被添加到流量整形的令牌桶中。Tc 的计算公式为

$$Tc = Bc/CIR \tag{8.1}$$

路由器根据式(8.1)来寻找最好的时间间隔。通常情况下，流量整形的时间周期为 10～125ms，CIR 和 Bc 默认配置为 125ms。Cisco 配置建议 Bc=CIR×1/8，即每秒包括 8 个 125ms 的时间间隔。若需对全部接口流量配置 GTS，可在接口上使用 traffic-shaping rate 命令；若需针对特定的流量进行配置，可对一个访问控制列表使用 traffic-shaping group 命令，如下：

```
traffic-shaping{rate|group access-list-number}target-bit-rate[sustained]
[excess][buffer-limit]
```

其中，rate 代表对此接口上的所有流量进行整形；group access-list-number 用于指定需要流量整形的访问控制列表(1～2699)；target-bit-rate 指定该流量的工作速率，常用承诺信息速率(CIR)表示，范围为 8000 到该接口的完整 CIR 值(以 bit/s 表示)；sustained 指持续比特率，常用承诺突发速率(Bc)表示，即指定流量被允许突发的数值(用单位时间间隔内的比特数表示)；excess 指过量比特率，常用过量突发速率(Be)表示，即指定时间周期内突发的超出持续比特率的流量(用单位时间间隔内的比特数表示)，为可选参数，若设 Be=Bc×2，则假设令牌桶满；buffer-limit 用于指定缓存的大小(1～4096)。

2. 通用流量整形与帧中继流量整形

通用流量整形(GTS)配置共包括两个主要步骤。

第 1 步，确定流量整形的数值 CIR、Bc 和 Be。Bc 由公式 Bc = CIR×Tc 求得，指定接口在某个时间周期内能够传输的比特位数量。若接口支持突发，Be 由公式 Be = Bc×2 求得，

指定接口在令牌充足时可支持的突发流量大小，通常取第 1 个时间周期计算；若接口不支持突发，则 Be = Bc 。

第 2 步，根据流量整形的数值，并在接口模式下通过 traffic-shaping 命令完成配置，在接口上启用流量整形。GTS 配置结果可通过 show traffic-shaping [statistics]命令查看。

与 GTS 不同，帧中继流量整形(FRTS)仅能在 FR 的永久虚电路(PVC)和交换虚电路(SVC)上使用。FRTS 适用于中心高速且分支低速的场合，或单条物理线路承载多个不同目的地址线路的场合，或在 FR 发生拥塞时需路由器拦截数据流(Throttle)的场合，以及想在同一条 FR 线路上传输多种协议(IP、SNA)数据流且希望每种数据流均有一定信号带宽的场合。

在 FR 中，前向显式拥塞通告(Forward Explicit Congestion Notification，FECN)和后向显式拥塞通告(Backward Explicit Congestion Notification，BECN)可提示网络发生了拥塞。自适应的 FRTS 将在每个 Tc 内检查是否从帧中继网络中收到 BECN，若收到，则传输速率将下降 25%，直至下降到 CIR 的一半；在 16 个 Tc 内未收到 BECN 时，则将传输速率恢复到 CIR。

FRTS 的配置包括 4 个主要步骤。

第 1 步，建立一个静态表类 Map-Class。

第 2 步，指定流量整形的方式，如平均速率或最高速率。

第 3 步，在接口上封装分组交换帧中继协议 Frame-Relay。

第 4 步，在端口(常为源端口)上应用静态表类 Map-Class，开启流量整形。

8.1.3　流量控制

网络流量控制(Network Traffic Control)依据服务质量(QoS)来标记不同类型的网络数据包，并通过数据包的优先次序来控制计算机网络的流量。计算机网络中通常包括数据电路端接设备(Data Circuit-terminating Equipment，DCE)和数据终端设备(Data Terminal Equipment，DTE)。DCE 是与信道直接连接的设备，在数字信道中包括网桥、交换机、路由器等，在模拟信道中包括 Modem 等。DTE 是用户终端设备，与 DCE 速度之间差异很大，很容易因接收方无法及时接收而造成数据丢失。

流量控制是用于计算机网络 DCE 与 DTE 互联的网络交通管理技术，可视为一种流量整形，一般包括硬件流量控制(RTS/CTS)和软件流量控制(XON/XOFF)。流量控制让数据流量符合所需的网络交通规则。流量控制机制检测到发送缓冲区或接收缓冲区溢出时，可向源地址发送阻塞信号，从而缓解突发的大流量对网络的冲击。

根据工作方向不同，流量控制还可以分为半双工方式和全双工方式。半双工方式使用反向压力(Backpressure)来实现流量控制，即背压计数，向发送源地址发送 jamming 信号以降低发送源的数据发送速度。全双工方式遵循 IEEE 802.3X 标准来实现流量控制，通过交换机向发送源地址发送 pause 帧以暂停发送源的数据发送。

网络流量控制有多种实现途径，其中，拖延发包是最常用的，主要用于网络边缘以控制进入网络的流量，也可用于数据源或网络中的某个元素(计算机、网卡等)。但是，流量控制反过来也可能影响网络的性能，如阻塞整个局域网的输入数据流。

8.1.4　拥塞控制算法

拥塞控制算法按照有无反馈环节，可分为开环（Open-Loop）控制和闭环（Closed-Loop）控制两大类。开环控制的拥塞控制算法不使用反馈环节，其资源、流量特征、性能要求可事先准确确定；闭环控制的拥塞控制算法具有反馈环节以检测拥塞信息，可用于流量特征、性能要求难以事先准确描述的场合，或用于不预留资源的系统，如 Internet。

根据拥塞控制的位置，拥塞控制算法可以分为链路算法和源算法两大类。

1．链路算法

链路算法（Link Algorithm）控制的位置主要位于路由器和交换机等网络设备中，能够检测网络拥塞状态，并反馈拥塞信息。

主动队列管理（Active Queue Management，AQM）算法是常用的链路算法。不同于传统的队尾丢弃，AQM 算法会在网络设备缓冲溢出之前对报文进行标记或丢弃。AQM 平均队列长度较小，报文丢失较少，报文排队延迟较小，能够避免 lock-out 行为的发生。

随机早期检测（Random Early Detection，RED）算法是 AQM 算法的一个代表算法，检测网络拥塞是通过测量平均队列长度来实现的，而非数据包丢失信息（在早期检测中，数据包可能还未丢失），很多场合下均可获得比去尾算法更好的性能。

2．源算法

源算法（Source Algorithm）控制的位置主要位于主机和网络边缘设备中，能够接收反馈信息并调整发送速率。

TCP 协议中的拥塞控制算法是 Internet 中广泛使用的源算法。TCP Tahoe 建立了最基本的 TCP 拥塞控制算法，包括慢启动（Slow Start）、拥塞避免和快速重传（Fast Retransmit）。快速重传可以根据 3 个重复的应答报文来判断是否出现报文丢失，避免了重传时钟的超时现象。在 TCP Tahoe 的基础上，TCP Reno 增加了快速恢复（Fast Recovery）算法和 ACK 压缩（ACK Compression），但 ACK 压缩也破坏了其自时钟机制。减小拥塞窗口技术也用于 TCP，以减少不必要的快速重传和重传时钟超时，但其性能受往返路程时间（Round Trip Time，RTT）和乱序报文（Out-of-order Packet）的影响。使用选择性应答（Selective Acknowledgement，SACK）技术也能够提高 Internet 的网络性能和健壮性。

TCP 友好（TCP-Friendly）的拥塞控制可用于传输速率不稳定的实时多媒体应用，减少这些多媒体应用的传输速率变化对 Internet 产生的影响。显式拥塞通告（Explicit Congestion Notification，ECN）允许网关在报文中设定标志位，直接将拥塞发生事件通知给端系统，而不必等待发送方的时钟超时，一举改变了使用报文丢失来判断拥塞发生的传统方法。另外，在无线网络中，ECN 还能有效地区分报文损坏（Packet Corruption）和报文丢失。

【案例 8.2】拥塞控制案例如图 8.3 所示。互联网控制网关（Internet Control Gateway，ICG）是外网出口，下挂 2 个网段，即 192.168.20.0/24 网段和 192.168.30.0/24 网段。在内网为 192.168.20.0/24 的网段，对 ICG 出口报文进行流量整形，以减少报文丢失。由 ICG 缓存超出流量整形特性的报文，当符合发送条件时，再将该报文从缓冲队列中取出发送。

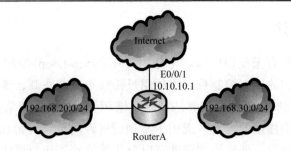

图 8.3　拥塞控制案例

【解】(1)对网段进行流量整形,访问外网的速率不能超过 1024KB,队列长度为 100 个。

```
[RouterA] acl number 1000                 //定义 ACL 规则
[RouterA-acl-basic-1000] rule 0 permit source 192.168.20.0  0.0.0.255
[RouterA] interface E0/0/1                //在外网接口应用策略
[RouterA-E0/0/1] ip address 10.10.10.1  255.255.255.0
[RouterA-E0/0/1] qos gts acl 1000 cir 1024 cbs 32000 ebs 0 queue-length 100
```

(2)使用自定义队列进行拥塞控制。网络拥塞时,ICG 通过队列优先保证 192.168.20.0/24
网段,即网段 192.168.20.0/24 流量的优先级高于网段 192.168.30.0/24 流量。

```
[RouterA] acl number 1000                          //定义 ACL 规则(均为内网网段)
[RouterA-acl-basic-1000] rule 0 permit source 192.168.20.0  0.0.0.255
[RouterA] acl number 2000
[RouterA-acl-basic-2000] rule 0 permit source 192.168.30.0  0.0.0.255
[RouterA] qos cql 1 queue 1 queue-length 100       //定义队列 1
[RouterA] qos cql 1 queue 1 serving 100
[RouterA] qos cql 1 queue 2 queue-length 60        //定义队列 2
[RouterA] qos cql 1 queue 2 serving 60
[RouterA] qos cql 1 protocol ip acl 1000 queue 1   //绑定 ACL1000 和队列 1
[RouterA] qos cql 1 protocol ip acl 2000 queue 2   //绑定 ACL2000 和队列 2
[RouterA] interface E0/0/1                          //在外网接口应用队列 1
[RouterA-E0/0/1] qos cq cql 1
```

(3)使用优先队列进行拥塞控制。网络拥塞时,ICG 通过 PQ 优先保证 192.168.20.0/24
网段,即保证网段 192.168.20.0/24 流量的绝对优先级。

```
[RouterA] acl number 1000            //定义内网网段 ACL 规则
[RouterA-acl-basic-1000] rule 0 permit source 192.168.20.0  0.0.0.255
[RouterA] acl number 2000
[RouterA-acl-basic-2000] rule 0 permit source 192.168.30.0  0.0.0.255
[RouterA] qos pql 1 protocol ip acl 1000 queue top
                            //队列 1 定义 ACL1000 为高优先级
[RouterA] qos pql 1 protocol ip acl 2000 queue bottom
                            //定义 ACL2000 流量为低优先级
[RouterA] interface E0/0/1           //在外网接口应用队列 1
[RouterA-E0/0/1] qos pq pql 1
```

8.2　QoE 控制

网络的 QoE 控制往往需要采取多种不同的控制机制，不同控制机制按时间粒度（Granularity）可分为多个级别。分组是 QoE 控制机制中最小的粒度单位，时间粒度为 1～100μs。工作在分组级的 QoE 控制机制包括流量调节机制、分组调度机制和主动队列管理机制。流量调节机制一般包括分组分类器、分组标记器和流量整形器等。更大的粒度单位是分组往返路程时间（RTT），时间粒度为 1～100ms。工作在 RTT 级粒度上的 QoE 控制机制采用基于反馈的控制，包括拥塞控制和流量控制等。再大的粒度是会话级的，时间粒度是用户会话持续的时间，常以秒和分钟为单位，会话可以采用不同方式定义。工作在会话级粒度的 QoE 控制机制包括准入控制和 QoE 路由等。粒度最大的 QoE 控制机制是长期的规划，主要包括能力规划、流量工程和服务定价等，可能以日、月、季度、年为时间单位。

8.2.1　QoE 的概念

体验质量（QoE）是指用户对网络设备和系统服务的质量与性能的主观感受，即从用户侧对网络业务的体验舒适度。QoE 的前身是服务质量（QoS），ITU-T Rec E.800 将 QoS 定义为决定用户满意程度的综合服务效果。QoS 通常指底层分组传输的关键绩效指标（Key Performance Indicator，KPI），包括网络的时延、抖动、带宽、误码等参数。广义的 QoE 包括网络性能、可用性、可靠性和安全性等与网络用户感受有关的指标，狭义的 QoE 主要指网络的性能指标，包括带宽、延迟、抖动和分组丢失率等。因此，狭义的 QoE 与传统的 QoS 相当。通常情况下，由 ISP 和客户之间的服务等级协定（SLA）机制来决定 QoE 服务保证方式。

QoE 控制机制还需要进行控制决策，不同的控制决策根据控制信息的粒度也可分为多个级别。控制粒度需要同时考虑控制本身的位置和控制状态的携带者。控制本身的位置可以是用户主机、网络核心路由器或网络边缘路由器，控制状态的携带者可以是分组或路由器。常用的控制粒度是依据每流（Per-flow）状态对不同的用户流进行控制，流的标识通常包括源 IP 地址、目的 IP 地址、源端口号、目的端口号和协议域等五元组。稍大一些的控制粒度是依据流的聚集进行控制，流聚集可以使用一台主机、一个网络前缀、一个服务类型等多种方法。

应用网络微积分技术，可在 QoE 控制空间将数据流和服务保证约束相结合，确定调度器的数据包丢失和延迟数值范围。网络微积分包括一个黑盒系统，该系统可以是一个复杂的通信节点甚至复杂网络系统，也可以是一个简单的、以常数速率服务的单一缓冲。该黑盒系统可以接收输入数据，可使用累积函数（Cumulative Function）$R(t)$ 描述；经一定延迟后，该黑盒系统可以产生相应输出数据，可使用累积函数 $R^*(t)$ 描述。完整的 QoE 控制空间包括空间维和时间维，能够准确反映 QoE 服务性能、网络操作、管理代价等的平衡。空间维包括控制粒度、控制本身的位置和控制状态携带者，时间维包括控制的时间粒度。

8.2.2　集成服务

为了解决"尽力而为"的服务存在的缺陷，IETF 定义了集成服务（Integrated Services，IntServ）[RFC 2210～RFC 2215]和资源预留协议（Resource Reservation Protocol，RSVP）

[RFC 2205～RFC 2209]将互联网提供的服务划分为不同的类型。多媒体通信中常用的数据单位是流。IntServ 提供了两类服务：有保证的服务(Guaranteed Service)，确保通过路由器的分组排队时延不超过上限；受控负载的服务(Controlled-Load Service)，确保应用程序获得比"尽力而为"更好的服务。

IntServ 体系结构包括前台和后台两大部分。前台部分包括分类器和调度器两个模块。分类器(Classifier)对进入路由器的分组进行分类，并放入不同队列。调度器(Scheduler)可根据QoE 请求决定分组发送的前后顺序。后台部分包括 RSVP 协议、路由选择协议、接纳控制、管理代理四个模块及两个数据库。RSVP 协议为每个流预留足够的资源，持续更新通信量控制数据库，是 IntServ 的信令协议。RSVP 是网络层的控制协议，依赖于动态虚电路连接机制，不携带应用数据。路由选择协议负责维持路由选择数据库。接纳控制(Admission Control)是IntServ 的准入控制机制，由 RSVP 调用，可判断链路或节点的资源可否满足某一资源的请求。管理代理用于管理接纳控制模块、设置接纳控制策略、更新通信量控制数据库。

IntServ 是基于流的、状态相关(Stateful)的服务架构，比状态无关(Stateless)的服务架构具有更好的体验质量保证和更高的灵活性。集成服务 IntServ 在实现层次上使用路由器处理控制路径上每个流的信令消息，维护每个流的路径状态及预约状态，并使用路由器在数据路径上实现基于流的分类、调度和缓冲区管理。IntServ 还使用流量控制(Traffic Control)将 IP 分组分类成传输流，再依据不同流的状态对分组的传输实施 QoE 路由和传输调度。

IntServ 通过资源预留和呼叫建立为单个的应用会话提供 QoE 保证。IntServ 使用逐节点(Hop-by-Hop)方式建立(Set-Up)或拆除(Tear-Down)每个流的资源预留软状态(Soft State)。对于需要 QoE 保证的会话，其在分组传输路径上的所有路由器都必须预留足够资源，确保满足端到端的 QoE 要求。在每个会话开始时，IntServ 都需要一个呼叫建立(又称呼叫接纳)过程，在其源节点到目的节点路径上的所有路由器均必须参加该过程。

IntServ 每个会话应当事先声明所需的 QoE。RSVP 采用多播树方式进行资源预留，向全部的接收端报告通信量特征。发送端发送的 path 报文(即存储路径状态报文)会被传输路径上的所有路由器转发，而接收端使用 resv 报文(即资源预留请求报文)进行响应，且所有路由器均可以接受或拒绝 resv 报文请求。如果请求被某个路由器接受，则链路带宽和缓存空间被分配给这个分组流，并由该路由器记录相关的流(Flow)状态信息。如果请求被某个路由器拒绝，该路由器需发送一个差错报告给接收端，并终止该信令过程。

但是，IntServ 体系结构比较复杂，要求每台路由器均需装有分类器、调度器、RSVP、接纳控制等模块，即升级为 RSVP 路由器。在整个数据传输路径上，只要有一个非 RSVP路由器存在，整个服务仍然属于"尽力而为"的服务。复杂的体系结构导致体验质量等级数量较少，影响了服务的灵活性、可扩展和鲁棒性，为每流预留资源也增加了网络开销。

8.2.3　区分服务

在复杂的大规模网络中，IntServ 要实现基于流的资源预留和 QoE 调度机制是非常困难的，而且 IP 网络也不支持 IntServ 面向连接的特性。因此，IETF 又提出了区分服务(DiffServ 或 DS)[RFC 2475，W-DiffServ]，具有 DiffServ 功能的节点称为 DS 节点。

DiffServ 不再使用 RSVP 信令，而将大的网络划分为多个 DS 域，并分别赋予 DS 值，每个 DS 域由一个管理实体控制并实现相同的 DiffServ 策略。不同于 IntServ 为网络中的每个流维持转发状态信息，DiffServ 提供了聚合功能将若干个流根据 DS 值聚合成更少的流。因此，DiffServ 可以对 DS 值相同的流路由器按照同一优先级进行转发，尽可能简化 DS 域内路由器的功能，而将复杂功能全部放在 DS 域的边界节点(Boundary Node)中。

DiffServ 边界节点一般是主机、路由器或防火墙等，边界路由器包含分类器和通信量调节器(Conditioner)。分类器根据分组首部字段(包括源地址、目的地址、源端口、目的端口、分组标识等)对分组进行分类，再将分类后的分组交给通信量调节器。通信量调节器包括标记器(Marker)、测定器(Meter)和整形器(Shaper)。首先，标记器根据分类器的分类结果设置 DS 字段值，以便路由器根据分组的 DS 值进行转发。其次，互联网的 ISP 在使用 DS 字段前需与用户商定一个服务等级协定(SLA)，确定服务类型和所容许的通信量。再次，测定器不断地检测分组流的速率，并与事前商定的 SLA 数值比较，根据比较结果进行响应。最后，整形器中设有缓存队列，平滑处理突发的分组速率，或丢弃拥塞的分组。

DiffServ 在路由器中增加区分服务的功能，路由器可以根据 DS 字段的值直接转发分组，从而不改变复杂网络的架构。IP 协议中原有 8 位的 IPv4 的服务类型字段和 IPv6 的通信量类型字段被 DiffServ 重新定义为区分服务(DS)。在 RFC 2474 中，DS 字段暂时使用其中的前 6 位构成区分服务码点(Differentiated Services Codepoint，DSCP)，后面两位保留(Currently Unused，CU)。因此，DS 字段值即指 DSCP 的值，根据 DS 字段值便可提供不同等级的 QoE。

不同于 IntServ/RSVP 中端到端的体验质量，DiffServ 在分组转发时定义了体现体验质量的每跳行为(Per-hop Behavior，PHB)。PHB 中每跳指 DiffServ 的行为仅与本路由器转发的这一跳行为有关，而与下一跳的路由器行为无关。常见 PHB 行为包括转发分组时路由器处理分组、首先转发这个分组、最后丢弃这个分组等。

IETF 的 DiffServ 工作组定义了迅速转发 PHB 和确保转发 PHB 两种情况。迅速转发 PHB(Expedited Forwarding PHB，EF PHB 或 EF)[RFC 3246]要求离开一个路由器的通信量数据率不得小于某一数值，对应于 EF 的 DSCP 数值为 10 1110。这种服务类似于点对点连接或虚拟租用线，能够不排队或很少排队，常称为优质(Premium)服务。确保转发 PHB(Assured Forwarding PHB，AF PHB 或 AF)[RFC 2597]在发生网络拥塞时，路由器将首先丢弃每一个等级 AF 中丢弃优先级较高的分组。AF 用 DSCP 的第 0～2 位划分四个通信量等级(即 001、010、011 和 100)，每种等级均配置最低限度的带宽和缓存。AF 用 DSCP 的第 3～5 位为每个通信量等级再从高到低划分三个丢弃优先级(即 110、100 和 010)。

因此，区分服务(DiffServ)没有定义特定的服务或服务类型，较 IntServ/RSVP 更为灵活，更适合大型复杂网络中出现新服务类别或终止旧服务类型时保持正常工作。

【案例 8.3】QoE 控制案例如图 8.4 所示。某网段使用 ICG 作为外网出口，下挂 2 个网段，即 192.168.40.0/24 网段

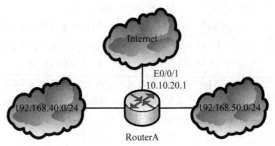

图 8.4　QoE 控制案例

和 192.168.50.0/24 网段，存在语音业务。对 192.168.40.0 网段访问 Internet 需要 16K 保证，对于所有 RTP 流需要 64K 保证，CBS=2000B。

【解】(1)使用类的队列进行限速。因为语音业务对延迟敏感，所以将 RTP 流归入 EF 类，将 192.168.40.0/24 网段报文可放入 AF 类，依据类的队列进行限速。

```
[RouterA] acl number 1000                              //定义 ACL 规则
[RouterA-acl-basic-1000]
[RouterA-acl-basic-1000] rule 0 permit source 192.168.40.0  0.0.0.255
[RouterA] traffic classifier acl 1000 operator and     //定义类
[RouterA-classifier-acl1000] if-match acl 1000
[RouterA] traffic classifier rtp operator and
[RouterA-classifier-rtp] if-match protocol rtp
[RouterA] traffic behavior ef64k                       //定义 EF 类流行为
[RouterA-behavior-ef64k] queue ef bandwidth 64 cbs 51200
[RouterA] traffic behavior af16k                       //定义 AF 类行为
[RouterA-behavior-af16k] queue af bandwidth 16
[RouterA-behavior-af16k] wred
[RouterA] qos policy qos1                               //定义 QoS 策略
[RouterA-qospolicy-qos1] classifier acl 1000 behavior af16k
[RouterA-qospolicy-qos1] classifier rtp behavior ef64k
[RouterA] interface E0/0/1     //将策略应用在外网接口
[RouterA-E0/0/1] ip address 10.10.20.1  255.255.255.0
[RouterA-E0/0/1] qos apply policy qos1 outbound
```

(2)使用 RTP 队列进行优先处理。为了将 RTP 流的时延和抖动降到最低，在 ICG 外网出口优先处理 RTP，保证语音业务的服务质量。

```
[RouterA] interface E0/0/1        //接口设置 RTP 优先队列
[RouterA-E0/0/1] ip address 10.10.20.1  255.255.255.0
[RouterA-E0/0/1] qos reserved-bandwidth pct 70
[RouterA-E0/0/1] qos rtpq start-port 1024 end-port 4096 bandwidth 64 cbs 51200
```

(3)使用 WRED 接口模式的配置。在 ICG 外网接口应用 WRED 处理，以避免 TCP 全局同步，并克服队尾丢弃技术对语音传输带来的不利影响。WRED 检测到队列长度不够时，便随机丢弃准备进入队列的数据包。假设 WRED 接口丢弃概率为 10%。

```
[RouterA] interface E0/0/1
[RouterA-E0/0/1] ip address 10.10.20.1  255.255.255.0
[RouterA-E0/0/1] qos wfq precedence queue-length 32 queue-number 100
[RouterA-E0/0/1] qos wred enable                  //使能 WRED 接口模式
[RouterA-E0/0/1] qos wred weighting-constant 8    //WRED 权重
[RouterA-E0/0/1] qos wred ip-precedence 4 low-limit 10 high-limit 50
   discard-probability 10
                                                  //WRED 接口丢弃概率为 10%
```

第 9 章　Internet 2

随着用户对网络需求的提高，美国 120 多所大学、政府机构、公司等共同提出了下一代计算机网络——Internet 2(I2)。1996 年，美国教育和科研团体成立了先进网络技术联盟 Internet 2，致力于开发下一代先进网络应用。Internet 2 主干网带宽达到 $N\times10$Gbit/s，甚至 100Gbit/s，能够提供高性能、高安全性、先进的网络服务。

在初期，Internet 2 主干网建设主要由 Qwest 通信公司的 Abilene 资助。自 2006 年起，Internet 2 开始由 Level3 公司资助，并称为 Internet 2 Network。2011 年，在美国国家电信和信息管理局(National Telecommunications and Information Administration，NTIA)的宽带技术机会计划(Broadband Technology Opportunities Program，BTOP)的支持下，开启了美国联合社区锚网(United States Unified Community Anchor Network，US.UCAN)计划建设。BTOP 将 Internet 2 主干网带宽升级至 100Gbit/s，支持远程监控、远程医疗等商业互联网不支持的先进应用。

9.1　Internet 单播

单播指服务器与客户端之间使用点对点连接，是一个发送方与一个接收方之间的通信模式。单播路由中，路由器完成路由表的查找、建立、维护、更新等工作，大大减少了主机路由负担。

根据信息流量和拓扑结构的变化，可将路由算法分为两大类：非自适应路由算法和自适应路由算法。非自适应路由算法是一种静态算法，只会按预先确定的路由传送信息，不会根据拓扑变化和网络实时传输量来灵活选择路由，其修改和设定路径是静态不变的。非自适应路由算法包括固定式、扩散式、随机式等。自适应路由算法是一种动态算法，能够根据实时拓扑动态变化和网络流量而灵活选择路由，更适应拓扑和通信量时变的网络。自适应路由算法包含孤立式、分布式、集中式、分层式、混合式等。Internet 中从宏观上采用了分层式、分布式的动态自适应路由算法，从微观上在局部范围内使用静态或动态的不同路由算法。

9.1.1　单播路由问题

Internet 单播路由协议根据工作的范围可分为内部网关协议(IGP)和边界网关协议(BGP)。IGP 用于在一个自治网络内部网关(包括主机和路由器)之间交换路由信息，用于说明互联网协议(IP)或其他协议中的路由传送过程。常见的 IGP 协议包括 RIP、OSPF、IS-IS、IGRP、EIGRP。BGP 用于在多个自治网络之间交换路由信息，有时也称为外部网关协议(Exterior Gateway Protocol，EGP)。

Internet 中常用的自适应分布式路由算法有向量-距离算法、链路-状态算法。

1. 向量-距离算法

向量-距离（Vector-Distance，V-D）算法也称为 Bellman、Bellman-Ford 或 Ford-Fulkerson 算法。每台路由器周期性地与相邻路由表交换由 (V,D) 序偶组成的序偶表信息。其中，V 代表路由器可以到达的目标向量，D 代表到 V 目标的距离，通常根据路径上的 hop 个数计数。其他路由器收到 (V,D) 序偶表后，基于最短路径原则刷新路由表。V-D 算法简单、易于实现，路由刷新可由相邻路由器发送 V-D 报文来完成，而无须完全使用广播式发送。

其缺点是路由刷新从相邻路由器逐渐传播出去，影响了刷新速度。另外，其报文大小类似于路由表，每个目的网络在 V-D 报文中占一个条目，从而增加了信息交换的负担。

2. 链路-状态算法

链路-状态（Link-State，L-S）算法又称最短路径优先（Shortest Path Fist，SPF）算法，其路由表依赖于无向网络图 G(V,L)，即 L-S 图，其中 V 表示路由器，L 表示连接路由器的 Link。路由器的路由表由 L-S 图计算，所有路由器的 L-S 图保持信息一致。

L-S 算法包含以下 3 个主要步骤。

第 1 步，各路由器向相邻路由器周期性地发送查询报文，测试与之相邻的全部路由器状态是否可以访问，若对方可以访问则将链路状态标记为 up，反之则标记为 down。

第 2 步，路由器向所有参与 L-S 的路由器周期性地广播 L-S 信息。

第 3 步，路由器根据收到的 L-S 报文刷新网络拓扑图，更新路由器状态为 up 或 down。若 L-S 状态变化，路由器通过 Dijikstra 算法向前搜索加权无向图中到目的节点的最佳路由。

链路-状态算法一般需要建立链路状态数据库（Link State Database，LSDB），学习路由器间的路由信息交换，以便实现网络拓扑信息同步。LSDB 可通过链路状态记录（Link State Advertisement，LSA）报文或其他方式获取。

9.1.2　路由信息协议

路由信息协议（RIP）是一种向量-距离算法。美国加利福尼亚大学伯克利分校最早在开发 UNIX 系统的 routed 程序时，设计了 RIP 协议软件。RIP 协议基于 Xerox 公司开发的网关信息协议（GWINFO），但比其他路由协议算法更容易实现，已成为中、小型网络中最基本的主机间路由信息交换协议。

1988 年 6 月，IEIF 提出了 RIPv1 协议[RFC 1058]。1998 年 11 月，IEIF 提出的 RIPv2 标准[RFC 2453]，在报文路由表项中增设了子网掩码信息，并增加了安全认证、多路由协议间交互等功能。

1. 报文结构

RIPv1 的消息报文仅记录了路由交互的基本信息。RIPv2 与 RIPv1 报文的基本结构一致，扩展了 RIPv1 报文的保留字段，其报文结构如图 9.1 所示。其中，Version 字段为 2 表示 RIPv2；Unused 字段不做处理，也不要求其值必须为 0；Route Tag 字段为路由对应的自治系统号，用于协议交互；Subnet Mask 字段为路由信息对应的子网掩码，支持 CIDR 路由；

Next Hop 字段为路由对应的下一跳路由器 IP 地址，并以其 RIP 报文的发送源地址作为下一跳路由器。

Command (1)	Version (1)		Unused (2)	
Address Family Identifier (2)			Route Tag (2)	
IPv4 Address (4)				
Subnet Mask (4)				
Next Hop (4)				
Metric (4)				
Multiple Entries (up to a maximum of 25)				
Address Family Identifier (2)			Route Tag (2)	
IPv4 Address (4)				
Subnet Mask (4)				
Next Hop (4)				
Metric (4)				

图 9.1　RIPv2 报文结构

RIPv2 在交互报文中添加了认证字段以便支持认证功能，如图 9.2 所示。认证功能的实现需要完整的路由信息项，全部报文最多含 24 个路由信息项。Authentication Type 字段为认证类型，协议默认为 2，即明文密码认证。Authentication 字段为认证数据，即认证密码值，共 16 字节，不满 16 字节则最后填 0。

Command (1)	Version (1)		Unused (2)	
0xFFFF			Authentication Type (2)	
Authentication (0~3B)				
Authentication (4~7B)				
Authentication (8~11B)				
Authentication (12~15B)				
Address Family Identifier (2)			Route Tag (2)	
IPv4 Address (4)				
Subnet Mask (4)				
Next Hop (4)				
Metric (4)				
Multiple Entries (up to a maximum of 24)				

图 9.2　RIPv2 认证字段

2. 基本特点

RIP 协议使用 UDP 的 520 端口，使用两种 RIP 信息报文，即请求 (Request) 报文和响应 (Response) 报文。请求报文用于向相邻的 RIP 路由器发送路由请求信息，响应报文用于发送本地路由信息。RIPv1 为广播，RIPv2 为多播，多播地址为 224.0.0.9。根据向量-距离算法，发送路由信息可记为序偶 <vector, distance>。路由目的地址 address 在实际报文中可表示 vector,而距离度量值 metric 表示 distance,即从本机到目的主机路径上经过的路由器数目。metric 有效值范围为 1~16,其中,16 表示网络不可到达。

RIP 协议启动以后,路由器使用路由更新定时器(Update Timer)每隔 30s 自动发送一次响应报文,该报文中包括本路由器中的全部路由信息(除被水平分割等策略抑制的路由信息以外)。为避免网络拥塞,定时器在基本更新周期(30s)上还随机增加一个 5s 的变化量。所以,RIP 协议中路由更新定时器的周期为 25~35s。

RIP 协议为每条路由设置了路由无效定时器(Invalid Timer 或 Expiration Timer)。每当创建新路由表项时则启动该定时器,一旦收到该路由表项更新信息则重置该定时器。RIP 协议路由无效定时器值默认为 180s,即约 6 次路由更新定时器时间。若某路由表项直到该定时器超时一直未收到任何更新信息,则该表项会标记为无效,即距离度量值为 16。

某路由表项变为无效后,RIP 协议并不会立即删除该路由表项,而是使用路由删除定时器(Flush Timer)控制无效路由的生存时间,默认值为 120s,即约 4 次路由更新定时器时间。当 RIP 协议已经通知全部相邻路由器得知该路由表项更新信息后,才会删除该无效路由表项。

RIP 协议和所有向量-距离算法路由协议一样,都存在慢收敛问题,也就是计数至无穷大。例如,某正常连接的网络中,路由器 Router1 可以直连网络 net1,其向量-距离报文为<net1,1>。路由器 Router2 经过 Router1 后也可连接 net1,其向量-距离报文为<net1,2>。一旦路由器 Router1 与网络 net1 连接失败,Router1 仍有可能学习路由器 Router2 的向量-距离报文<net1,2>,直到计数至无穷大(即距离度量值为 16)时才发现学习到的路由报文并不可行。

【案例 9.1】RIP 协议配置案例如图 9.3 所示。RIP 10、RIP 20 为 RouterB 上的两个 RIP 进程。要求在各路由器上使能 RIP 实现网络互联,RouterA 和网段 192.168.40.0/24 互通,但不与网段 192.168.50.0/24 互通。

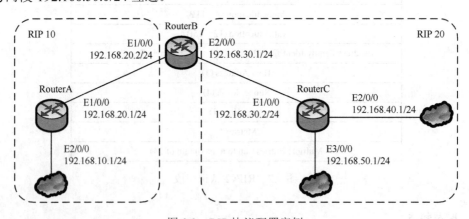

图 9.3　RIP 协议配置案例

【解】(1)路由器接口配置。

```
[RouterA] interface E1/0/0                   //配置 RouterA 接口 IP 地址
[RouterA-E1/0/0] ip address 192.168.20.1 24
[RouterA] interface E2/0/0
```

```
[RouterA-E2/0/0] ip address 192.168.10.1 24
[RouterB] interface E1/0/0                          //配置 RouterB 接口 IP 地址
[RouterB-E1/0/0] ip address 192.168.20.2 24
[RouterB] interface E2/0/0
[RouterB-E2/0/0] ip address 192.168.30.1 24
[RouterC] interface E1/0/0                          //配置 RouterC 接口 IP 地址
[RouterC-E1/0/0] ip address 192.168.30.2 24
[RouterC] interface E2/0/0
[RouterC-E2/0/0] ip address 192.168.40.1 24
[RouterC] interface E3/0/0
[RouterC-E3/0/0] ip address 192.168.50.1 24
```

(2) 启动 RIP 协议。

```
[RouterA] interface E1/0/0                          //配置接口 IP 地址
[RouterA-E1/0/0] ip address 192.168.1.1 24
[RouterA] rip 10                                    //RouterA 上启动进程 RIP 10
[RouterA-rip-10] network 192.168.10.0
[RouterA-rip-10] network 192.168.20.0
[RouterA-rip-10] quit
[RouterB] rip 10                    // RouterB 配置 RIP 10、RIP 20 的路由相互引入
[RouterB-rip-10] network 192.168.20.0 //通告 RIP 直连网段对应的自然网段
[RouterB-rip-10] quit
[RouterB] rip 20
[RouterB-rip-20] network 192.168.30.0
[RouterB-rip-20] quit
[RouterC] rip 20                                    //RouterC 上启动进程 RIP 20
[RouterC-rip-20] network 192.168.30.0
[RouterC-rip-20] network 192.168.40.0
[RouterC-rip-20] network 192.168.50.0
[RouterC-rip-20] quit
[RouterB] rip 10                                //RouterB 上同时启动两个 RIP 进程
[RouterB-rip-10] default-cost 4             //将引入的 RIP 20 路由的缺省值设置为 4
[RouterB-rip-10] import-route rip 20    //把不同 RIP 进程的路由引入对方路由表
[RouterB-rip-10] quit
[RouterB] rip 20
[RouterB-rip-20] import-route rip 10
[RouterB-rip-20] quit
[RouterB] acl 1000                          //配置 ACL，过滤引入 RIP 20 的 192.168.50.0/24
[RouterB-acl-basic-1000] rule deny soured 192.168.50.0  0.0.0.255
                                        //过滤源地址路由
[RouterB-acl-basic-1000] rule permit            //只与网段 192.168.40.0/24 互通
[RouterB-acl-basic-1000] quit
[RouterB] rip 10                            //应用 ACL1000，控制向 RouterA 发布路由更新
[RouterB-rip-10] filter-policy 1000 export
[RouterB-rip-10] quit
```

　　配置过程中，查看 RouterA 的路由表信息，会发现进程 RIP 20 中的路由。其开销值为配置的缺省值 4 加 1，即最终值为 5，以便该路由高于其他路由而优先发布。配置结束后，检查过滤后的 RouterA 上的路由表，若未发现 192.168.50.0/24 网段路由，则过滤成功。

9.1.3　开放最短路径优先

开放最短路径优先（Open Shortest Path First，OSPF）采用链路-状态（L-S）算法，适用于更大的网络。Internet 中的很多自治系统（Autonomous System，AS）非常大，不便于管理，因此 OSPF 将一个或一系列相邻网络划分为编号区域，对自治系统的其他部分不可见，从而降低路由信息量。域内路由器不受域外错误的影响，只由域本身的拓扑结构决定。

编号为 0 的域为 OSPF 的主干（Backbone）区域，所有的区域都与其相连。主干会向所有非主干区域分发路由信息，且在逻辑上是连续的，主干之外其拓扑结构也不可见。Stub 区域是一个 OSPF 末梢区域，通常位于整个自治系统的边界，且不含其他路由协议，以降低对路由器的性能要求。OSPF Stub 区域中的路由器会自行添加一条至域间路由器（Area Border Router，ABR）的默认路由项。末梢区域中的路由器除了直连路由项外，仅有一条到 ABR 的默认路由项，也不会学习其他区域转发的路由项。位于 Stub 区域的每一个路由器保持与 LSDB 信息同步，并在 Hello 包中设置 E 位（E-bit）=0，不接收 E 位=1 的 Hello 包。OSPF Stub 区域中未配置成 Stub router 的路由器无法与其他配置成 Stub router 的路由器构建邻居关系。OSPF Stub 区域不支持虚链接（Virtual Link），也不允许虚链接穿越其中。

1994 年，OSPFv2 协议[RFC 1583]发布。对应 IPv4 的 OSPFv2 协议由 RFC 2328 定义，并提供了兼容 RFC1583 的可选功能。对应 IPv6 的 OSPFv3 协议由 RFC 5340 定义。

某 OSPF 网络示例如图 9.4 所示，分为 Area 0～Area 3 共 4 个区域，其中 Area 0 为主干区域。该网络包括 RouterA～RouterH 共 8 个路由器，连上了 Network 1～Network 7 共 7 个局部网络。OSPF 网络根据区域划分将路由分为以下 4 种类型。

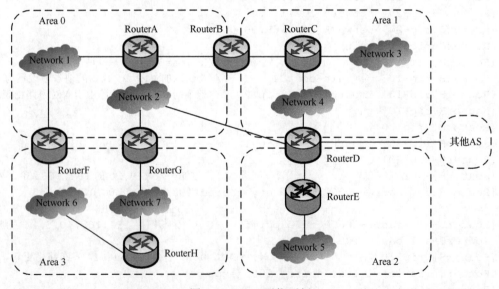

图 9.4　OSPF 网络示例

（1）域内路由器（Internal Router，IR）。与其相连的所有通信端（路由器或网络）均处于同一个域，往往仅配置基本路由算法，用于域内通信。在图 9.4 中，RouterA、RouterC、RouterE、RouterH 均为域内路由器。

(2)域间路由器(ABR)。与其相连的各个通信端(路由器或网络)处于多个不同域,每个域往往配置互不相同的路由算法,用于转发区域之间的路由。在图 9.4 中,RouterB、RouterD、RouterF、RouterG 均为域间路由器。

(3)主干路由器(Backbone Router,BR)。该路由器提供到主干区域的接口,可将与域间路由器相连的域拓扑结构信息发送至主干区域,或将与主干相连的域信息分发至其他。主干路由器包括所有的域间路由器,但不限于域间路由器。在图 9.4 中,RouterA、RouterB、RouterD、RouterF、RouterG 均为主干路由器,其中 RouterA 并非域间路由器,其他均为域间路由器。

(4)自治系统边界路由器(AS Boundary Routers,ASBR)。该路由器提供与其他自治系统的接口,与其他自治系统交换路由信息。在图 9.4 中,RouterD 为 ASBR。

1. 报文结构

OSPF 默认端口号 89,当多播地址为 224.0.0.5 时面向全部路由器,多播地址为 224.0.0.6 时面向指定路由器。OSPF 隶属于网络层,需要 IP 层能支持接收分组且向相邻站点发送分组。

OSPF 分组均使用一个公共报头,如图 9.5 所示。其中,版本号表示当前 OSPF 版本,若设置为 3,则为 OSPFv3;类型指 OSPF 分组类型;分组长度指分组的字节数;路由器 ID 指当前路由器的 ID 号;区域 ID 指区域的标识,主干区域保留数值 0;校验码域共 8 字节,使用类似 IP 校验算法对整个 OSPF 分组(不含校验码域)计算而来;认证类型指 OSPF 认证的方式,0 表示不认证,1 表示简单的口令认证。OSPF 使用相同的链路状态广告报头来存储链路状态记录,如图 9.6 所示。

版本号	类型	分组长度
路由器 ID		
区域 ID		
校验码域		认证类型
认证		
认证		

图 9.5　OSPF 公共报头

链路状态生存时间	选项	链路状态类型
链路状态 ID		
广播路由器		
链路状态序列号		
链路状态校验和		链路状态记录长度

图 9.6　OSPF 的认证报文

2. 基本特点

OSPF 为了交互路由信息,必须先建立邻居关系(但并非全部相邻路由器)。建立邻居关系包含两个主要步骤。

第 1 步，使用 Hello 协议，以便寻找相邻路由器，并在广播型或非广播型网络上选举代表路由器及其备份。

第 2 步，建立交互链路状态数据库。链路状态记录（LSA）能够记录相同域的拓扑结构，并计算其最短路径。LSA 主要包括 5 类：路由器、路由器汇总、网络、网络汇总、自治系统外部链路。在相同域的 OSPF 路由器将全部 LSA 汇总形成一个同步的交互链路状态数据库。

OSPF 路由器使用链路状态更新分组来传递路由更新信息，仅在链路状态更新分组中保留完整的链路状态记录。一旦 OSPF 路由器接收到新的链路状态记录，则向所有端口广播，并记录广播数。所有接收端口均会向该 OSPF 路由器返回确认信息。为了防止广播路由更新信息失败，OSPF 路由器可以定时重传路由更新信息，直至所有接收端口均已确认接收。

【案例 9.2】 OSPF 协议配置案例如图 9.7 所示。OSPF 协议配置案例使用的拓扑结构图将整个自治系统划分为 3 个区域。图中所有路由器都运行 OSPF，RouterA、RouterB 用来作为域间路由器。要求配置好各个路由器接口的 IP 地址，创建 OSPF 进程，创建工作区域，在路由器或对应的接口上使能 OSPF，确保每台路由器都可学到 AS 内至全部网段的路由。

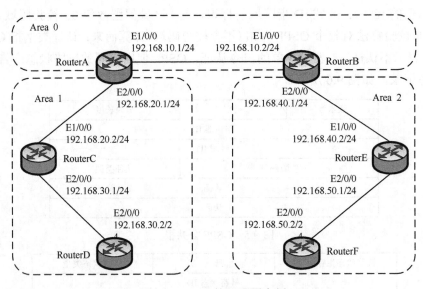

图 9.7　OSPF 协议配置案例

【解】 OSPF 中使用 network 命令能够一次性对同一网段下多个接口进行通告，其通告路由可以是自然网段或超网路由，并可在通告时指定路由 IP 地址和子网掩码。但在 RIP 中 network 通告的路由仅为自然网段，不含子网掩码，并直接使用所在自然网段的子网掩码进行运算。

在 OSPF 网段通告时，不同区域和不同进程中所通告的网段路由不允许出现包含、全部或部分重叠。因此，本例中的 RouterA 上的 E1/0/0 接口连接的两个网段分属不同区域，只能分别通告以避免重叠；但如果两个网段在同一区域则可以合并通告。另外，若 RouterA

两个端口位于不同的 OSPF 进程，同样也不允许重叠。

（1）RouterA 配置。

```
[RouterA] interface E1/0/0
[RouterA-E1/0/0] ip address 192.168.10.1 24
[RouterA-E1/0/0] quit
[RouterA] interface E2/0/0
[RouterA-E2/0/0] ip address 192.168.20.1 24
[RouterA-E2/0/0] quit
[RouterA] ospf router id 1.1.1.1                    //OSPF 单进程，采用缺省 1 号进程
[RouterA-ospf-1] area 0                             //ABR 连接两个区域
[RouterA-ospf-1-area-0.0.0.0] network 192.168.10.0  0.0.0.255 //通告网段
[RouterA-ospf-1-area-0.0.0.0] quit
[RouterA-ospf-1] area 1
[RouterA-ospf-1-area-0.0.0.1] network 192.168.20.0  0.0.0.255 //通告网段
[RouterA-ospf-1-area-0.0.0.1] quit
```

（2）RouterB 配置。

```
[RouterB] interface E1/0/0
[RouterB-E1/0/0] ip address 192.168.10.2 24
[RouterB-E1/0/0] quit
[RouterB] interface E2/0/0
[RouterB-E2/0/0] ip address 192.168.40.1 24
[RouterB-E2/0/0] quit
[RouterB] ospf router id 1.1.1.2                    //OSPF 单进程
[RouterB-ospf-1] area 0                             //ABR 连接两个区域
[RouterB-ospf-1-area-0.0.0.0] network 192.168.10.0  0.0.0.255 //通告网段
[RouterB-ospf-1-area-0.0.0.0] quit
[RouterB-ospf-1] area 2
[RouterB-ospf-1-area-0.0.0.2] network 192.168.40.0  0.0.0.255 //通告网段
[RouterB-ospf-1-area-0.0.0.2] quit
```

（3）RouterC 配置。

```
[RouterC] interface E1/0/0
[RouterC-E1/0/0] ip address 192.168.20.2 24
[RouterC-E1/0/0] quit
[RouterC] interface E2/0/0
[RouterC-E2/0/0] ip address 192.168.30.1 24
[RouterC-E2/0/0] quit
[RouterC] ospf router id 2.2.2.1
[RouterC-ospf-1] area 1                                   //区域 Area 1 内部路由器
[RouterC-ospf-1-area-0.0.0.1] network 192.168.20.0  0.0.0.255 //通告网段
[RouterC-ospf-1-area-0.0.0.1] network 192.168.30.0  0.0.0.255 //通告网段
[RouterC-ospf-1-area-0.0.0.1] quit
```

（4）RouterD 配置。

```
[RouterD] interface E2/0/0
```

```
[RouterD-E2/0/0] ip address 192.168.30.2 24
[RouterD-E2/0/0] quit
[RouterD] ospf router id 2.2.2.2
[RouterD-ospf-1] area 1                //区域 Area 1 内部路由器
[RouterD-ospf-1-area-0.0.0.1] network 192.168.30.0  0.0.0.255 //通告网段
[RouterD-ospf-1-area-0.0.0.1] quit
```

（5）RouterE 配置。

```
[RouterE] interface E1/0/0
[RouterE-E1/0/0] ip address 192.168.40.2 24
[RouterE-E1/0/0] quit
[RouterE] interface E2/0/0
[RouterE-E2/0/0] ip address 192.168.50.1 24
[RouterE-E2/0/0] quit
[RouterE] ospd router id 3.3.3.1
[RouterE-ospd-1] area 2                //区域 Area 2 内部路由器
[RouterE-ospd-1-area-0.0.0.2] network 192.168.40.0  0.0.0.255 //通告网段
[RouterE-ospd-1-area-0.0.0.2] network 192.168.50.0  0.0.0.255 //通告网段
[RouterE-ospd-1-area-0.0.0.2] quit
```

（6）RouterF 配置。

```
[RouterF] interface E2/0/0
[RouterF-E2/0/0] ip address 192.168.50.2 24
[RouterF-E2/0/0] quit
[RouterF] ospf router id 3.3.3.2
[RouterF-ospf-1] area 2                //区域 area 2 内部路由器
[RouterF-ospf-1-area-0.0.0.2] network 192.168.50.0  0.0.0.255 //通告网段
[RouterF-ospf-1-area-0.0.0.2] quit
```

配置完成后，可以用 display ospf peer 视图命令在各个路由器上分别查看各自的 OSPF 邻居，使用 display ospf routing 视图命令在各个路由器上分别查看各自的 OSPF 路由信息。可在 RouterA 上看到其已经与 RouterB 和 RouterC 建立了完全（Full）的邻居关系，并在 OSPF 路由表中建立到达所有非直连的网段，而直连网段只出现在 IP 路由表的 OSPF 路由中。还可使用 display ospf lsdb 视图命令在各个路由器上分别查看各自的 LSDB。

9.1.4 中间系统到中间系统路由协议

中间系统到中间系统（Intermediate System-to-Intermediate System，IS-IS）路由协议是由国际标准化组织（ISO）提出的一种动态路由协议，专为无连接网络协议（Connectionless Network Protocol，CLNP）而设计。IS-IS 是用于自治系统内部的一种内部网关路由协议，使用链路-状态算法，并使用最短路径优先（SPF）算法来计算路由。

IS-IS 协议网络包括终端系统（End System，ES）、中间系统（Intermediate System，IS）、区域（Area）及路由域（Routing Domain，RD）。一台主机即为一个终端系统，一个路由器即为一个中间系统，在主机和路由器之间运行 ES-IS 协议，路由器与路由器之间运行 IS-IS 协议。IS-IS 把整个路由域进一步细分为多个区域单元，由 IS-IS 协议提供一个区域内或路由域内的路由。IS-IS 协议使用网络服务接入点(Network Service Access Point，NSAP)来描述 ISO 网络层地址结构，以解决 ISO 网络和 IP 网络的网络层编址差异问题。

每台设备可能有多个地址，但用于标识 IS-IS 网络层实体或过程(而非服务)的网络实体标题(Network Entity Title，NET)、各系统中 NSAP 的系统 ID 均必须唯一。IGP 的 IS-IS 多使用简单的 NSAP 格式，包括区域地址、系统 ID、NSEL。区域地址至少为 1 字节；其权限和格式标识符(Authority and Format Identifier，AFI)=49，说明 AFI 为本地管理，可自行分配各个地址；其初始区域标识符(Initial Domain Identifier，IDI)在 AFI 后，用于标识区域，供 L2 路由选择。同一区域的所有路由器必须使用一样的区域地址，ES 仅可识别同一子网中同一区域地址的 IS 和 ES。系统 ID 为多字节，也可直接使用路由器的 MAC 地址。NSAP 选择符(NSAP Selector，NSEL)为 1 字节，00 表示 TCP/IP。

集成 IS-IS 方式将路由器分为 L1、L2 及 L1/L2。其中，L1 路由器使用链路状态协议(Link State Protocol，LSP)构建本地区域的拓扑信息，L2 路由器使用 LSP 构建不同区域之间的拓扑信息，L1/L2 路由器用于 L1 与 L2 路由的边界路由器。IS-IS 使用 LSP 报文来更新 LSDB，其更新数据量小于 OSPF 的 LSA 更新方式。

【案例 9.3】IS-IS 协议配置案例如图 9.8 所示。网络中有 4 台路由器需要通过 IS-IS 协议进行网络互联，要求路由器 RouterA 和 RouterC 处理的数据信息相对较少。假设 4 台路由器的 System ID 使用 12 位十六进制数表示，分别为 0000.1111.1111、0000.1111.2222、0000.1111.3333、0000.2222.4444。

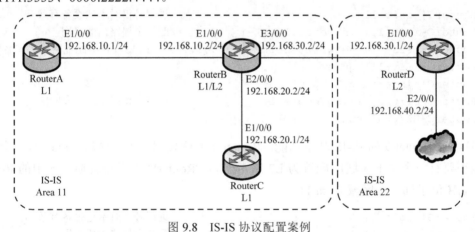

图 9.8　IS-IS 协议配置案例

【解】(1)配置各路由器接口的 IP 地址。仅给出 RouterA 示例，RouterB、RouterC 和 RouterD 的配置过程相同，此处略。

```
[RouterA] interface E1/0/0
[RouterA-E1/0/0] ip address 192.168.10.1 24
```

(2)配置 RouterA 的 IS-IS 基本功能。RouterA 和 RouterC 配置成普通区域 Area 11 中的 L1 路由器，仅仅处理少量数据，相当于 OSPF Stub 区域中的内部路由器。

```
[RouterA] isis 11                    //进程号仅对本地设备有效
[RouterA-isis-11] is-level level-1   //配置全局路由器级别
```

```
[RouterA-isis-11] network-entity 11.0000.1111.1111.00 //配置网络实体名称
[RouterA-isis-11] quit
[RouterA] interface E1/0/0
[RouterA-E1/0/0] isis enable 11              //接口上使能 IS-IS 功能
[RouterA-E1/0/0] quit
```

(3)配置 RouterB 的 IS-IS 基本功能。RouterB 同时与 RouterA 和 RouterC 相连，即为 L1/L2 路由器，类似于 OSPF 中的边界路由器。

```
[RouterB] isis 11                            //进程号仅对本地设备有效
[RouterB-isis-11] network-entity 11.0000.1111.2222.00 //配置网络实体名称
[RouterB-isis-11] quit
[RouterB] interface E1/0/0
[RouterB-E1/0/0] isis enable 11              //接口上使能 IS-IS 功能
[RouterB-E1/0/0] quit
[RouterB] interface E2/0/0
[RouterB-E2/0/0] isis enable 11
[RouterB-E2/0/0] quit
[RouterB] interface E3/0/0
[RouterB-E3/0/0] isis enable 11
[RouterB-E3/0/0] quit
```

(4)配置 RouterC 的 IS-IS 基本功能。

```
[RouterC] isis 11                            //进程号仅对本地设备有效
[RouterC-isis-11] is-level level-1           //配置全局路由器级别
[RouterC-isis-11] network-entity 11.0000.1111.3333.00//配置网络实体名称
[RouterC-isis-11] quit
[RouterC] interface E1/0/0
[RouterC-E1/0/0] isis enable 11              //接口上使能 IS-IS 功能
[RouterC-E1/0/0] quit
```

(5)配置 RouterD 的 IS-IS 基本功能。RouterD 可单独划为主干区域 Area 22(一个 IS-IS 网络至少要有一个主干区域)，配置为 L2 路由器。但 RouterD 不得与普通区域中的 RouterA 和 RouterB 位于同一个区域 Area 11。

```
[RouterD] isis 11                            //进程号仅对本地设备有效
[RouterD-isis-11] is-level level-2           //配置全局路由器级别
[RouterD-isis-11] network-entity 22.0000.2222.4444.00//配置网络实体名称
[RouterD-isis-11] quit
[RouterD] interface E1/0/0
[RouterD-E1/0/0] isis enable 11              //接口上使能 IS-IS 功能
[RouterD-E1/0/0] quit
[RouterD] interface E2/0/0
[RouterD-E2/0/0] isis enable 11
[RouterD-E2/0/0] quit
```

配置结束后,可在各路由器上执行 display isis lsdb 命令查看 IS-IS LSDB 信息是否同步。其中, L1 路由器中只有 L1 LSDB, L2 路由器只有 L2 LSDB, 而 L1/L2 路由器中同时有 L1

LSDB 和 L2 LSDB。Area 11 中 RouterA、RouterB 与 RouterC 的 L1 LSDB 完全同步；而 RouterB 和 RouterD 的 L2 LSDB 也完全同步。还可在路由器上执行命令 display isis route 显示 IS-IS 路由信息。L1 路由器的路由表中有一条下一跳为 L1/L2 路由器的缺省路由，L2 路由器中有所有 L1 和 L2 的路由。使用设备直连网段的目的网段，路由标记中 D 为直连路由，A 为加入单播路由表中的路由，L 为 LSP 发布的路由。

9.1.5　内部网关路由协议

内部网关路由协议(Interior Gateway Routing Protocol，IGRP)是一种内部网关协议，又称为内部网关间选径协议，采用向量-距离算法。IGRP 最早由 Cisco IOS 提出，以自治系统(AS)为单元提供路由选择，其算法与 RIP 协议类似，支持对用户配置延迟、带宽、可靠性等参数进行路由管理。

增强内部网关路由协议(Enhanced Interior Gateway Routing Protocol，EIGRP)又称加强型内部网关间选径协议，由 Cisco 公司在 IGRP 的基础上改进而提出，结合了链路状态协议和向量距离协议的优点，支持 IP、Novell、NetWare 和 Appletalk 等多种网络层协议。EIGRP 采用弥散更新算法(Diffusing Update ALgorithm，DUAL)来提高收敛性能，不再定期发送路由更新信息，从而提高了带宽利用率。

9.1.6　边界网关协议

边界网关协议(BGP)创建了一个链接状态图，用于连接不同的自治系统，或连接复杂的分布式动态路由，可以实现 AS 级的路由策略选择。BGP-4 结合了向量-距离算法和链路-状态算法的优点。一方面，BGP-4 路由器仅与邻近的 BGP-4 路由器进行路由信息交互，即向量-距离算法；另一方面，BGP-4 通过链接状态图记录了完整路由经过的自治系统列表，即链路-状态算法。BGP-4 使用路由广播 IP 地址前缀，提供了自治系统的路由聚合机制，并删除了地址类，支持 CIDR。

1982 年，BBN 技术公司的 Rosen 和 Mills 提出了外部网关协议(EGP)，用于 AS 之间路由选择，仅用于树型网络拓扑的简单网络可达性协议。RFC 827 最早描述了 EGP，1984 年的 RFC 904 做了正式规范。IETF 边界网关协议工作组于 1994 年制定了 BGP 标准[RFC 1654]，于 2006 年发布了 BGP-4[RFC 4271]。

在 AS 边界上负责与其他 AS 交换信息的 BGP 路由器称为边界路由器(Border Router/ Edge Router，BR/ER)。BGP 按照连接的 AS 不同，可分为 IBGP(Internal BGP)和 EBGP(External BGP)。BGP 路由器连接不同 AS 过程中，在同一个 AS 内部两个或多个对等体之间运行的 BGP 称为 IBGP，在不同 AS 内部的两个或多个对等体之间运行的 BGP 称为 EBGP。在互联网操作系统中，优先级顺序通常是 EBGP→IGP→IBGP。

BGP-4 减少了传统的服务质量管理机制(如帧的重传、分段、确认、顺序维护等)。BGP-4 对等体之间通过 TCP 和 179 系统级端口(<1024 且>256)进行连接，安全性高，很多系统(如 Solaris、Linux)若无对应权限则将无法打开。传输层协议的认证机制也可以和 BGP-4 本身的认证机制一同使用，BGP-4 还提供错误提示机制以支持传输层温和断连。

1. BGP-4 数据帧

BGP-4 提供 4 种帧格式，即 Open、Keepalive、Notification 及 Update。Open 帧用于建立 BGP 连接及协商参数。Keepalive 帧用于链路维持帧（即链路无数据传送时继续发送以维持链路工作状态）或特定帧的响应帧。Notification 帧用于报告各类错误，TCP 连接会在其发送后自动关闭。Update 帧用于更新路由信息。

BGP-4 的路由操作主要分为两类，即声明路由和撤销路由。一个 Update 帧仅可声明一条路由，但一个 Update 帧可撤销一条或多条路由。BGP-4 使用路径属性和网络可达性属性进行声明路由操作。路径属性记录了连接最终目标所经过的自治系统，网络可达性属性记录了路径属性中 Nexthop 对应的可达网络，包括一个或多个 <Length/IP-Prefix> 二元组。其中，Length 说明网络地址的有效长度，地址前缀 IP-Prefix 代表一个网络地址。

BGP-4 数据帧的长度为 19～4096 字节，在以太网上通常小于 1500 字节，其中 Keepalive 帧为 19 字节。Update 帧为 4096 字节，可用于光纤分布式数据接口（FDDI）。

任意 BGP-4 帧都有公共报头，其格式如图 9.9 所示。Marker 为一个 16 字节的域，用于同步 BGP-4 通信双方，并进行验证。若为 Open 数据帧，该帧是通信双方交互的第 1 帧并可协商认证机制，或其他不采用认证机制的帧，则 Marker 域值为全 1（默认值）。若为有认证机制的帧，则根据通信双方协商的认证机制计算该值。Length 域是一个范围为 19～4096 的 2 字节无符号整数，可记录包括公共报头在内的整个帧长度。Type 域为 1 字节，指定帧的类型，例如，1=Open 帧，2=Update 帧，3=Notification 帧，4=Keepalive 帧。

```
0 1 2 3 4 5 6 7 8 9 10 11 12 13 14 15 16 17 18 19 20 21 22 23 24 25 26 27 28 29 30 31
|                                Marker                                |
|                                Marker                                |
|                                Marker                                |
|                                Marker                                |
|            Length            |            Type            |
```

图 9.9　BGP-4 帧的公共报头格式

2. Open 帧格式

TCP 连接建立之后发送的第 1 个 BGP-4 帧就是 Open 帧。除图 9.9 所示的 BGP-4 帧公共报头外，Open 帧的其他各域如图 9.10 所示。

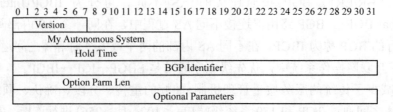

图 9.10　Open 帧格式

其中，Version 为帧的版本协议号，为 1 字节的无符号整数；My Autonomous System 为发送方的自治系统编号，为 2 字节无符号整数；Hold Time 是连续收到的两个帧间的最大时间间隔，为 2 字节无符号整数，单位为秒，取通信双方的最小值作为最终协商值，不小于 3 或为 0；BGP Identifier 为发送方的 BGP 标识，如 BGP-4 路由器的 IP 地址、其虚拟 IP 地址或 Loopback 地址，为 4 字节无符号整数，在所有端口的 BGP 会话中必须统一；Option Parm Len 表示参数长度，为 1 字节无符号整数，当其值为 0 时，表示 Optional Parameters 域为空；Optional Parameters 为可选参数列表，如 Parameters Type 为 1 表示认证信息，Authentication Code 指明认证机制。综上所述，Open 帧至少有 29 字节。

3. Keepalive 帧格式

BGP-4 采用发送 Keepalive 帧的方式维护与 BGP-4 路由器的连接，而非使用 TCP 本身的连接维持机制。Keepalive 帧长度为 19 字节，格式简单，内容固定。触发 Keepalive 的发送时钟值默认为时钟值 Hold Time 的 1/3，且其发送频率不高于 1 次/s。

4. Notification 帧格式

Notification 帧格式简单，内容固定，它在 BGP 固定报头上再增加 4 字节错误码信息。当检测到 BGP-4 路由器错误状态时，就向对等体发送 Notification 消息提示错误码，并立即中断 BGP 会话。

5. Update 帧格式

BGP-4 对等体间交互路由信息时使用 Update 帧。除图 9.9 所示的 BGP-4 帧公共报头外，Update 帧中还包括 Unfeasible Route Length（不可达路由长度）、Withdrawn Routes（撤销的无效路由）、<Length,Prefix>、Total Path Attribute Length（路径属性总长度）、Path Attribute（路径属性）、Network Layer Reachability Information（网络层可达性信息，NLRI）等。

Unfeasible Route Length 使用 2 字节无符号整数指明 Withdrawn Route 部分的总长度（单位为字节）；若 Unfeasible Route Length=0，则 Withdrawn Route 域为空。Withdrawn Route 记录一系列撤销的无效路由，并用一个二元组表示每条路由。Total Path Attribute Length 指明路径属性的总长度，为 2 字节无符号整数。Path Attribute 记录 Update 帧中一系列路径的属性。Network Layer Reachability Information 代表一系列的 IP 地址前缀，其格式与 Route 格式一模一样，表明 Path Attribute 中 Nexthop 属性可以到达的网络。

NLRI 长度=Update 帧的总长度−Path Attribute 长度−Unfeasible Route 长度

BGP-4 使用一个三元组<attribute type, attribute length, attribute value>Path Attribute（描述路径属性），其中 3 个参数分别指明该属性的类型、长度和值。

BGP-4 中建立了 3 个路由信息库（Routing Information Base，RIB），包括尚未处理的 Update 帧路由信息库 Adj-RIBs-In、经过处理后的路由信息库 Loc-RIB、BGP-4 路由器发送给对等体的路由信息库 Adj-RIBs-Out。

BGP-4 路由器将每条路由的属性作为参数输入，选择本地策略信息库（Policy Information Base，PIB）中的不同策略来完成 Adj-RIBs-In 中路由信息的处理，并输出一个非负整数指明该路由的优选程度。在策略路由中，一个 BGP-4 自治系统包括管理域和路由域。管理域包括一个管理组织或机构运行的端系统、中继系统及子网络。路由域则指运行同一路由过程的端系统和中继系统。一个管理域可由多个路由域组成，但一个路由域不可跨越多个管理域。

【案例 9.4】BGP 协议配置案例如图 9.11 所示。在所有路由器间运行 BGP 协议，RouterA 与 RouterB 之间为 EBGP 连接，RouterB、RouterC 与 RouterD 之间为 IBGP 全连接。在系统视图下全局配置路由器 ID，或在 BGP 视图下配置 BGP 路由器 ID。IBGP 连接的源接口和源 IP 地址可以默认采用设备物理接口与物理接口 IP 地址。

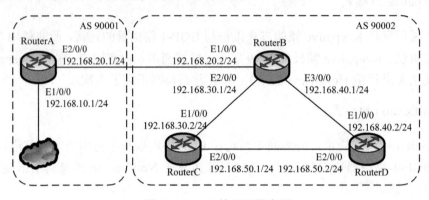

图 9.11 BGP 协议配置案例

【解】(1)系统视图配置各路由器接口的 IP 地址。仅给出 RouterA 示例，RouterB、RouterC 和 RouterD 的配置过程相同，此处略。

```
<RouterA> system-view                        // RouterA 接口的 IP 地址
[RouterA] interface E1/0/0
[RouterA-E1/0/0] ip address 192.168.10.1 24
[RouterA] interface E2/0/0
[RouterA-E1/0/0] ip address 192.168.20.1 24
```

(2)RouterB 配置。

```
[RouterB] bgp 90002                          //在 RouterB 上启动 BGP 进程
[RouterB-bgp] router-id 2.2.2.1              //BGP 视图下配置 BGP 路由器 ID
[RouterB-bgp] peer 192.168.30.2 as-number 90002 //配置 IBGP 或 EBGP 对等体
[RouterB-bgp] peer 192.168.40.2 as-number 90002 //同一个 AS 中双方设备分别配置
```

(3)RouterC 配置。

```
[RouterC] bgp 90002                          //在 RouterC 上启动 BGP 进程
[RouterC-bgp] router-id 2.2.2.2
[RouterC-bgp] peer 192.168.30.1 as-number 90002 //配置 IBGP 或 EBGP 对等体
[RouterC-bgp] peer 192.168.50.2 as-number 90002 //同一个 AS 中双方设备分别配置
```

(4)RouterD 配置。

```
[RouterD] bgp 90002                          //在 RouterD 上启动 BGP 进程
[RouterD-bgp] router-id 2.2.2.3              //BGP 视图下手动配置路由器 ID
```

```
[RouterD-bgp] peer 192.168.40.1 as-number 90002 //配置 IBGP 或 EBGP 对等体
[RouterD-bgp] peer 192.168.50.1 as-number 90002 //同一个 AS 中双方设备分别配置
```

(5) 配置 RouterA 与 RouterB 之间的 EBGP 连接。

```
[RouterA] bgp 90001                            //EBGP 连接源和源 IP 地址
[RouterA-bgp] router-id 1.1.1.1                //BGP 视图下手动配置路由器 ID
[RouterA-bgp] peer 192.168.20.2 as-number 90002   //在 RouterA 上引入路由
[RouterB-bgp] peer 192.168.20.1 as-number 90001   //在 RouterB 上引入路由
```

可使用 display bgp peer 命令查看 BGP 对等体上的设备连接状态。

(6) 发布 RouterA 与 EBGP 对等体之间的非直连路由。

```
[RouterA-bgp] ipv4-family unicast              //地址视图
[RouterA-bgp-af-ipv4] network 192.168.10.0  255.255.255.0.0
                                               //network 命令发布路由
```

可使用 display bgp routing-table 命令查看各路由器上的 BGP 路由表信息，若均有非直连路由 192.168.10.0/24，说明 RouterA 发布成功。但在 RouterC 和 RouterD 上，虽也有 AS 90001 中的 192.168.10.0/24 路由，但由于下一跳 192.168.20.1 不可达，因此并非有效路由。

使用本地设备发布 BGP 路由无须经过下一跳，如 RouterA 上 192.168.10.0/24 路由的下一跳地址为 0.0.0.0。在 EBGP 对等体间发布 EBGP 路由时，下一跳为发送路由器的接口 IP，如 RouterB 路由 192.168.10.0/24 的下一跳为 192.168.20.1。在 IBGP 对等体间发布 EBGP 路由时，下一跳保持不变，如 RouterC、RouterD 上路由 192.168.10.0/24 的下一跳为 192.168.20.1。而在 IBGP 对等体间发布 IBGP 路由时，收到 IBGP 路由的设备不再通告其对等体。

(7) 配置 RouterC、RouterD 均可到达 192.168.10.0/24 路由的下一跳 192.168.20.1。

```
[RouterB-bgp] ipv4-family unicast          //在 RouterB 上由 BGP 协议引入直连路由
[RouterB-bgp-af-ipv4] import-route direct
```

可使用 display bgp routing-table 命令查看各路由器上的 BGP 路由表信息，RouterA 上除了自身在 BGP 路由表发布的 192.168.10.0/24 路由表项外，增加了 3 条由 RouterB 引入的直连路由。RouterC 的 BGP 路由表中也新增了由 RouterB 引入的 3 条直连路由，且 192.168.10.0/24 路由从无效变为有效的可达路由（标记前有*表示有效路由）。

9.2　Internet 多播

广播通信允许一台源主机与网络中的多台其他主机之间进行通信。在网络中进行一对多通信时，单播方式需要源主机向多个不同目的主机同时发送信息，从而增加了源主机的负担，占用带宽资源；而广播方式会导致网络中所有其他主机都收到源主机信息，包括并不需要该信息的主机，从而占用带宽资源，甚至造成广播风暴；多播（又称组播）方式只需将信息发送到某个特定的目标组，即多播组，一方面保证了源主机只向多播组地址发送一份数据，另一方面保证了只有多播组成员才可以接收到源主机发送的数据副本，而其他主机不会接收到。

在单播通信中，数据包在 IP 网络中的传输路径是基于逐跳原理从源地址路由到目的地址。在多播通信中，数据包在 IP 网络中的目的地址为一组，即组地址。多播报文目的地址是 D 类 IP 地址，其无法在 IP 报文的源 IP 地址字段出现。全部接收方在多播开始前都加入一个多播组内，主机可在任意时刻加入或离开多播组，所有组成员均可接收到数据包。

9.2.1　多播模型

224.0.0.0～224.0.0.255 为预留的多播地址，即永久组地址。224.0.1.0～224.0.1.255 是公用多播地址，可用于 Internet。224.0.2.0～238.255.255.255 为用户可用的多播地址，即临时组地址，全网范围内有效。239.0.0.0～239.255.255.255 为本地管理多播地址，仅在特定的本地范围内有效。常见多播地址如表 9.1 所示。

表 9.1　常见多播地址

多播地址列表	地址分配
224.0.0.0	基准地址，保留，不分配
224.0.0.1	所有主机的地址(含所有路由器地址)
224.0.0.2	所有多播路由器地址
224.0.0.3	不分配
224.0.0.4	距离向量多播路由选择协议(DVMRP)路由器
224.0.0.5	所有多播扩展 OSPF 路由器
224.0.0.6	多播扩展 OSPF 指定路由器(DR)/非指定路由器(BDR)
224.0.0.7	共享树(Shared Tree，ST)路由器
224.0.0.8	共享树主机
224.0.0.9	路由信息协议 RIPv2 路由器
224.0.0.10	增强内部网关路由协议(EIGRP)路由器
224.0.0.11	活动代理
224.0.0.12	动态主机配置协议(DHCP)服务器/中继代理
224.0.0.13	所有协议无关多播(Protocol Independent Multicast，PIM)路由器
224.0.0.14	资源预留协议(RSVP)封装
224.0.0.15	所有基于核的树(Core-Based Tree，CBT)路由器
224.0.0.16	指定子网带宽管理(Subnet Bandwidth Management，SBM)
224.0.0.17	所有子网带宽管理
224.0.0.18	虚拟路由器冗余协议(Virtual Router Redundancy Protocol，VRRP)
224.0.0.22	Internet 组管理协议 IGMPv3

常见的多播模型有以下几种。

1. 任意源多播模型

任意源多播(Any-Source Multicast，ASM)模型允许任何一个发送方作为多播源发送多播分组。新节点若需获取某个多播组的多播分组，可根据该多播组地址申请加入该多播组而成为合法接收方。ASM 模型允许接收方在任意时间加入或离开该多播组，但无法提前预知多播源的地址。

2．源过滤多播模型

源过滤多播(Source-Filtered Multicast，SFM)模型是 ASM 模型的扩展，两者的多播组成员关系从发送方视角来看一致。SFM 模型中的接收方仅可接收来自部分多播源的多播分组，其上层软件会预先检查接收到的多播数据源地址，并决定是否允许多播分组通过。从接收方视角来看，ASM 模型与 SFM 模型的多播组成员关系不同，SFM 中多播源因被筛选过而仅部分有效。

3．特定源多播模型

特定源多播(Source-Specific Multicast，SSM)模型允许用户只接收某些特定多播源发送的多播分组，而不接收其他多播源发送的分组。SSM 可以为用户提供在客户端指定多播源的网络服务，接收方可用某种手段预先知晓多播源的具体地址。SSM 模型使用的多播地址范围与 ASM 或 SFM 模型有所不同，SSM 允许接收方与特定多播源间直接构造专用的多播转发路由。

9.2.2　多播路由问题

1．路由网络模型

在计算机网络中，通常只考虑一对有序节点间最多存在一条链路的有向图。使用带权的有向图 $G = (V, E)$ 来表示一个计算机网络，其中 V 为节点的集合，E 为连接节点的网络链路集合。$|V|$ 为节点数量，$|E|$ 为链路数量。网络状态包括网络中所有节点的状态和链路的状态。在带权有向图中，可以定义一系列权值来描述每一条链路的状态，如链路延迟、可用宽带等。链路状态通常由节点负责维护。链路延迟函数或可用宽带可定义为 $d: E \rightarrow R^+$，将每一条链路映射一个非负权值，如 $d(2)$ 表示在链路 2 上的传输延迟或可用宽带。与之类似，每个节点也可定义一些参数来描述节点的当前状态，如节点算力、缓冲区大小等。

根据多播组中源节点和接收节点的数量，多播通信方式分为一对一(即单播)、一对多和多对多。参加多播通信的节点集合用 $M \subset V$ 表示，其中 M 为一个多播组，而节点 $v \in M$ 为一个组成员。一个组成员的身份可为源节点、接收节点中的至少一个，也可以兼而有之。源节点 v_s 将数据包发送到多播组的其他所有成员 $v_d \in M - \{v_s\}$，构成的多播树 T 为带权有向图 G 的一个子图，T 连接了 M 中的每个节点，T 有可能包括中继节点(即非组成员节点)。在多播树 T 中定义 $\mathrm{PT}(v_s, v_d)$ 为从源节点 v_s 到接收节点 $v_d \in M - \{v_s\}$ 的路径。

2．路由目标函数

多播路由的优化目标一般定义为最小化多播树代价，代价可以是整个多播树使用的延迟、宽带或其他网络利用率的单调非减函数。目标函数的约束包括链路约束和树约束。链路约束即路由选择时对链路的各种限制条件。树约束包括沿着多播树从源节点到接收节点的路径限制，以及从相同的源节点到任意两个不同接收节点的路径限制。

通常可将树约束分为以下 3 种。

(1) 可加性树约束。对于任意路径 $PT(a,b)=(a,i,j,\cdots,b)$，若约束条件满足式子 $m(a,b)=m(a,i)+m(i,j)+\cdots+m(k,b)$，则该约束是可加的。例如，从节点 a 到节点 b 的端到端的延迟 $d(a,b)$ 等于路径上所有链路延迟之和。

(2) 可乘性树约束。对于任意路径 $PT(a,b)=(a,i,j,\cdots,b)$，若约束条件满足式子 $m(a,b)=m(a,i)\times m(i,j)\times\cdots\times m(k,b)$，则该约束是可乘的。例如，分组从节点 a 沿着路径 $PT(a,b)$ 到达节点 b 的概率 $1-PT(a,b)$ 等于每条链路的转发概率 $1-PT(i,j)$ 的乘积。

(3) 最小性树约束。对于任意路径 $PT(a,b)=(a,i,j,\cdots,b)$，若约束条件满足式子 $m(a,b)=\min[m(a,i),m(i,j),\cdots,m(k,b)]$，则该约束是最小性树约束。例如，节点 a 到节点 b 路径的最小带宽，取决于从节点 a 到节点 b 路径上的带宽最小的链路带宽，即为最小性树约束。

3. 路由问题分类

根据不同的应用场合，多播路由问题可有不同分类。单重链路约束问题在构造多播树时考虑单一链路约束，多重链路约束问题同时考虑两个及以上的链路约束；链路优化问题基于链路优化函数构造最优多播树，树优化问题基于树优化函数构造最优多播树；单重树约束问题在构造多播树时考虑单一的树约束，多重树约束问题同时考虑两个及以上的树约束。

以上问题也可以混合而构成更复杂的路由问题。其中，单重链路约束问题和多重链路约束问题相对而言较为简单，仅需删除不符合约束条件的链路即可求解。寻找一个最小性树约束和一个可加性(或可乘性)树约束的路径属于多项式(Polynomial，P)问题，其求解具有多项式时间复杂度。而寻找满足两个及以上可加性(或可乘性)树约束的路径是多项式复杂程度的非确定性(Non-deterministic Polynomial，NP)问题的一个子集，即 NP 完备(NP-Complete，NPC)问题，其中每一个问题均可由 NP 完备问题在多项式时间内转化而成。

4. 常用算法

(1) 最短路径树算法。最短路径树(Shortest Path Tree，SPT)是使用最短路径生成树的算法，其多播源到每个接收方的路径均为两者之间的最短路径，常用于求解树约束(如延迟约束)问题。若权值表示链路延迟，即为最小延迟树；若为单位权值，即为最小跳数树。V-D 算法和 Dijkstra 都是经典的求解最短路径树算法，可在多项式时间内求得精确解。荷兰科学家迪杰斯特拉(Dijkstra)是 Dijkstra 最短路径树算法和银行家算法的创造者，于 1972 年获图灵奖。

(2) 最小生成树算法。最小生成树(Minimum Spanning Tree，MST)的多播源能够连接网络中每一个节点，且其全部链路权重之和最小。有 n 个节点的连通图的生成树包含原图中所有 n 个节点，是其原图的极小连通子图，且具有保持连通所需的最少边数。克鲁斯卡尔(Kruskal)算法和普里姆(Prim)算法都是经典的最小生成树算法。在 Kruskal 算法中，先构造一个含 n 个顶点且边集为空的子图，即一个有 n 棵树的森林，不断将两个顶点各自所在的两棵树合并为一棵树，直至森林中只有一棵含 $n-1$ 条边的树。在 Prim 算法中，多播树从任意根节点开始构造，每步选一个最小代价的边加入多播树，直至连接到树中全部组成员，所得多播树有最小全局代价。

(3) Steiner 树算法。Steiner 树问题通常认为是 NPC 问题，常用于求解树优化问题。Steiner 树的形状随组成员关系的变化而变化，其生成不稳定。不同于最小生成树构造中包括了网络中所有节点，Steiner 树只需要构造一个连接网络中部分组成员的最小代价多播树即可。如果考虑延迟、抖动等约束条件的组合，Steiner 树问题可变为约束 Steiner 树问题，同样也是 NPC 问题。

(4) 最大带宽树算法。最大带宽树算法使用类 Dijkstra 算法求解到全部目的节点的最大单路径带宽，可用于解决链路优化问题。该算法通过求解所有接收方满意度最大化来分配各接收方的速率，并根据最大带宽树来分配链路带宽。

9.2.3　域内多播路由协议

1. 距离向量多播路由协议

距离向量多播路由协议(Distance Vector Multicast Routing Protocol，DVMRP)[RFC 1075]以 RIP 协议为基础对单播路由表进行计算，只有支持 RIP 单播路由协议的网络才支持 DVMRP。但 RIP 面向目的地址的下一跳地址进行计算，而 DVMRP 面向源地址的前一跳地址进行计算。DVMRP 是基于距离向量的路由协议，支持 IP 多播。

1992 年，出现了首个实验性的 IP 多播网络 MBone(Multicast Backbone)，由 DVMRP 隧道连接 IP 多播路由器构成虚拟网络，主干区域使用 DVMRP 和虚通道连接不同区域。DVMRP 多播源节点通过第 1 个数据分组来标识，无须使用特殊的控制消息来广播源节点。每个多播源构造基于源的多播树，将其经过的路由器数量或跳数作为路由度量。DVMRP 多播源节点发送第 1 个分组后，使用泛洪(Flood)和剪枝(Prune)算法沿多播树单向转发数据，并使用反向路径转发(Reverse Path Forwarding，RPF)算法和单播路由表对收到 IP 多播分组的各输入端口进行检查，以避免路由循环和转发重复分组。

DVMRP 可以根据需要构建，但是 DVMRP 不支持 QoS 路由或策略路由，也没有考虑安全性问题。

2. 多播开放最短通路优先协议

多播开放最短通路优先(Multicast Open Shortest Path First，MOSPF)[RFC 1584]协议以 OSPF 协议为基础构造多播路由表，是一种链路状态协议(LSP)，允许使用延迟、跳数等不同的单一链路状态作为路径度量。MOSFP 组成员使用链路状态记录(LSA)来记录路由数据库。MOSPF 路由器拥有整个域内路由拓扑结构和接收方地址的完整信息，路由器不需要广播每个源的第 1 个分组便可直接构造最短路径树(或有源树)。

MOSPF 也可以根据需要构建。在收到多播源发送到多播组的第 1 个分组时，MOSPF 路由器就开始生成多播树，之后再开始进行多播树的加入和剪枝操作。另外，也可以将整个自治系统分割为多个路由区域，由主干路由区域来连接不同的路由区域。如图 9.4 所示的 OSPF 网络，若将其用于多播，即可构建 MOSPF 网络。同样，也可将 MOSPF 路由器划分为 4 种类型(有部分重叠),即域内路由器、域间路由器、主干路由器和自治系统边界路由器。

只要路由器不在多播树中,就完全无须执行任何与多播组有关的计算任务。但是,MOSFP 路由器需要根据 LSA 进行反向路径检查和加入剪枝计算,计算量非常大。当前最快的最短路径树算法的实现复杂度为 $O(N \log N)$,影响了协议的可扩展性,而且 MOSPF 不支持隧道技术。

3. 密集模式协议无关多播路由协议

协议无关多播(Protocol Independent Multicast,PIM)路由协议不依赖于特定的单播路由协议,支持任意单播路由协议构建单播路由表,并完成反向路径检查和多播路由建立。PIM 无须像其他多播路由协议一样收发多播路由更新,因此开销更低。PIM 定义了两种多播模式,即密集模式(Dense Mode,DM)和稀疏模式(Sparse Mode,SM)。

密集模式协议无关多播(Protocol Independent Multicast-Dense Mode,PIM-DM)路由协议[RFC 3973]用于成员集中的多播组或小规模网络。PIM-DM 支持任意底层单播路由协议,不需要构造单播路由表,支持 OSPF、IS-IS、BGP 等协议的单播路由表。PIM-DM 默认由单播路由协议构造路由表,并与单播路由协议互相独立,不需要为反向路径检查建立独立的路由协议,且假定密集多播路由为对称的。

PIM-DM 设备启动之后,开始周期性地向所有 PIM-DM 接口发送 Hello 消息。Hello 消息的保持时间(Hello Hold Time)字段规定了等待另一个 Hello 消息的最长时限。如果在该时间段结束时,邻居没有收到下一个 Hello 消息,就从邻居关系表中删除该设备。

PIM-DM 使用了与 DVMRP 相似的泛洪、剪枝和反向路径转发策略。而 PIM-DM 简化的反向路径检查算法直接发送分组,省去了最短路径判断,因此更为简单。

4. 稀疏模式协议无关多播路由协议

稀疏模式协议无关多播(Protocol Independent Multicast-Sparse Mode,PIM-SM)路由协议[RFC 2362/ RFC 7761]用于成员稀疏的多播组或大型网络。PIM-SM 路由协议使用了基于接收初始化成员关系的传统 IP 多播模型,不依赖于特定的单播路由协议。PIM-SM 支持任意路由协议记录多播路由信息库(Multicast Routing Information Base,MRIB),包括单播路由协议(如 RIP、OSPF)、能产生路由表的多播路由协议(如 DVMRP)。它增加了软状态机制,可适应网络环境的动态变化。

PIM-SM 支持共享树和最短路径树。在共享树中,PIM-SM 使用中心路由器作为共享树的根,称为聚合点(Rendezvous Point,RP)。每一个多播源都必须将其多播分组发送给聚合点,再由聚合点将这些数据分组转发给各个组成员。在源树中,每个源端都是一棵单独的树,每棵源树从单播路由表来看都是最短路径树,直接连接源端和接收端。PIM-SM 可以仅使用一种类型的树,也可以同时使用两种类型的树。

PIM-SM 是接收方驱动的协议,由接收节点向聚合点发送 join 消息来申请加入多播,在接收方与聚合点之间的每一个路由器均需处理该 join 消息。源节点在发送多播分组的过程中,仅需知晓多播组的聚合点地址。

5. 多播互联网协议

多播互联网协议（Multicast Internet Protocol，MIP）独立于单播路由协议，支持在低层协议上直接运行，为多播服务的高层应用提供统一的接口。在单播路由表中，一旦出现暂时的路由不一致或路由循环时，就难以构造无循环多播树，MIP 的诞生顺利解决了此问题。MIP 路由基于接收方的状态连接机制，若一个接收方欲加入一个多播会话，必须先查询源主机是否位于本地子网上。若是，则接收方将源主机的 IP 与子网掩码进行与运算，接收方即可从多播源接收数据，完全无须 MIP 路由；若否，则接收方查找 MIP 路由表以获知哪些路由器可到达源主机。

MIP 路由算法中，接收方通过路由器查询可达多播源的路由，而在 IP 单播中发送方通过查询路由器获知可达接收方的路由。若 IP 单播路由表和 MIP 路由表可在同一时间内完成相同的任务，则将两个路由表合二为一。当接收方或 MIP 路由器确定了用于数据转发的路由器后，则给该路由器发一条 join-request 消息通知其发送多播数据至接收方。

MIP 也支持共享树和最短路径树，而且源节点和接收方均可发起构造多播树，双端操作模式更适合多播应用的动态特性和多播组规模的灵活调整。在小多播组应用中，源节点知晓接收方信息，更适合由源节点发起构造多播树。而在大量接收方的应用中，更适合由接收方发起构造多播树，即由接收方发出 join 消息（与 PIM-SM 和 CBT 相同），而接收方仅需知道多播树中某个核心路由（类似 PIM-SM 中的聚合点或 CBT 中的核心节点）即可。

6. 基于核的树

基于核的树（CBT）[RFC 2201] 的多播生成树由组成员和核心（Core）节点的构成。核心节点在一般情况下与普通多播节点相同，只有当新多播组成员加入多播树时才起作用。任何一个非多播组成员源节点需要发送多播分组时，必须先向 CBT 核心节点方向转发该分组，直至到达一个已在树中的节点；并以该节点为起点将该分组转发至多播组中其他全部端口。核心节点并不需要转发全部多播分组，这就减少了核心节点对分组转发的影响。

CBT 中的多播树是双向的，其 join 和 join-ack 的消息传递会经过路线相同但方向相反的路由。CBT 的双向传递机制确保不会出现路由循环，因而无需反向路径检查机制。CBT 在触发剪枝时会周期性地广播分组，并保存所有多播组和源节点的路由状态信息，这就提高了其可扩展性。CBT 端口只有两种状态，即在树中或不在树中，端口之间无父子关系。CBT 若发现 join 和 join-ack 消息路径不相同，则会视为路由循环而重启加入过程。

因为 CBT 多播组中所有源节点共享一棵树，所以 CBT 树是共享树。CBT 共享树路由器无须维护所有多播组中全部源节点的状态项，仅需为每个多播组维护一个状态项，使得 CBT 共享树的效率优于 DVMRP 和 MOSPF。

CBT 与 PIM-SM 一样，都可应用于组成员较为稀疏的多播组。但 CBT 中的节点通常不会从核心节点收到多播数据，除非其和核心节点处于同一个树分支。另外，当源节点的发送速率超出了设定的阈值时，PIM-SM 可以使用有源树来代替聚合点共享树，而 CBT 仅是共享树。

当单播路由信息不一致时或单播路由表更新时，有可能造成 PIM-SM 与 CBT 出现路由循环的情况，从而无法正确构造多播树。MIP 使用无循环多播树和扩散机制，提高了多播树的健壮性，但也造成了控制信息的大量发送。

9.2.4　域间多播路由协议

1. 层次化的距离向量多播路由协议

层次化的距离向量多播路由协议(Hierarchical Distance Vector Multicast Routing Protocol，HDVMRP)是一个基于 DVMRP 的层次化多播路由协议，与 DVMRP 一样需要维护每个源的状态，网络负载较重。HDVMRP 使用泛洪和剪枝算法沿多播树单向转发数据，可向所有域边界路由器泛洪数据分组，对于非组成员的边界路由器则向源网络返回剪枝消息。HDVMRP 支持任意域内路由协议，但需要增加额外的封装机制，以便分组可以穿越路由域。

2. PIM-DM 和 PIM-SM

在 PIM-DM 和 PIM-SM 提出后，也出现了最早的域间多播路由方案，即将 PIM-DM 和 PIM-SM 结合使用。PIM-DM 和 PIM-SM 通过域内路由用 PIM-DM 构造有源树，而域间路由用 PIM-SM 构造共享树，每个域内的 PIM-DM 有源树通过 PIM-SM 构造的共享树连接起来。为使每一个边界路由器都能知晓多播组地址和聚合点(RP)的映射关系，PIM-DM 和 PIM-SM 在域间发布 RP 的集合。RP 集合和 PIM-SM 软状态的发布与维护很容易浪费网络资源，在企业级网络中尚可容忍，但很难用于 Internet 中解决策略路由问题。

3. 策略树多播路由协议

策略树多播路由(Policy Tree Multicast Routing，PTMR)协议是 PIM-SM 路由协议的扩展，是一个面向策略转发模式的单层路由协议。PTMR 中的策略路由包括路由域定性需求路由和定量需求约束路由。路由域定性需求包括难以量化度量的需求指标，如域 A 禁止从域 B 到域 C 的流量穿过。定量需求主要是常用的各种量化指标参数，如带宽、时延和丢包率等。

策略树多播路由可构造连接两个以上路由域的多播树，并在策略域和路由域不一致时连接多个策略域。PTMR 能够使用反向路径检查机制，也能够在非对称路由中选择符合策略要求的最短路径。PTMR 既不注重策略路由的选择标准，也不注重策略路由的建立方式。域间策略上，PTMR 使用 BGP 中反映策略约束的域间传播路由机制，在路径向量更新报文中记录到达目的地址的自治系统序列。

4. 层次化的协议无关多播路由协议

层次化的协议无关多播(Hierarchical Protocol Independent Multicast，HPIM)路由协议是基于 PIM-SM 的域间多播路由协议，多播组地址范围决定了层次数量，并为每个多播组增加了层次化的 RP。HPIM 的接收方首先将 join 消息发给最低层的 RP，再由最低层的 RP 逐层向高层的 RP 发送，直到最高层为止。HPIM 使用哈希函数选择每个层次的下一个 RP，由 RP 构造的多播树可实现双向数据流的收发，但其延迟性能欠佳。

5. 基于有序核的树

基于有序核的树(Ordered Core Based Tree，OCBT)是基于 CBT 的域间多播路由协议，使用了层次化的核心节点，与 HPIM 中的聚合点一样形成层次结构。OCBT 中所有核心节点和 CBT 都按整数划分逻辑层次，但核心节点的层次固定不变，而路由器的层次取决于 join-ack 消息。OCBT 中新节点使用了与 CBT 类似的方式向核心节点发送 join 消息。若收到 join 消息的低层次核心节点不在多播树中，该核心节点就逐层向更高层次的核心节点发送该消息。核心节点和多播树路由器返回 join-ack 消息来完成多播树的构造。

6. 多播源发现协议

1999 年，IETF 提出了域间多播的过渡方案和长远方案。多播源发现协议(Multicast Source Discovery Protocol，MSDP)[RFC 3618]是用于域间多播的过渡方案，无须构造域间共享树。边界网关多播协议(Border Gateway Multicast Protocol，BGMP)[RFC 3913]是用于域间多播的长远方案，需要构造域间共享树。MSDP 协议支持域内采用共享树的协议(如 PIM-SM、CBT)，也支持域边界节点上保存源信息的协议(如 PIM-DM、MOSPF)。

MSDP 无须构造域间共享树的方式，就能够连接不同的多播域。MSDP 中每个域的 RP 都通过 TCP 连接与其他域的 RP 建立 MSDP 对等对话，并交换控制信息，使域内每一棵多播树都知晓当前活动的源节点。在 TCP 连接的基础上，各个域的 RP 构成了一个与域间 BGP 路径一致的虚拟网络拓扑。若多播域内运行 PIM-SM，则各个域在发送本域数据时都使用自身的 RP，而无须依赖其他域的 RP。

7. 边界网关多播协议

边界网关多播协议(BGMP)为活动多播组构建共享树，可与任意一种域内多播路由协议协同工作，允许接收域灵活地构建基于特定源的域间分支。BGMP 中的根称为根域，要求多播地址空间的不同范围与不同域相关联。BGMP 中每一个域都可能成为其范围内所有共享树的根。BGMP 支持特定源多播(SSM)，还支持任意源多播(ASM)。

多播地址分配体系结构(Multicast Address Allocation Architecture，MAAA)包括多播地址集声明(Multicast Address-Set Claim，MASC)、多播地址分配协议(Multicast Address Allocation Protocol，MAAP)、多播地址动态客户端分配协议(Multicast Address Dynamic Client Allocation Protocol，MADCAP)。MAAA 中地址分配分为域级、域内、主机 3 个层次。MASC 为域级地址分配协议；MAAP 为域内地址分配协议；MADCAP 为主机地址分配协议，用于向多播地址分配服务器(Multicast Address Allocation Server，MAAS)申请地址。

BGMP 与 MASC 协议共同构成域间多播路由体系结构。MASC 为域分配多播地址范围时使用带冲突检测的监听和宣布策略[RFC 2909]，是一种层次化的地址分配协议。MASC 使用子域监听上一级域选择的地址范围，并从监听到的地址范围中选择一个子集向邻居域宣布。

8. 层次化的域间多播路由协议

层次化的域间多播路由协议(Hierarchical Inter-domain Multicast Routing Protocol,HIP)是首个构造域间共享树的多播路由协议,由层次结构的多播树提供多个路由域间的路由。HIP 与 BGMP 类似,但在 BGMP 中的有源树分支在 HIP 中是不允许的。HIP 的结构层次也比两层结构的 BGMP 更多,可提供更好的可扩展性。在 BGMP 中使用 MAAA(包括 MASC、AAP、MADCAP 等)来发布核心节点地址,但在 HIP 中专门定义了发布核心节点地址的方法。

HIP 在域内可支持任意多播路由协议,而域间使用 OCBT 协议。为了支持多个路由域间的路由,HIP 构造了一种树中树的层次结构,即低层次的一棵树对应高层次树中的一个节点。另外,HIP 也支持安全扩展。与 OCBT 类似,HIP 的核心节点地址与网络拓扑无关,也与组成员地址无关,有可能会增加分组发送延迟。

9. 又一个多播协议

又一个多播(Yet Another Multicast,YAM)协议可用于解决非对称路径问题。在多播中,路由器经常需要同时应用域内和域间协议,因为域间路由多使用策略路由,每个域中不同的策略定义很容易造成非对称性的双向路由策略。在 Internet 中,30%~50%的路径存在非对称性,多播组如果采用链路代价而非路由跳数代价,在选择路由时也容易产生非对称的路由。不同于其他多播协议利用链路状态信息来解决双向路由问题,YAM 协议直接根据非对称路径的度量结果来选择最佳路径,只需在加入多播树的节点和多播树之间提供多条路径用于选择即可。

YAM 协议可以构造共享树,为新节点提供多条连接到多播树的路径,其 QoS 路由能够使用链路能力、可靠性等多个静态参数。但 YAM 不假设拓扑结构是完全对称的,也没有对新加入的节点进行反向路径检查。YAM 将节点加入机制分为域内和域间。YAM 域内工作原理与 CBT 类似,由加入节点发起构造多播树,而无需任何特定单播路由协议。但在域间,YAM 的出口节点既可作为域的边界节点,也可实现类似核心节点的功能。

10. 服务质量敏感的互联网多播协议

服务质量敏感的互联网多播协议(Quality of Service Sensitive Multicast Internet Protocol,QoSMIC)借鉴了 YAM 中 QoS 路由的思想,并对服务质量(QoS)和路由质量(Quality of Route,QoR)进行了区分。QoS 用于描述路由在不同时刻的动态参数,如可用宽带、网络延迟等,QoSMIC 使用用户观察到的参数来定义 QoS。而 QoR 用于描述路由中与时刻无关的静态参数,如链路容量、可靠性、代价等。因此,YAM 使用的实际上是静态的 QoR 路由,而且 QoSMIC 使用的是实时的、动态的 QoS 路由。

QoSMIC 可以构造共享树和有源树。QoSMIC 构造共享树与 PIM-SM 类似,接收方在必要时可自行切换到有源树。QoSMIC 引入了与 PIM 中聚合点(RP)功能类似的多播组管理者(Manager),用于管理加入多播组的新成员。聚合点是 PIM 多播树的根节点,而管理者并不是 QoSMIC 多播树的根节点。所以,管理者的位置不影响多播树的拓扑结构,其失效后也不会导致多播数据丢失。另外，QoSMIC 使用了与 YAM 域间机制类似的方法给树添加分支。

　　11.　多播边界网关协议

　　多播边界网关协议(Multicast Border Gateway Protocol，MBGP)是 BGP 协议的多播功能扩展，有时也称为多协议边界网关协议(Multiprotocol Extensions for Border Gateway Protocol，MBGP)，即 BGP 协议的多协议扩展。MBGP 除了可支持 IPv4 单播路由信息外，还支持多播、IPv6 等其他网络层协议的路由信息。MBGP 允许单播路由与多播路由同时工作，也允许单播路由拓扑结构与多播路由拓扑结构有所不同。

　　MBGP 可视为一种支持 IP 多播路由的增强版 BGP，基于协议无关多播(PIM)协议连接多播路由，构造多播分组树。MBGP 具有 BGP 功能，可在整个 Internet 上部署多播路由策略，连接 BGP 自治系统内部或自治系统之间的多播路由。运行 MBGP 的网络需要使用一个 IPv4 地址作为 aggregator 属性。BGP-4 仅有 3 个与 IPv4 相关的属性，即下一跳属性(IPv4 地址)、aggregator 属性(含一个 IPv4 地址)、网络层可达信息(IPv4 地址前缀及子网编号)。MBGP 对 BGP-4 做了两点改进，一是增强了连接指定网络层协议及下一跳的能力，二是增强了连接指定网络层和网络层可达信息的能力。

　　12.　EXPRESS

　　以上 IP 多播路由协议的共同特点是，任意一台主机随时可以向任意一个 IP 多播地址发送数据，而无须预先通知，因此以上模型均称为潜在的任意源(Potential Anysource，PAN)多播模型。Internet 服务提供方(ISP)通常根据其为客户提供的访问接口的速率来进行计费。由于单播流量中 ISP 提供的转发速率不大于客户访问接口速率，因此该计费方式适合单播流量计费，但却不适合多播流量计费。假设某个多播组有 M 个成员，每个成员向多播组发送数据的速率为 V，ISP 为了保证服务需要提供大约 $M \times V$ 的速率。所以，上述的网络层 PAN 多播模型并不适合 ISP 计费方式。

　　为了解决网络层 PAN 多播的计费缺陷，又出现了应用层多播。显示请求单源(Explicit Requested Single Source，EXPRESS)多播协议是一种介于应用层多播和网络层多播之间的模型。EXPRESS 中没有定义多播组，是而将多播信道定义为地址二元组 (S,E)，其中 S 为发送方地址，E 为目的地址。只有源节点 S 才能向信道 (S,E) 发送数据，其通过向目的地址 E 发送数据来实现向多播信道 (S,E) 发送数据。在 EXPRESS 中，接收方主机不是组成员，而是订阅者。在需要多播服务时，接收方主机(订阅者)使用扩展的 IGMP 消息向网络发送订阅请求来申请信道 (S,E)，其中包括发送方地址 S 和目的地址 E。

　　13.　简单多播

　　简单多播(Simple Multicast，SM)采用地址二元组表示多播组，接收方主机为信道订阅者。但是，SM 引入了核心节点，并使用核心节点的单播 IP 地址和多播组的 D 类地址共同构成二元组 (C,D)，其中 C 代表核心节点的 IP 地址，D 为多播组的 D 类地址。SM 使用 (C,D) 构造双向共享树，而非有源树，以简化地址分配工作。新成员加入多播组一定要通过核心节点，主机和路由器直接将 (C,D) 传递给 SM 路由器，而不使用专门的核心节点发布机制。

【案例 9.5】 MBGP 协议配置案例如图 9.12 所示。多播源和接收方分别位于两个 AS中，需在 AS 103 和 AS 104 两个 AS 之间传输多播路由信息，以确保接收方能够接收多播源发送的视频多播信息。本案例要求跨越两个 AS 配置 MBGP 路由，并配置 IP 多播功能。在配置多播路由时，AS 104 内部 IBGP 对等体之间的路由互通由 OSPF 路由来实现，再配置 EBGP 对等体连接两个 AS 边界路由器。

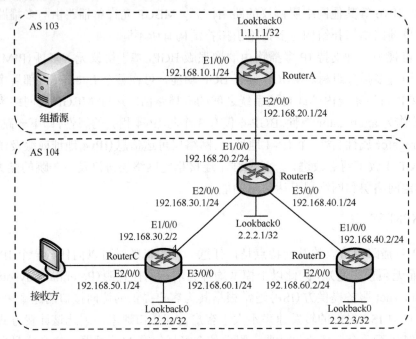

图 9.12　MBGP 协议配置案例

【解】（1）配置各路由器 IP 地址。其他路由器上接口 IP 地址的配置方法与 RouterA 一样，在此省略。但是 RouterB 的 E1/0/0 接口上运行的是 EBGP 协议，而非 OSPF 协议。

```
<RouterA> system-view                //配置 RouterA 上接口地址
[RouterA] interface E1/0/0
[RouterA-E1/0/0] ip address 192.168.10.1 24
[RouterA-E1/0/0] quit
[RouterA] interface E2/0/0
[RouterA-E2/0/0] ip address 192.168.20.1 24
[RouterA-E2/0/0] quit
[RouterA] interface loopback 0
[RouterA-loopback0] ip address 1.1.1.1 32
```

（2）配置 OSPF 路由。通过 OSPF 协议实现 AS 104 内 RouterB、RouterC 和 RouterD之间网络互通。因未划分区域，可将所有设备装入主干区域 Area 0。可使用 network 命令来查看接口使用的路由协议，并由 network 命令向邻居通告 RIP、OSPF 和 IS-IS 对应路由信息。

```
[RouterB] ospf                                    //配置 RouterB 上 OSPF 路由
[RouterB-ospf-1] area 0
[RouterB-ospf-1-area-0.0.0.104] network 192.168.30.0  0.0.0.255
[RouterB-ospf-1-area-0.0.0.104] network 192.168.40.0  0.0.0.255
[RouterB-ospf-1-area-0.0.0.104] network 2.2.2.1  0.0.0.0
[RouterB-ospf-1-area-0.0.0.104] quit
[RouterC] ospf                                    //配置 RouterC 上 OSPF 路由
[RouterC-ospf-1] area 0
[RouterC-ospf-1-area-0.0.0.104] network 192.168.30.0  0.0.0.255
[RouterC-ospf-1-area-0.0.0.104] network 192.168.50.0  0.0.0.255
[RouterC-ospf-1-area-0.0.0.104] network 192.168.60.0  0.0.0.255
[RouterC-ospf-1-area-0.0.0.104] network 2.2.2.2  0.0.0.0
[RouterC-ospf-1-area-0.0.0.104] quit
[RouterD] ospf                                    //配置 RouterD 上 OSPF 路由
[RouterD-ospf-1] area 0
[RouterD-ospf-1-area-0.0.0.104] network 192.168.40.0  0.0.0.255
[RouterD-ospf-1-area-0.0.0.104] network 192.168.60.0  0.0.0.255
[RouterD-ospf-1-area-0.0.0.104] network 2.2.2.3  0.0.0.0
[RouterD-ospf-1-area-0.0.0.104] quit
```

(3) 在两个 AS 的各路由器中配置 MBGP 对等体。该操作必须先在 BGP 视图下创建对等体，之后再在 BGP-IPv4 多播地址族下使能对等体，以便在 AS 间和 AS 内交换多播路由。创建 BGP 对等体后，默认在 BGP-IPv4 单播地址族下使能 BGP 对等体，只能手动设置。

```
[RouterA] bgp 1000                            //RouterA 的 BGP 视图
[RouterA-bgp] peer 192.168.20.2 as-number 104           //创建 BGP 对等体
[RouterA-bgp] ipv4-family multicast                     //BGP-IPv4 多播地址
[RouterA-bgp-af-multicast] peer 192.168.20.2 enable     //使能 BGP 对等体
[RouterA-bgp-af-multicast] quit
[RouterA-bgp] quit
[RouterB] bgp 2000                            //RouterB 的 BGP 视图
[RouterB-bgp] peer 192.168.20.1 as-number 103           //创建 BGP 对等体
[RouterB-bgp] peer 192.168.30.2 as-number 104
[RouterB-bgp] peer 192.168.40.2 as-number 104
[RouterB-bgp] ipv4-family multicast                     //BGP-IPv4 多播地址
[RouterB-bgp-af-multicast] peer 192.168.20.1 enable     //使能 BGP 对等体
[RouterB-bgp-af-multicast] peer 192.168.30.2 enable
[RouterB-bgp-af-multicast] peer 192.168.40.2 enable
[RouterB-bgp-af-multicast] quit
[RouterB-bgp] quit
[RouterC] bgp 2000                            //配置 RouterC 上的 MBGP 对等体
[RouterC-bgp] peer 192.168.30.1 as-number 104
[RouterC-bgp] peer 192.168.60.2 as-number 104
[RouterC-bgp] ipv4-family multicast
[RouterC-bgp-af-multicast] peer 192.168.30.1 enable
[RouterC-bgp-af-multicast] peer 192.168.60.2 enable
[RouterC-bgp-af-multicast] quit
[RouterC-bgp] quit
```

```
[RouterD]bgp 2000                              //配置 RouterD 上的 MBGP 对等体
[RouterD-bgp] peer 192.168.40.1 as-number 104
[RouterD-bgp] peer 192.168.60.1 as-number 104
[RouterD-bgp] ipv4-family multicast
[RouterD-bgp-af-multicast] peer 192.168.40.1 enable
[RouterD-bgp-af-multicast] peer 192.168.60.1 enable
[RouterD-bgp-af-multicast] quit
[RouterD-bgp] quit
```

(4) 各路由器在 MBGP 视图下配置需引入的路由，包括 IPv4 单播地址族路由(若无，可不配置)和 IPv4 多播地址族路由。EBGP 连接(如 RouterA 和 RouterB 之间)引入 RouterA 直连路由必须使用多播地址族，并将直连路由告知 RouterB。

```
[RouterA] bgp 1000                                  //配置 RouterA 引入路由
[RouterA-bgp] import-route direct
[RouterA-bgp-af-multicast] ipv4-family multicast      //IPv4 多播地址族
[RouterA-bgp-af-multicast] import-route direct        //引入直连路由
[RouterA-bgp-af-multicast] quit
[RouterA-bgp] quit
```

然后，由 RouterB 在 AS 104 内部通告，以便其中所有设备访问 RouterA 连接的网络。类似地，EBGP 连接引入直连路由和内部 OSPF 路由必须使用多播地址族，并将直连路由和内部 OSPF 路由告知 RouterA。RouterA 完成内部通告后，便可访问到 AS 104 中的所有设备。若仅引入 OSPF 路由，优先级较高的直连路由仍会无法互通。

```
[RouterB] bgp 2000                              //配置 RouterB 引入路由
[RouterB-bgp] import-route direct
[RouterB-bgp] import-route ospf 1               //若无 BGP-IPv4 单播，可不配置
[RouterB-bgp] ipv4-family multicast             //IPv4 多播地址族
[RouterB-bgp-af-multicast] import-route direct//引入直连路由
[RouterB-bgp-af-multicast] import-route ospf 1  //若无 BGP-IPv4 单播，可不配置
[RouterB-bgp-af-multicast] quit
[RouterB-bgp] quit
```

RouterC 和 RouterD 引入 OSPF 路由仅需在多播地址族下完成，以实现 AS104 内部多播通信，而无须在 BGP-IPv4 单播地址族下引入，也无须进行 OSPF-IPv4 单播通信。但优先级比 OSPF 高的直连路由需要分别同时在 BGP-IPv4 多播地址族和单播地址族引入。

```
[RouterC] bgp 2000                              // RouterC 引入 OSPF 路由
[RouterC-bgp] import-route direct
[RouterC-bgp] ipv4-family multicast
[RouterC-bgp-af-multicast] import-route direct
[RouterC-bgp-af-multicast] import-route ospf 1
[RouterC-bgp-af-multicast] quit
[RouterC-bgp] quit
[RouterD] bgp 2000                              // RouterD 引入 OSPF 路由
[RouterD-bgp] import-route direct
[RouterD-bgp] ipv4-family multicast
```

```
[RouterD-bgp-af-multicast] import-route direct
[RouterD-bgp-af-multicast] import-route ospf 1
[RouterD-bgp-af-multicast] quit
[RouterD-bgp] quit
```

（5）使能各路由器及其接口的多播功能。配置各 AS 内部 PIM-SM 功能，在主机侧接口实现 IGMP 功能。

```
[RouterA] muticast routing-enable        //配置 RouterA
[RouterA] interface E1/0/0
[RouterA-E1/0/0] pim sm
[RouterA-E1/0/0] quit
[RouterA] interface E2/0/0
[RouterA-E2/0/0] pim sm
[RouterA-E2/0/0] quit
[RouterB] muticast routing-enable        //配置 RouterB
[RouterB] interface E1/0/0
[RouterB-E1/0/0] pim sm
[RouterB-E1/0/0] quit
[RouterB] interface E2/0/0
[RouterB-E2/0/0] pim sm
[RouterB-E2/0/0] quit
[RouterB] interface E3/0/0
[RouterB-E3/0/0] pim sm
[RouterB-E3/0/0] quit
[RouterC] muticast routing-enable        //配置 RouterC
[RouterC] interface E1/0/0
[RouterC-E1/0/0] pim sm
[RouterC-E1/0/0] quit
[RouterC] interface E2/0/0
[RouterC-E2/0/0] pim sm
[RouterC-E2/0/0] igmp enable             //连接接收方的接口使能 IGMP
[RouterC-E2/0/0] quit
[RouterC] interface E3/0/0
[RouterC-E3/0/0] pim sm
[RouterC-E3/0/0] quit
[RouterD] muticast routing-enable        //配置 RouterD
[RouterD] interface E1/0/0
[RouterD-E1/0/0] pim sm
[RouterD-E1/0/0] quit
[RouterD] interface E2/0/0
[RouterD-E2/0/0] pim sm
[RouterD-E2/0/0] quit
```

（6）在两个 PIM 域间接口上配置 BSR 服务边界和 RP。BSR 一般位于 PIM 域边界，可将 PIM 域 AS 103 和 AS 104 的连接口配置为各自的 BSR 服务边界。

```
[RouterA] interface loopback 0           //配置 RouterA
[RouterA-Loopback0] ip address 1.1.1.1 255.255.255.255
[RouterA-Loopback0] pim sm
```

```
[RouterA-Loopback0] quit
[RouterA] pim
[RouterA-pim] c-bsr Loopback 0              //AS 的 PIM 域中配置 BSR
[RouterA-pim] c-rp Loopback 0               //AS 的 PIM 域中配置 RP
[RouterA-pim] quit
[RouterB] interface Loopback 0              //配置 RouterB
[RouterB-Loopback0] ip address 2.2.2.1 255.255.255.255
[RouterB-Loopback0] pim sm
[RouterB-Loopback0] quit
[RouterB] pim
[RouterB-pim] c-bsr Loopback 0              //AS 的 PIM 域中配置 BSR
[RouterB-pim] c-rp Loopback 0               //AS 的 PIM 域中配置 RP
[RouterB-pim] quit
[RouterA] interface E2/0/0                  //配置 RouterA 域间相连接口
[RouterA-E2/0/0] pim bsr-boundary           //PIM 域的 BSR 服务边界
[RouterA-E2/0/0] quit
[RouterB] interface E1/0/0                  //配置 RouterB 域间相连接口
[RouterB-E1/0/0] pim bsr-boundary           //PIM 域的 BSR 服务边界
[RouterB-E1/0/0] quit
```

(7)分别配置 MSDP 对等体,即相应对端接口。在两个 AS 的 PIM 域间边界路由器上分别使能 MSDP 功能、配置 MSDP 对等体,通过 MSDP 服务实现 PIM 域间连接。

```
[RouterA] msdp                                    //配置 RouterA 的 MSDP 对等体
[RouterA-msdp] peer 192.168.20.2 connect-interface E2/0/0
[RouterA-msdp] quit
[RouterB] msdp                                    //配置 RouterB 的 MSDP 对等体
[RouterB-msdp] peer 192.168.20.1 connect-interface E1/0/0
[RouterB-msdp] quit
```

配置结束后,可通过 display msdp brief 命令来查看路由器上 MSDP 对等体建立情况,或通过 display mbgp multicast peer 命令查看两个 PIM 域边界路由器上 MBGP 对等体连接情况。

9.3 数据中心网络

数据中心(Data Center)是为数据服务和应用而形成的集成数据管理系统,是各类计算机网络系统中负责数据处理、数据存储和数据交换的中心机构。数据中心网络(Data Center Network,DCN)是数据中心各类设备互相连接而组成的网络系统,通常包括若干独立的网络系统,如数据网、存储网、服务器集群网。数据网位于数据中心网络的前端,由各类访问接口基于以太网技术互联而成,负责数据的高速传输。存储网位于数据中心后端,由网络附加存储(Network Attached Storage,NAS)、存储区域网(Storage Area Network,SAN)等各类存储系统互联而成,负责数据的安全存取。服务器集群网位于数据中心网络的核心,由各类高性能服务器互联而成,负责数据的并行计算和高速处理。

数据中心网络的拓扑结构可分为两大类,即以网络为中心的结构和以服务器为中心的结构。在以网络为中心的数据中心网络中,完全由路由器和交换机来实现网络路由和流量转发，网络互联方式和路由机制与传统网络类似，服务器不参与路由和流量转发。在以服务器为中心的数据中心网络中，服务器既是计算单元，也是路由单元，服务器与路由器(或交换机)相互迭代共同建立网络拓扑，服务器主动参与路由转发和流量均衡。

云计算由并行计算(Parallel Computing)发展而来，结合了最新的虚拟化(Virtualization)技术和效用计算(Utility Computing)理论，引入了基础设施即服务(Infrastructure as a Service，IaaS)、平台即服务(Platform as a Service，PaaS)、软件即服务(Software as a Service，SaaS)等概念。2006 年 8 月，在搜索引擎会议上 Google 公司 CEO 施密特(Schmidt)首次提出了云计算概念，兴起了互联网的第三次革命。云计算(Cloud Computing)属于分布式计算(Distributed Computing)领域，早期也称为网格计算(Grid Computing)。云计算的出现也直接催生了基于超级计算机系统的云计算中心(Cloud Computation Center)，即以高性能计算机为基础的，可面向用户提供计算资源、存储资源等高性能服务的系统。2008 年，全球首个商用云计算中心由 IBM 公司在无锡建立，也是中国第一个云计算中心。

依托数据中心网络和云计算技术，各种难以收集使用的数据被利用起来，不断被挖掘价值，形成大数据金矿。IBM 公司认为大数据具有 5V 的特点，即大量(Volume)、高速(Velocity)、多样(Variety)、低价值(Value)密度、真实性(Veracity)。

数据中心网络和云计算的出现，导致传统数据中心的物理资源开始被虚拟化技术抽象整合，成为以虚拟资源为核心的新数据中心。20 世纪 60 年代，IBM 公司借助固件管理程序或软件将物理资源映射成虚拟资源，实现了大型服务器虚拟化，也是最早的虚拟化技术。

物理资源的虚拟化通常包括服务器虚拟化、存储虚拟化、网络虚拟化。服务器虚拟化已成为云计算的核心技术，能够将若干个物理服务器虚拟成多个逻辑服务器来进行集中管理。存储虚拟化也是云计算的核心技术之一，能够将分布的异构存储设备虚拟成多个大存储池来进行集中管理。网络虚拟化为高层网络用户和低层物理网络之间建立一个虚拟抽象层，自顶向下对低层物理网络资源进行分割管理，并面向用户提供虚拟网络。

第10章 网络安全

广义的网络安全包括计算机网络的硬件、软件和信息处于安全状态，系统和服务能够连续、可靠运行，网络信息不受偶然或恶意行为影响而被泄露或破坏。狭义的网络安全仅包括网络信息安全，指网络信息的安全性、完整性和保密性。近年来，人们逐渐认识到，单纯地保护网络中的某一部分的安全，并不能真正保护网络安全。只有构建完整的网络安全体系，才能真正确保整个计算机网络系统安全、可持续地运行。

10.1 概　　述

网络安全体系包括计算机网络的硬件安全、软件安全、数据安全、协议安全、环境安全和人员安全等。硬件安全指物理设备的安全，也是计算机网络的载体，包括路由器、集线器、交换机、网线、服务器等物理设备的安全。软件安全指运行在网络载体上的操作系统、数据库和应用程序的安全。数据安全指网络中数据的处理、存储、传输的安全。协议安全指网络通信方法的安全，网络硬件和软件通过协议才能够完成所需要的功能。环境安全指网络运行环境是否存在来自外部和内部的干扰、攻击、风险与不安全因素。人员安全指计算机网络中的用户、管理员、操作人员、相关人员等的安全。

《中华人民共和国网络安全法》于 2016 年 11 月 7 日通过，并于 2017 年 6 月 1 日起施行。根据该法，网络安全定义为防范对网络的攻击、侵入、干扰、破坏、非法使用和意外事故，保持网络稳定、可靠运行，并保障网络数据的完整性、保密性、可用性。该法明确了国家实行网络安全等级保护制度，对关键信息基础设施进行重点保护。

2019 年 5 月 10 日，国家标准《信息安全技术 网络安全等级保护基本要求》（GB/T 22239—2019）发布，并于 2019 年 12 月 1 日起实施。根据该标准，网络安全分为物理环境、通信网络、区域边界、计算环境、管理中心、管理制度、管理机构、管理人员、建设管理、运维管理等几个方面。该标准还规定了第一级到第四级的安全保护要求，以及各级别的通用安全要求和扩展安全要求。

网络安全体系涉及的技术包括网络态势感知、病毒及反病毒技术、网络攻击及入侵检测技术、防火墙技术、数据加密技术和网络安全协议等。网络空间态势感知（Cyberspace Situation Awareness，CSA）是指对网络环境持续监测，获取和分析可能引起网络态势变化的安全因素，预测网络运行的发展趋势，以及评估网络活动。态势感知（Situation Awareness，SA）最早出现于 20 世纪 80 年代的战场态势感知，包括感知、理解和预测三个层次。

10.2 病毒与反病毒技术

计算机病毒（Computer Virus）是人为编制的计算机代码程序或指令集合，通常为了特殊目的而制作和传播，如破坏计算机的正常运行、导致计算机软硬件故障、破坏计算机数据等。计算机病毒源自生物医学上的病毒概念，但有别于天然存在的生物病毒，计算机病毒是人造的，即个别人针对计算机软硬件方面的缺陷而有意为之。

10.2.1　计算机病毒

1949 年，计算机之父冯·诺依曼(von Neumann)在其著作《复杂自动组织论》中最早将计算机病毒定义为能够实现自身复制的自动机。20 世纪 60 年代初，美国 Bell 实验室开发的"磁心大战"游戏是计算机病毒的最早雏形。1970 年，数学家康威(Conway)在开发生命游戏程序时首次实现了程序的自我复制。1983 年 11 月，在国际计算机安全学术的研讨会上，VAX/750 计算机演示了世界上第一个计算机病毒。20 世纪 80 年代后期，为了打击盗版软件用户，巴基斯坦的两个程序员设计了能够传染软盘引导区的巴基斯坦智囊(Pakistani Brain)病毒，这被认为是全球流行的第一个计算机病毒。

1. 病毒的特征

计算机病毒具有生物病毒的很多特征，能够隐藏于合法程序或数据中进行传播。

(1)计算机病毒的行为多是违背用户意愿并破坏用户合法权益的，具有非法性。

(2)计算机病毒一个基本的特征是隐蔽性，有助于延长其生存期，为实施破坏提供便利。

(3)计算机病毒另一个基本特征是潜伏性，其往往不会在第一时间爆发。

(4)计算机病毒最重要的特征是传染性。传染性是通过自我复制来完成的，这也是计算机防病毒软件判断程序代码是否为病毒的重要依据。

(5)计算机病毒最明显的特征是破坏性，也是司法机关刑罚裁量和犯罪认定的基本依据。根据其破坏性大小，可分为破坏性较小的良性病毒和破坏性较大的恶性病毒。即使是良性病毒也会降低系统工作效率，严重情况下也会导致系统崩溃和数据丢失。

(6)计算机病毒具有人为编制的特征，通常会设置一个或若干个触发条件。

(7)病毒具有不可预见性。病毒种类和设计技术层出不穷，不可预见性增强。

2. 病毒的结构与类型

不同种类的计算机病毒程序虽然特征有所不同，但通常都由 3 部分组成，即引导部分、传染部分、表现或破坏部分。引导部分能够加载病毒主体至内存，为病毒入侵做好前期准备，包括驻留内存、修改内存高端、保存原中断向量、修改中断、修改注册表等操作。传染部分能够复制病毒代码至特定的传染目标或传染介质。表现或破坏部分能够在满足特定触发条件时激活病毒工作，以便达成病毒设计者的目的。实际上，并非所有病毒均包括此3 部分。

根据病毒的不同结构，可分为引导型病毒、文件型病毒、混合型病毒。

早期的病毒主要是引导型病毒。引导型病毒主要感染软盘中的引导区和用户硬盘的DOS 系统，破坏用户硬盘的主引导记录(Master Boot Record，MBR)。

随着操作系统的发展而出现的文件型病毒能够感染各类文件，包括引导型病毒可感染的 DOS 系统文件，以及其不可感染的 Windows 系统、IBM OS/2 系统和 Macintosh 系统中的文件。

混合型病毒兼具引导型病毒和文件型病毒的特征，可同时感染硬盘引导区和可执行文件，也更难清除。如果只清除一种病毒而不清除另一种病毒，则系统仍会重新感染。

10.2.2　病毒的攻击手段

1. 宏病毒

1993 年，Microsoft Office 基于 Visual Basic 开发的 Visual Basic for Applications (VBA)是最早的宏编程语言，支持访问多个操作系统函数，可在打开文档时自动执行宏。宏病毒是基于 Microsoft Office 的开放性和 Word 的 VBA 编程接口制作的一个或若干个宏集合，可寄存于文档或模板的宏中。最早的宏病毒均由 Word VBA 语言开发，能够破坏文档。

2. 木马病毒

特洛伊(Trojan)木马病毒又称黑客程序或后门病毒，能够伪装或隐藏于正常程序中，并伺机记录键盘输入、破坏文件、发送代码、攻击用户系统等。1986 年的 PC-Write 木马是世界上第一个计算机木马。木马病毒通常包括客户端和服务器两个部分。但是，木马病毒的客户端是控制端，而木马病毒的服务器是被控制端。

3. 蠕虫病毒

蠕虫(Worm)病毒能够利用系统漏洞获取网络中的计算机(部分或全部)控制权，可像生物学中的蠕虫一样完全无需使用者干预便独立运行或传播。蠕虫病毒一般包括主程序和引导程序。主程序主要负责搜索和扫描系统的公共配置文件，并通过远程操作建立引导程序。引导程序是蠕虫病毒主程序或程序段的副本，具备自动重新定位(Auto Relocation)能力。

4. 脚本病毒

脚本语言(Script Languages)又称为扩建语言或动态语言，是为了缩短传统的编写-编译-链接-运行(Edit-Compile-Link-Run)编程模式而开发的编程语言。DOS 和 Windows 操作系统的批处理文件、UNIX 操作系统均使用 shell 脚本。

脚本病毒利用了脚本语言的强大功能和操作系统的开放性，由 Windows Scripting Host 解释、执行，从而控制文件系统和注册表。脚本病毒可与网页结合，利用 ActiveX 在网页传播，也能够利用层元素(Overlay Element，OE)GUI 进行自动发送邮件传播。

5. 移动通信病毒

移动通信病毒以智能移动终端和移动互联网为攻击对象，通过发送含毒短信息服务(Short Message Service，SMS)和多媒体消息(俗称彩信)服务(Multimedia Messaging Service，MMS)、含毒链接、含毒二维码等形式进行攻击，甚至窃取终端主机资料和用户隐私信息。2005 年的 Commwarrior 病毒是全球首个利用 MMS 消息传播的手机病毒，可感染 Symbian 手机。2004 年的 Cabir 病毒是世界上首个可在手机间传播的病毒，可控制手机中的蓝牙功能。

6. 钓鱼软件

网络钓鱼(Phishing)与英语单词 Fishing(钓鱼)谐音。钓鱼软件能够伪造合法网站或提供虚假链接来窃取用户账户信息，包括电子邮件钓鱼、木马程序钓鱼、虚假网址钓鱼、网络日记攻击等。钓鱼攻击者为逃避监管和取证，其伪装的钓鱼网站生命周期都比较短，有些甚至只有几小时。近年来的钓鱼软件还引入了跨站点脚本技术，直接利用真站点进行欺骗和攻击。

7. 流氓软件

流氓软件又称恶意程序(Rogue Program)或霸王软件，它在违背用户意愿或用户不知情的情况下强制用户安装，剥夺了用户选择权。流氓软件主要分为以下 4 类。

(1)间谍软件(Spyware)与木马病毒类似，能够在用户不知情的情况下在后台偷偷运行，常与行为记录软件(Trackware)共同工作以窃取用户隐私数据，并分析用户的网络行为习惯等信息。

(2)浏览器劫持(Browser Hijack)能够利用动态链接库(Dynamic Linked Library，DLL)、浏览器辅助对象(Browser Helper Object，BHO)、Winsock 分层服务提供程序(Layered Service Provider，LSP)等插件篡改用户浏览器，并自动链接到某些恶意网站。

(3)恶意共享软件(Malicious Shareware)能够在未经用户知情或授权的情况下，违背用户意愿，强制在用户计算机上安装各类捆绑软件或恶意插件，甚至阻止用户正常卸载。

(4)广告软件(Adware)往往捆绑在免费或共享软件中，可以随共享软件的启动而启动，对用户实施各类广告宣传，或赚取广告费。很多广告软件甚至没有提供关闭或屏蔽功能。

10.2.3　病毒诊断方法

(1)比较法。

比较法是通过比较内存代码的长度或内容来判断程序是否有病毒。长度比较法是通过比较内存可疑代码的长度与原始备份的长度来检测程序是否含有病毒，但无法确定病毒种类，也无法检测隐蔽性病毒。而内容比较法则通过比较内存中可疑代码的内容与原始备份的内容、正常系统的中断向量和含毒系统的中断向量，便可发现是否有病毒截留、修改或盗用中断向量。

比较法在大多数场合是有效的病毒检测依据，简便易行，无需专门软件。但是，有些合法命令也会引起内存代码长度和内容的变化，而某些病毒在感染文件时能够保持宿主文件长度和内容不变。另外，比较法还需要制作和保留原始主引导扇区与其他数据备份。

(2)校验和法。

校验和法需要计算正常文件内容的校验和，并把该校验和写入文件中保存，不仅可以检测出已知病毒，还可检测出未知病毒。但校验和法也无法识别病毒种类和病毒名称，也无法检测隐蔽性病毒。隐蔽性病毒进驻内存后会自动剥离染毒程序中的病毒代码段，那么校验和法对一个有毒文件计算出的校验和仍然是正常的。

（3）扫描法。

扫描法能够扫描内存代码是否含有各类病毒体所特有的字符串或特征字，可以准确地识别病毒类型。扫描法需要持续地更新病毒库。

扫描法可分为特征代码扫描法和特征字扫描法。特征代码扫描法包含两部分，即从各种计算机病毒中特别选定的代码串组成的病毒代码库和利用该代码库进行扫描的病毒扫描程序。特征字扫描法需要从病毒体内提取较少的关键特征字组成特征字库，需要处理的字节数比特征代码扫描法更少，且无须进行字符串匹配，所以识别速度更快。

（4）行为监测法。

行为监测法是通过监测病毒特有的行为特征来检测病毒的方法。病毒通常存在一些相同的行为特征，并且不同于正常程序。常见的病毒行为特征包括占用 INT 13H、修改 DOS 系统数据区的内存总量、对.com 和.exe 文件进行写入操作、病毒程序与宿主程序的切换等。INT 13H 是直接磁盘服务（Direct Disk Service）中断。系统启动时，引导型病毒只能占据 INT 13H 中断将病毒代码放置其中。系统启动后，病毒常驻内存期间，需要修改内存总量，以避免系统占用其内存空间，将其覆盖。病毒程序在运行时，需要切换病毒程序与宿主程序。

行为监测法既能够检测已知病毒，也能够准确检测很多未知病毒。但行为监测法实现难度较大，需要构建复杂的病毒行为模型库，也可能误报警，而且无法识别病毒名称。

（5）分析法。

分析法是利用反汇编程序等工具分析病毒代码的方法，包括静态分析和动态分析。

静态分析是指利用 DEBUG 等反汇编程序将病毒代码打印成反汇编代码清单进行分析，分析病毒模块组成、设计技巧、特征代码、系统调用情况、病毒感染过程、检测方法、清除病毒方法、修复文件方法等。分析人员的素质越高，其分析就越细致深入，分析过程也越快。

动态分析是指利用 DEBUG 等程序调试工具对含毒内存工作情况进行动态跟踪，分析其工作过程。很多时候往往需要结合使用静态、动态分析法。例如，2012 年公布的蠕虫病毒 Flame 被认为是迄今最复杂的计算机病毒，能够在用户不知情时调用键盘、显示器、麦克风、存储、Wi-Fi、蓝牙等设备，记录用户输入信息、窃听在场谈话内容、窃取文件等，所以必须使用静态和动态两种方法进行分析。

（6）实验诊断法。

实验诊断法是在专用的实验平台上对疑似含毒代码的各类属性进行诊断。实验诊断法可以超越各类病毒检测工具的局限，在接近真实的实验环境下自主地检测可疑的新型病毒。实验诊断法需要在严格受控的实验室和专用实验平台上进行，确保病毒的运行和传播不会对用户主机或实验平台造成实质性破坏。

（7）软件模拟法。

软件模拟法使用软件分析器和软件方法，在软件平台上模拟和分析可疑程序的运行情况，能够检测出其他方法难以检测出的隐蔽性病毒或多态性病毒。多态性病毒实施密码化的代码，每次感染均修改其病毒密钥。传统的特征代码法无法获得其稳定的特征代码，也无法对频繁改变密钥的多态性病毒实施杀毒操作。软件分析器运行以后便使用特征代码方式检测病毒，并通过模拟模块监视病毒运行情况，当病毒调整自身状态或译码自身密码时，软件分析器再使用特征代码方式检测病毒种类。

以上病毒诊断方法往往互相结合使用以提高检测效果。比较法和校验和法最简单，使用要求低，不需要专用软件或实验平台。扫描法对使用人员的技术水平要求不高，但需要专业的计算机人员维护和更新病毒代码库，准确提取病毒特征字符串或特征字。行为监测法专业性较强，能够准确检测未知的新病毒。分析法适合专业人员用于制作病毒库或反病毒软件。实验诊断法和软件模拟法都需要专用的实验平台和专用软件，适合专业人员使用。软件模拟法能够检测出隐蔽性病毒或多态性病毒。

10.2.4 反病毒技术

1. 反病毒软件

反病毒软件，又称杀毒软件或防毒软件，能够实时监控和扫描系统，清除计算机病毒、各类木马和恶意程序等对计算机的威胁。反病毒软件通常包括应用程序、反病毒引擎和病毒库 3 部分，如图 10.1 所示。应用程序是用户和反病毒软件的交互接口。反病毒引擎是整个反病毒软件及各类反病毒应用的基础，位于反病毒软件的底层。反病毒引擎能够对应用程序提供的扫描对象进行格式分析及病毒扫描，再把分析和扫描结果返回应用程序，并根据应用程序返回结果进行相应的处理。病毒库用于存储各类病毒的特征代码或特征字及行为特征，其加载、搜索、升级和卸载等管理功能也由反病毒引擎负责。

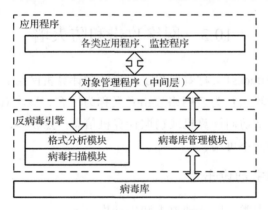

图 10.1　反病毒软件的架构

2. 蜜罐

蜜罐(Honeypot)是一台诱饵计算机，用于让病毒感染以便收集病毒信息和相关证据，同时保护正常的用户计算机。蜜罐计算机通常直接连接网络而不采取任何安全防范措施，其内部运行着各类数据记录软件及引诱病毒的自我暴露程序。

3. 静态分析

静态分析(Static Analysis)是在不执行反病毒软件与病毒程序的情况下对反病毒行为进行分析的方法和技术。静态分析法首先需要进行文件分析，调用相关工具显示欲分析的病毒文件和反病毒文件的信息，包括设计语言、加壳等。常用的文件分析工具有 TYP、Gtw 及 FileInfo。反汇编工具 W32Dasm 也常用来分析各类反病毒软件和病毒程序。

4. 动态分析

动态分析(Dynamic Analysis)是在执行反病毒软件与病毒程序的情况下对反病毒行为进行分析的方法和技术。动态分析能够判断反病毒现象是否符合预期的要求，研究其反病毒过程偏离预期的原因，并分析改进措施。动态分析既适用于单一反病毒技术，又适用于多重、连续的反病毒技术。即使那些设计良好的病毒，也有可能在动态分析中暴露一些调试信息。

5. 病毒清除技术

由于现在病毒设计技术日渐成熟，使用单一手段难以达到全面清除的目的，往往需要多种手段结合，才能达到比较好的清除效果。首先，需要使用最新版本的反病毒软件全面查杀疑似中毒的系统，提高病毒对系统的破坏难度。其次，根据反病毒软件的检测结果和病毒定位，直接手动清理系统相关位置的病毒。再次，对于难以从系统中直接删除的顽固病毒，可使用第三方工具软件从系统中强行删除。最后，对于受病毒干扰严重的系统，可以使用引导盘或挂从盘方式启动计算机，将染毒系统作为从盘进行查杀，从而避免病毒干扰。

10.3　网络攻击和防火墙

网络攻击(Cyber Attacks)又称赛博攻击，指针对计算机网络、信息系统、个人计算机设备或基础设施的各类攻击行为。网络攻击者又称为黑客、骇客(Hacker)。网络攻击通常是攻击者在未授权情况下访问计算机或窃取计算机信息，会破坏、泄露、修改计算机系统，使硬件、软件或服务功能不可用。

10.3.1　被动攻击和主动攻击

网络攻击可分为两大类，即被动攻击和主动攻击。

1. 被动攻击

被动攻击又称为截获或流量分析(Traffic Analysis)，指攻击者从网络上非法窃取数据或窃听他人的通信内容。攻击者在被动攻击中无须干扰信息流，仅需观察和分析某一个协议数据单元(PDU)来获取数据，根据 PDU 的协议控制信息获取通信双方的协议、地址和身份，或根据 PDU 的长度和通信频率分析数据交换的性质等。

2. 主动攻击

主动攻击指攻击者从网络上非法修改通信数据、破坏正常的网络通信或系统服务，包括拒绝服务攻击、重放攻击、篡改攻击、恶意程序攻击等。

(1)拒绝服务(Denial of Service，DoS)攻击指攻击者向网络上的用户服务器重复发送大量分组，使得受攻击服务器难以响应正常服务，甚至直接瘫痪。分布式拒绝服务(Distributed Denial of Service，DDoS)使用位于网络上不同物理地址的多台计算机集中攻击一个用户服务器，导致该服务器瘫痪，又称为网络带宽攻击或连通性攻击。

(2)重放攻击(Replay Attacks)又称回放攻击，指攻击者向目的主机发送已接收过的数据包，用于身份认证，以欺骗被攻击系统。既可由发送方执行重放攻击，也可由攻击者重发该数据。

(3)篡改攻击又称为更改报文流攻击，是指攻击者对网络上传送的报文进行故意篡改，伪造报文并传送给接收方，甚至彻底中断传送的报文等。

(4)恶意程序攻击指攻击者使用各类计算机病毒、木马或恶意程序对网络上的计算机进行攻击，包括计算机病毒、蠕虫、特洛伊木马、流氓软件、逻辑炸弹(Logic Bomb)、系统漏洞攻击(后门入侵)等。

(5)交换机中毒攻击指攻击者在以太网中向某个以太网交换机发送大量伪造源MAC地址的帧，而以太网交换机路由表中并无该地址。大量的此类伪造源 MAC 地址可以快速填满以太网交换机路由表，从而造成交换机工作失败，甚至导致网络通信崩溃。

(6)网络映射攻击能够将路由器的一个或几个端口直接指向内网，攻击者可以选定一台被攻击主机作为一个服务器，以便其他机器可以直接访问该主机。

(7)端口扫描攻击是指攻击者发送一组端口扫描信息入侵目的计算机，了解目的计算机提供的与端口号相关的服务类型，从而迅速掌握被攻击主机的弱点以便攻击。

10.3.2 防火墙系统

防火墙(Firewall)是一种可编程的路由器，通过设置访问控制列表(Access Control List，ACL)来减少潜在攻击或安全风险。防火墙通常安装于一个网络内部，位于访问外部网络的边界部分。防火墙内侧是受保护的内部网络，又称可信网络(Trusted Network)；防火墙外侧是不受保护的互联网，又称不可信网络(Untrusted Network)。

根据其发展历程，防火墙可以分为 5 代。

1. 第 1 代：静态包过滤防火墙

静态包过滤防火墙(Stateless Packet Filtering Firewall)又称为无状态包过滤防火墙，其过滤参数必须静态设置，工作在 OSI 模型的第 3 层，根据网络层与传输层的数据包头部、数据流传送方向进行过滤。静态包过滤防火墙效率比较高，典型应用有路由器中使用的扩展 ACL。

2. 第 2 代：电路级防火墙

电路级防火墙(Circuit-Level Firewall)的主要功能是作为 TCP 的中继，能够主动截获被保护主机与 TCP 之间的连接，并代表被保护主机完成握手过程。电路级防火墙无须验证数据分组内容，只须检查数据分组是否属于该连接，只允许属于该连接的数据分组通过，且禁止不属于该连接的分组通过。

3. 第 3 代：应用层防火墙

应用层防火墙(Application Layer Firewall)的主要功能是在建立连接之前，在应用层(OSI 模型的第 7 层)验证所有数据分组的数据，并维持完整的连接状态信息和序列信息。该防火墙还能够在应用层验证一些安全选项，包括用户密码、服务请求。代理服务器防火墙使用专门的代理服务器对任一层数据包进行验证和身份认证，主要在应用层实现，也可视为应用层防火墙一种。

4. 第 4 代：动态包过滤防火墙

动态包过滤防火墙(Dynamic Packet-filtering Firewall)又称为有状态防火墙(Stateful Firewall)，主要工作于 OSI 模型的第 3、4、5 层，使用本地状态监控表来追踪流量信息。该防火墙可直接访问 FTP 和 HTTP 等上层应用协议，往往内置高级 IP 处理功能，可实现数据分片的重新组装，或者 IP 选项的清除或拒绝。

5. 第 5 代：下一代防火墙

2009 年，Gartner 公司首次提出下一代防火墙。下一代防火墙(Next Generation Firewall，NGF)能够深入分析网络流量中的用户、应用和内容，使用高性能并行处理引擎全面解决应用层安全威胁，为用户提供复杂网络环境下的一体化安全防护。

10.3.3 入侵检测系统

由于防火墙无法在入侵行为发生之前阻止所有入侵行为，就需要使用入侵检测系统(Intrusion Detection System，IDS)作为系统防御的第 2 道防线。入侵检测系统可以检测多种网络攻击或入侵行为，深度分析和检测进入网络的数据包，以便更早地检测到入侵行为。由于入侵检测系统的误报率较高，通常不执行自动阻断。

入侵检测方法通常分为基于特征的入侵检测和基于异常的入侵检测。

(1)基于特征的入侵检测方法需要为每个入侵活动特征建立一个与入侵活动相关联的规则集，并维护一个包含所有已知入侵活动特征的特征数据库。特征数据库的每一条规则可能与一系列入侵分组有关，或与入侵数据中的特定比特串有关，或与单个入侵分组的首部字段值有关。需要依靠有专业知识背景的网络安全专家制定这些特征和规则。

(2)基于异常的入侵检测方法需要提前统计和学习正常运行的网络流量规律和特性，一旦发现网络流量不符合正常统计规律，则认为检测到了入侵行为。该方法能够通过统计规律发现未知入侵行为，但是区分正常流和异常流并非易事。

目前，大部分入侵检测系统使用的是基于特征的入侵检测，基于异常的入侵检测使用得不多，两者均存在漏报和误报现象。如果调整阈值，调高漏报率，降低误报率，则易造成安全的假象。反之，如果调整阈值，降低漏报率，调高误报率，则易造成大量虚假误报。

【案例 10.1】防火墙配置案例如图 10.2 所示。服务器 IP 地址为 10.10.10.1，位于防火墙可信网络区域。客户端 PC 的 IP 地址为 192.168.100.1，位于防火墙不可信网络区域。现要求建立黑名单，利用攻击防范、扫描和入侵检测系统联动进行过滤，并且在 20min 内过滤掉客户端 PC 发送的全部 TCP 报文。使用 Syn-Flood 配置 DDoS/DoS 攻击防范，采用 Tcp-Proxy 技术防范 Syn-Flood 攻击，采用流控技术防范 UDP-Flood 和 ICMP-Flood 攻击。

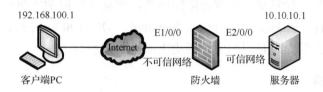

图 10.2　防火墙配置案例

【解】(1) 配置黑名单。若不配置黑名单功能包过滤类型，则默认过滤所有报文。

```
[Firewall] blacklist item 192.168.100.1 timeout 20 //添加客户端地址到黑名单
[Firewall] firewall blacklist enable                //使能黑名单功能
[Firewall] firewall blacklist filter-type tcp       //开启黑名单功能 TCP 包过滤
```

手工配置黑名单时若配置了超时时间(此处为 20min)，则该表项会自动老化，因而防火墙上不会 buildrun。但是，使用 display firewall blacklist item 可查看到该表项。

(2) 配置 Syn-Flood 攻击防范参数。可配置为基于入接口的增强型攻击防范、基于 IP 地址的攻击防范、基于域的攻击防范(任选一种)；若 3 种全部配置，则按优先级只选一种。

```
[Firewall] firewall defend syn-flood enable    //开启 Syn-Flood 攻击防范
[Firewall] firewall defend syn-flood interface E1/0/0 tcp-proxy on
                                       //基于入接口的增强型攻击防范
[Firewall] firewall defend syn-flood ip 192.168.100.1 max-rate 100 tcp-proxy
auto                                   //基于 IP 地址的攻击防范
[Firewall] firewall defend syn-flood zone trust tcp-proxy on
                                       //基于域的攻击防范
```

(3) 开启 DDoS/DoS 攻击防范。通过限制报文速率的方式实现防范 UDP-Flood 和 ICMP-Flood 攻击，需要配置允许通过的流量。若两种全部配置，则按优先级只选一种。低于限制报文速率的报文仍然可到达被攻击设备，由防火墙建立 session 表。

```
[Firewall] firewall defend udp-flood/icmp-flood enable //开启攻击防范开关
[Firewall] firewall defend icmp-flood ip 192.168.100.1 max-rate 200
                                       //限流基于 IP 地址的攻击防范
[Firewall] firewall defend udp-flood zone trust max-rate 2000
                                       //限流基于域的攻击防范
```

10.4　数据加密技术

密码学(Cryptology)是研究密码编制和密码破译的学科，包括密码编码学与密码分析学。密码编码学(Cryptography)是研究密码体制的学科；而密码分析学(Cryptanalysis)是研究从密文推出未知密钥或明文的学科。

通信保密的思想和方法在古代就已经出现了。1949 年，信息论创始人香农（Shannon）发表论文，证明了经典加密算法得到的密文几乎均可破解。20 世纪 60 年代，电子技术、计算科学、结构代数、计算复杂性理论陆续出现，推动了密码学的快速发展。20 世纪 70 年代，数据加密标准（Data Encryption Standard，DES）和公钥密码体制（Public Key Cryptography，PKC）的出现是密码学发展史上的里程碑事件。

10.4.1　密码体制

密码体制又称密码系统，是进行加密和解密算法的系统。根据作用不同，数据加密可分为数据传输加密、数据存储加密、数据完整性鉴别和密钥管理。

（1）数据传输加密用于对传输中的数据流加密和解密，可分为线路加密与端端加密。线路加密采用不同的加密密钥，仅对信息传输线路提供安全保护，但不考虑信源与信宿的信息保密。端端加密指对发送端到接收端的全部过程进行加密和解密，包括发送端和接收端本身。

（2）数据存储加密用于保护存储环节上的数据安全，可分为密文存储和存取控制。密文存储使用加密算法转换、附加密码、加密模块等方式对数据进行加密存储。存取控制对用户资格、权限进行审查或限制，避免非法用户未经授权存取数据，也限制合法用户越权存取数据。

（3）数据完整性鉴别用于对信息传送、存取和处理的用户进行身份鉴别与数据鉴别，可分为口令鉴别、密钥鉴别、身份鉴别、数据鉴别等。

（4）密钥管理是对密钥的产生、分配、存储、更换及销毁等环节采取必要的安全措施，一般由一个可信的密钥管理中心（Key Management Center，KMC）负责密钥管理工作。证书认证中心（Certification Authority，CA）又称身份认证中心、认证授权机构，是承担管理及发放数字证书的受信任的第三方，负责公钥体系中公钥的合法性检验。用户签名密钥可由客户端产生，并在客户端本机文件或操作系统安全区中加密存储。

数据加密模型通常包括加密算法和解密算法两个互逆过程。加密算法为，用户 A 向用户 B 发送明文 M，加密和解密密钥 K 是一串秘密的字符串或比特串。使用加密算法 E 后，得到密文 N，则加密过程为

$$N = E_K(M) \tag{10.1}$$

解密算法是加密算法的逆运算，即接收端使用解密密钥 K 和解密算法 D 运算，将密文 N 恢复为明文 M，如式（10.2）所示。

$$D_K(N) = D_K(E_K(M)) = M \tag{10.2}$$

式（10.1）和式（10.2）假设加密密钥和解密密钥是完全相同的，即对称密钥密码体制。但实际上，加密密钥和解密密钥也可能不同，仅存在某种关联性，即非对称密钥密码体制。

密码体制的安全性分为无条件安全和有条件安全。无条件安全又称为理论上绝对安全，即不管攻击者截获多少密文，都无法根据密文推出对应的明文，如量子加密体制通常认为是无条件安全的。经典的密码体制几乎都是计算上不可破的，即人类现有的计算资源难以在较短时间内破解，称为有条件安全或相对安全。

10.4.2 对称密钥密码体制

对称密钥密码体制使用同一个密钥同时进行加密和解密，即采用单一密钥的加密方法，也称为单密钥加密。常用的对称加密算法有 DES（包括 IDEA、TDEA、3DES）、AES、RC4（包括 RC2、RC5）、Blowfish、Skipjack 等。对称加密算法使用完全公开的算法，计算量较小，有助于提高加密速度和效率，如图 10.3 所示。对称加密算法的发送方和接收方往往拥有大量密钥，密钥管理负担重。若有一方密钥泄露，则双方的加密信息均不再安全。

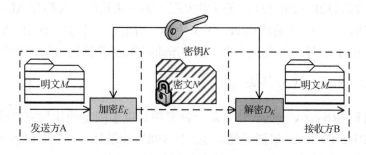

图 10.3 对称加密

1. DES（包括 IDEA、TDEA 或 3DES）

DES（Data Encryption Standard，数据加密标准）是使用单一密钥加密的块算法，加密密钥与解密密钥相同。DES 由 IBM 公司于 20 世纪 70 年代设计，美国国家标准局（National Bureau of Standards USA，NBS）于 1977 年确定其为联邦资料处理标准。

DES 是分组密码，需要先将整个明文 M 按一组 64 位长的二进制数据进行分组，再使用 64 位密钥实施加密。DES 实际密钥长度是 56 位，另外 8 位用于密钥奇偶校验。DES 算法是公开的，有些文献将 DES 使用的算法称为数据加密算法（Data Encryption Algorithm，DEA），以便区分于 DES。DES 的保密性仅决定于密钥的安全性，其 56 位长的密钥可容纳 $2^{56} = 7.2 \times 10^{16}$（种）可能的密钥。假设一台计算机按每 1μs 一次的速度搜索 DES 密钥，并假设平均搜索一半密钥空间便可找到密钥，则需要超过 1000 年才可能破译该密钥。

1990 年，上海交通大学教授来学嘉（Xuejia Lai）和瑞士学者 Massey 为了改进 DES，在苏黎世 ETH 开发了国际数据加密算法（International Data Encryption Algorithm，IDEA），瑞士公司 Ascom Systec 拥有其专利权。IDEA 也是类似于 DES 的数据块加密算法，使用 128 位的密钥和 8 个循环，通过迭代的分组密码实现。

1998 年，为了改进 DES，ANSI 发布了三重数据加密算法（Triple Data Encryption Algorithm，TDEA），又称 3DES（Triple DES），标准号为 ANSI_X9.52-1998，现已广泛用于网络、金融等系统。TDEA（或 3DES）将一个 64 位明文 M 用一个密钥 K_1 进行 DES 加密，再用另一个密钥 K_2 进行 DES^{-1} 解密，之后再使用密钥 K_1 进行 DES 加密，即

$$N = DES_{K_1} (DES_{K_2}^{-1} (DES_{K_1} (M))) \tag{10.3}$$

2. AES

为了取代 DES，美国国家标准与技术研究院（National Institute of Standards and Technology，NIST）于 1997 年开启了高级加密标准（Advanced Encryption Standard，AES）的遴选。最后 NIST 选中了由比利时学者 Daemen 和 Rijmen 提交的 Rijndael 算法，其于 2001 年正式成为高级加密标准[FIPS PUB 197]。

正式发布的 AES 是一种区块加密标准，使用 Rijndael 密钥生成方案。AES 区块长度固定为 128 位，密钥长度有 128 位、192 位或 256 位。Rijndael 算法使用的密钥长度和区块长度均为 32 位整数倍（128～256 位），支持更大范围的区块长度。大部分 AES 计算在一个有限域内进行，使用一个 4×4 的体（State）字节矩阵，初值为一个明文区块，矩阵中一个元素对应明文区块中的 1 字节。区块长度更大的 Rijndael 加密算法还可增加矩阵行数。

3. RC4（包括 RC2、RC5）算法

李维斯特密码（Rivest Cipher，RC）是一种密钥长度不固定的流加密算法，由著名密码学家李维斯特（Rivest）（2002 年图灵奖得主）于 1987 年设计，RC 有时也被理解为 Ron's Code。RC 是对称加密算法，其加密和解密使用相同的密钥。

Rivest 于 1998 年设计了一种对称分组加密算法 RC2。RC2 的输入和输出均为 64 位，密钥的长度为 1～128 字节。RC4 于 1994 年在 Cypherpunks 邮件列表匿名发布。RC4 加密算法采用 XOR 运算，包括初始化密钥分配算法（Key-Scheduling Algorithm，KSA）和伪随机子密码生成算法（Pseudo-Random Generation Algorithm，PRGA）。同年，Rivest 又提出了分组加密算法 RC5，使用了 3 个可变参数，即密钥大小、分组大小和加密轮数。RC5 算法中的运算增加到了 3 种，即异或、加和循环。

4. 有线等效保密协议

有线等效保密（Wired Equivalent Privacy，WEP）协议用于两台设备之间无线传输的数据加密，提供与有线 LAN 同级的安全性。WEP 作为 IEEE 802.11 标准的一部分于 1999 年 9 月发布，使用 RC4 串流加密技术，并使用 CRC-32 校验和。标准 64 位的 WEP 使用 40 位密钥加上 24 位初始化向量（Initialization Vector，IV）作为 RC4 密钥。WEP 支持两种认证方式，即开放式系统认证（Open System Authentication）和共有键认证（Shared Key Authentication）。

5. Wi-Fi 保护接入算法

Wi-Fi 保护接入（Wi-Fi Protected Access，WPA）算法使用了一个序列计数器以防止重放攻击。2003 年，WPA 取代 WEP，成为 IEEE 802.11i 标准的主要部分。2004 年，又发布了 IEEE 802.11i 标准（WPA2）。2018 年 1 月，在国际消费类电子产品展览会（International Consumer Electronics Show，CES）上 Wi-Fi 联盟发布了 WPA3，并将 WPA3 描述为 192 位安全套件。WPA3 使用新的握手重传方案取代 WPA2 的四次握手，并使用了 192 位的美国国家安全委员会（National Security Council，NSC）的国家商用安全算法（Commercial National Security

Algorithm，CNSA)套件。WPA3 加强了弱密码用户的保护，多次输错密码将会锁定以避免暴力攻击。WPA3 简化了显示接口要求，支持无显示接口的物联网设备进行安全配置。

6. 时限密钥完整性协议

时限密钥完整性协议(Temporal Key Integrity Protocol，TKIP)能够将根密钥(Root Secret Key)和初始化向量混合后再交由 RC4 初始化，并使用 64 位消息完整性校验(Message Integrity Check，MIC)以防止数据包被篡改或收到假包，在 IEEE 802.11i 中负责无线安全加密。

7. Blowfish 算法

1993 年，施耐德(Schneider)设计了 Blowfish 对称加密块算法，以取代 DES 算法，可加密 64 位长的字符串。加密工具 Blowfish Advanced CS 的主要功能包括加密(Encrypt)、解密(Decrypt)、消除(Wipe)数据，可支持 7 种以上的算法，还支持数据压缩。

8. Skipjack 算法

跳蚤(Skipjack)是由美国国家安全局(National Security Agency，NSA)开发的一种分组加密算法，其工作方式与 DES 类似。Skipjack 使用 80 位密钥加密 64 位数据块，构成一个具有 32 个环路的不平衡 Feistel 网络，可用于安全手机。

10.4.3　非对称密钥密码体制

为解决公开传送信息时的安全保密问题，1974 年，默克勒(Merkle)提出了最早的公钥交换概念。1976 年，美国学者迪菲(Diffie)和赫尔曼(Hellman)在 *IEEE Transactions on Information* 上发表了最早的非对称密钥系统，允许通信双方在不可信的网络上安全地协商密钥并交换信息。

非对称密钥密码体制又称公开密钥密码体制(PKC)、双密钥体制，在加密和解密时需要使用两个不同的密钥，即公开密钥(Public Key，公钥)和私有密钥(Private Key，私钥)。非对称密钥密码体制需要公钥基础设施(Public Key Infrastructure，PKI)的支持。常用的非对称密码算法有 D-H、RSA、背包算法、Rabin、Elgamal、ECC。

非对称加密如图 10.4 所示。其中使用了公钥 PK_B 和私钥 SK_B，且公钥 PK_B 与私钥 SK_B 是一对。加密算法 E_{PK_B} 和解密算法 D_{SK_B} 均公开，而公钥 PK_B 公开，但私钥 SK_B 保密。若用公钥 PK_B 对数据加密，则只有用对应的私钥 SK_B 才能解密。使用合适的算法能够在计算机上稳定地生成配对的 PK_B 和 SK_B，但从已知的 PK_B 无法推导出 SK_B，即从 PK_B 到 SK_B 在计算上不可能。

对称密钥密码体制的工作过程包括以下几个主要步骤。

第 1 步，使用密钥对生成器为接收方 B 生成一对密钥，即加密公钥 PK_B 和解密私钥 SK_B。发送方 A 所用的加密密钥即为接收方 B 的公钥 PK_B，面向公众公开。而接收方 B 所用的解密密钥 SK_B 即为接收方 B 的私钥，对其他人不公开。

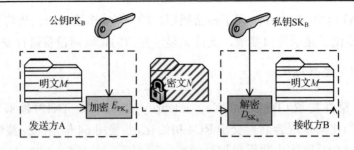

图 10.4　非对称加密

第 2 步，发送方 A 用接收方 B 的公钥 PK_B 运行 E_{PK_B} 算法对明文 M 加密，并将得到的密文 N 发送给接收方 B。

$$N = E_{PK_B}(M) \tag{10.4}$$

第 3 步，接收方 B 用自己的私钥 SK_B 运行 D_{SK_B} 算法，将密文 N 解密恢复为明文 M。

$$D_{SK_B}(N) = D_{SK_B}(E_{PK_B}(M)) = M \tag{10.5}$$

从运算视角看，可以任意安排 D 运算和 E 运算的先后顺序，两者结果相同。一般的网络通信都是先加密后解密。但对某个分组先进行 D 运算，并不意味着解密。

$$E_{PK_B}(D_{SK_B}(M)) = D_{SK_B}(E_{PK_B}(M)) = M \tag{10.6}$$

尽管可用公钥 PK_B 进行加密操作，但却无法用其进行解密操作，即

$$D_{PK_B}(E_{PK_B}(M)) \neq M \tag{10.7}$$

非对称加密是多对一保密通信的基础。通信双方在对称加密时使用同样的密钥，可在通信信道上实现一对一的双向保密通信，但一旦有第三方参与通信，其密钥就不再安全。但多个通信方使用非对称加密时，可在通信信道上实现多对一的单向保密通信。无论非对称加密，还是对称加密，其安全性均取决于密钥的长度和攻破密文所需的计算量。

1. 迪菲-赫尔曼密钥交换算法

1976 年，迪菲(Diffie)和赫尔曼(Hellman)提出了迪菲-赫尔曼密钥交换(Diffie-Hellman Key Exchange，D-H)算法，也是最早的非对称密钥系统。2015 年，两人因此共获图灵奖。D-H 基于有限循环群及其一个生成元，仅需交换一个信息便可创建一个安全的共享秘密(Shared Secret)，允许完全不了解对方任何信息的通信双方在不安全的公共信道上通信。D-H 密钥交换是一个匿名无认证的密钥交换协议，是很多认证协议的基础。

2. RSA 算法

1977 年，麻省理工学院的李维斯特(Rivest)、沙米尔(Shamir)与阿德尔曼(Adleman)一起提出了 RSA 加密算法，该算法用三人名字的首字母命名。2002 年，三人因此共获图灵奖。RSA 公开密钥密码体制基于数论原理，将两个大素数的乘积作为公开的加密密钥。

因为查找两个大素数是比较容易的，但对它们的乘积进行因式分解是极为困难的。RSA 公开密钥密码体制使用了一对不同的加密密钥与解密密钥，但由已知加密密钥推导出解密密钥在计算上是不可行的，破解难度等价于大数分解问题。

3. 背包算法

1978 年，美国斯坦福大学的默克勒(Merkle)与赫尔曼(Hellman)根据组合数学中的背包问题共同设计了背包算法，也是密码学界其他背包型加密算法的基础。该算法先由发送方生成一个较易求解的背包问题，将其解作为私有密钥；再根据该问题生成另一个较难求解的背包问题，将其解作为公开密钥。背包算法让私钥持有者解决 P 问题，而无私钥者解决 NP 完备问题。背包算法还可分为加法背包和乘法背包。

4. 拉宾密码系统

1979 年，以色列计算机科学家(1976 年图灵奖得主)拉宾(Rabin)发明了一个非对称密码系统，即拉宾密码系统。拉宾密码系统是一种基于模平方和模平方根的非对称加密算法，其随机选取两个大而不同的素数相乘为模，创建公钥和私钥，并使用模平方加密和模平方根解密。

5. 椭圆曲线密码体制算法

1985 年，美国华盛顿大学的科布利茨(Koblitz)和 IBM 的米勒(Miller)分别独立提出了椭圆曲线密码体制(Elliptic Curve Cryptography，ECC)，它是一种基于椭圆曲线数学的公开密钥加密算法。ECC 的安全性依赖于椭圆曲线离散对数难题的难解性，对应有限域上椭圆曲线的群。ECC 提供了同级密钥下更高等级的安全性，在同级安全性下具备更快的运算速度。ECC 使用的密钥在很多情况下比 RSA 和其他加密算法更小，通常认为 1024 位 RSA 密钥所具备的安全强度仅需 160 位 ECC 密钥便可达到。

6. Elgamal 算法

1985 年，印度数学家盖莫尔(Elgamal)基于有限域中离散对数难题提出了 Elgamal 加密算法。因为在适当的群中指数函数是单向函数，求解离散对数是极难的，但其逆运算可用平方乘方式迅速计算得出。Elgamal 算法使用 D-H 技术构建公开密钥密码体制和椭圆曲线加密体系，其安全性取决于求解有限域上离散对数难题的计算量。Elgamal 算法中大素数幂模运算是加密和解密运算速度的关键，其每次加密结束后均在密文中生成一个随机数，密文长度为明文的两倍。Elgamal 算法既可用于数据加密，也可用于数字签名。

10.4.4 单向散列加密

1. 密码散列函数

传统的加密算法对报文进行数字签名时运算量非常大，而密码散列函数(Cryptographic Hash Function)则能够大大简化数字签名和报文鉴别。散列函数(Hash Function)又称散列算法、哈希函数，其输出称为散列值(Hash Values)。散列函数输出的长度较短且固定不变，但输入长度可能很长。散列函数的输入和输出是多对一的关系，即不同的输入可能具有相同的输出散列值，而不同的输出散列值只能对应不同的输入。对于两个相同的散列值，其输入可能相同也可能不同，称为散列碰撞(Collision)或散列冲突。好的散列函数应该很少出现输入域散列冲突。校验和(Checksum)就是散列函数的一种应用。

密码散列函数是将散列函数用于密码学中的一种单向函数(One-way Function)，要根据相同的密码散列函数输出反推两个不同的报文，在计算上是不可行的。散列 $H(M)$ 能够保护明文 M 的完整性，即使攻击者截获了固定长度散列 $H(M)$，他也无法伪造出另一个明文 M'，满足 $H(M') = H(M)$。对于发送方创建的明文和该明文输出的散列 $(M, H(M))$，攻击者无法通过截获的散列 $H(M)$ 伪造出另一个明文 M'，满足 M' 的散列 $H(M')$ 与明文 M 的散列 $H(M)$ 相同。常用的密码散列函数有 MD5 和 SHA。

2. 报文摘要算法

报文摘要(Message Digest，MD)将任意长度的输入报文使用单向散列函数计算而得到固定位输出。1991 年，报文摘要的第 5 个版本 MD5[RFC 1321]发布。MD5 码使用 512 位分组对输入数据进行处理，并将输入分组划分成 16 个 32 位子分组($16 \times 32 = 512$)，算法输出包括 4 个 32 位分组，经级联以后生成一个 128 位散列值($4 \times 32 = 128$)。MD5 的设计者李维斯特(Rivest)认为，根据给定的 MD5 报文摘要代码，找出与原报文有相同报文摘要的另一报文在计算上是不可能的。2004 年，中国学者王小云发表论文，证明可用系统的方法在 15min～1h 内找出具有相同 MD5 报文摘要的一对报文，这几乎颠覆了密码散列函数逆向变换不可能的观点。

3. 安全散列算法

安全散列算法(Secure Hash Algorithm，SHA)是一个密码散列算法家族，与 MD5 相似但更安全，计算性能低于 MD5。SHA 由美国国家安全局(NSA)设计，并由美国国家标准与技术研究院发布。SHA 也使用 512 位长的数据块处理输入数据，其码长为 160位，多于 MD5 的 128 位。SHA 广泛用于 TLS、SSL、PGP、SSH、S/MIME 和 IPsec 等安全协议中。

最早称为 SHA-0 的版本发布于 1993 年，当时称为安全杂凑标准(Secure Hash Standard，SHS)[FIPS PUB 180]。1995 年发布的 SHA-1[RFC 3174]改进了 SHA 的安全性。在 2001 年的 FIPS PUB 180-2 草案中，NIST 发布了 3 个使用更长报文摘要的 SHA 变体，并以摘要长度(以位元为单位)来命名，即 SHA-256、SHA-384 和 SHA-512。在 2004 年 2月发布的 FIPS PUB 180-2 变更通知中又加入了一个新的变种——SHA-224，以兼容双密钥 3DES 的密钥长度。

10.4.5　数字签名

数字签名(Digital Signature)又称公钥签名，是信息发送方才可产生的一段数字串，任何其他人均无法伪造，可作为信息发送真实性的有效证明。一套数字签名必须包括两种互补的运算，即签名运算和验证运算。

在数字签名中，每个用户都有一对用作数字身份的密钥，即公开的公钥和仅有本人知晓的私钥。私钥用于签名，公钥用于验证签名。公钥必须向接收方信任的证书认证中心(CA)申请注册，注册成功后由证书认证中心发放数字证书。用户使用私钥对文件签名，再将该数字证书与文件、签名一同发送到接收方，接收方再使用公钥向证书认证中心验证真伪。

数字签名可以帮助用户实现鉴权和防止接收伪造的数据，保护数据的完整性及其不被篡改，而传统的加密技术难以阻止攻击者篡改传输中的数据。数字签名可以作为有效举证以证明信息的来源，具有不可抵赖性。抵赖包括发送方拒绝承认曾经做出的发送行为，或接收方拒绝承认曾经做出的接收行为，甚至声称发送或接收行为来自第三方。

10.4.6　认证技术

认证(Authentication)用于在不安全的网络上进行信用保证，包括身份认证和消息认证。

1. 身份认证

身份认证(Identity Authentication)又称验证、鉴权，是指用可信的手段完成对用户身份的确认，在不可信的互联网上验证用户是否有合法访问的权利。常用的身份认证方法分为：在基于共享密钥的身份认证中，其服务器端和客户端共同拥有一个(组)密码作为共享密钥进行身份认证，适合大部分的网络接入服务、BBS、聊天工具等；基于生物学特征的身份认证利用每个人身体上独特的生物学特征进行认证，如指纹、掌纹、虹膜、人脸、语音等；基于公开密钥加密算法的身份认证中，通信双方分别持有公钥和私钥，发送方使用私钥对数据加密，而接收方使用公钥对数据解密，用于 SSL、数字签名等服务。

2. 消息认证

消息认证(Message Authentication)用于验证消息的完整性，即接收方验证收到的报文是真实的和未被篡改的，包括数据源认证和数据传输认证。数据源或宿的常用认证方式可分为两种。一种是密钥方式，即通信双方事先约定发送消息的加密密钥，接收方只需验证发送方的消息是否可用该密钥还原成明文。另一种是通行字方式，即通信双方约定各自发送消息使用的通行字，发送消息时嵌入此通行字并进行加密，接收方只需验证发送方消息中的通行字是否符合约定即可。

10.5　网络安全协议

网络安全离不开密码学基础，但单纯依靠安全的密码算法无法保证网络安全。安全协议是基于密码学的消息交换协议，用于在不安全的网络环境中提供安全、可靠的服务。

10.5.1　互联网安全协议

互联网安全协议(IP security，IPsec)是一个在 IP 层提供网络通信安全的协议族[RFC

。

6071]和 IP 安全体系结构[RFC 4301]，但不强制用户使用某种特定的加密或鉴别算法。IPsec 本质上是一个允许通信双方选择算法和参数（包括密钥长度等）的框架。

IPsec 协议族包括 3 个协议。

（1）IP 安全数据报格式协议：鉴别首部（AH）协议、封装安全负载（ESP）协议。

（2）互联网密钥交换（Internet Key Exchange，IKE）协议。

（3）关于加密算法的协议。对称加密算法有 DES、3DES、AES，非对称加密算法有 RSA、D-H、Elgamal、ECC。

IP 安全数据报（IPsec 数据报）是使用 ESP 或 AH 协议的 IP 数据报，可在路由器或主机之间发送。AH 协议用于源点鉴别和保证数据完整性，但不支持数据保密。ESP 协议比 AH 协议更复杂，可用于源点鉴别、数据完整性及数据保密。因为 IPsec 同时支持 IPv4 和 IPv6，使用 ESP 协议时可不再使用 AH 协议。

IP 安全数据报工作方式可分为传输方式和隧道方式。传输方式（Transport Mode）需要先把一些控制信息分别添加在整个传输层报文段的前后部分，再添加 IP 首部，拼装成 IP 安全数据报。隧道方式（Tunnel Mode）使用得更多，需要先把一些控制信息添加在原始 IP 数据报的前后部分，再添加新 IP 首部，拼装成一个 IP 安全数据报。两种方式最后得到的 IP 安全数据报的 IP 首部都没有进行加密，有助于各个路由器识别相关信息并安全转发。安全数据报的有效载荷（Payload）仅指其数据部分，该数据部分允许加密，也支持鉴别。

安全关联（SA）指 IP 安全数据报的源实体和目的实体之间需要建立一条网络层的逻辑连接，然后才能发送 IP 安全数据报。安全关联是一个从源点到终点提供安全服务的单向连接，若需双向安全关联，则必须在两个方向上分别构建安全关联。传统的无连接的网络层经过安全关联后，就成为一个具有逻辑连接的层。

因特网编号分配机构（IANA）分配给 ESP 的协议数值是 50，在 ESP 头前的协议头总是在 next head 字段（IPv6），或在协议字段（IPv4）中包括该值 50。IPsec ESP 还能够根据用户需求对一个传输层的段（如 TCP、UDP、ICMP、IGMP）进行加密，或对整个 IP 数据报进行加密。ESP 包括一个非加密协议头，后面紧跟加密数据。该加密数据包括受保护的 ESP 头字段和受保护的用户数据。ESP 头可位于 IP 头之后、上层协议头之前（传输模式），或被封装的 IP 头之前（隧道模式）。

安全参数索引（Security Parameter Index，SPI）是一个 32 位二进制数值，可与目的 IP 地址、封装安全负载一起使用，唯一地识别数据报的 SA。SPI=0 保留给本地使用，用于特定任务，不得在线路上传输。在密钥管理中，当 IPsec 要求密钥管理实体建立新 SA，但 SA 却未建立时，可使用 SPI=0 表示无 SA 存在。SPI=1～255 由 IANA 保留，除了 RFC 指定的 SPI 值分配使用以外，IANA 通常不分配保留的 SPI 值。

【案例 10.2】IPsec 配置组网案例如图 10.5 所示。请在 RouterA 和 RouterB 之间建立一个安全 IPsec 隧道，对 PCA 所在子网（192.168.10.0/24）和 PCB 所在子网（192.168.20.0/24）之间的数据流提供安全保护。要求安全协议采用 ESP 协议，加密算法采用 DES，认证算法采用 SHA1-HMAC-96。

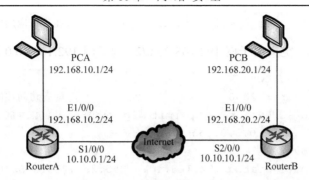

图 10.5　IPsec 配置组网案例

【解】(1)配置 RouterA，定义由子网 192.168.10.0/24 到子网 192.168.20.0/24 的数据流。

```
<RouterA> system-view
[RouterA] acl number 2000                          //配置访问控制列表
[RouterA-acl-adv-2000] rule permit ip source 192.168.10.0 0.0.0.255
destination 192.168.20.0 0.0.0.255
[RouterA-acl-adv-2000] quit
[RouterA] ip route-static 192.168.20.0 255.255.255.0 S1/0/0
                                                   //配置到 PCB 的静态路由
[RouterA] ipsec proposal ipsec1                    //创建名为 ipsec1 的安全提议
[RouterA-ipsec-proposal-ipsec1] encapsulation-mode tunnel
                                                   //报文封装采用隧道模式
[RouterA-ipsec-proposal-ipsec1] transform esp //采用 ESP 安全协议
[RouterA-ipsec-proposal-ipsec1] esp encryption-algorithm des
                                                   //选择 DES 加密算法
[RouterA-ipsec-proposal-ipsec1] esp authentication-algorithm sha1
                                                   //选择 SHA1 认证
[RouterA-ipsec-proposal-ipsec1] quit
[RouterA] ipsec policy secpo1 200 manual           //创建安全策略，手动协商
[RouterA-ipsec-policy-manual-secpo1-200] security acl 2000
                                                   //引用访问控制列表
[RouterA-ipsec-policy-manual-secpo1-200] proposal ipsec1 //引用安全提议
[RouterA-ipsec-policy-manual-secpo1-200] tunnel remote 10.10.10.1
                                                   //配置对端地址
[RouterA-ipsec-policy-manual-secpo1-200] tunnel local 10.10.0.1
                                                   //配置本端地址
[RouterA-ipsec-policy-manual-secpo1-200] sa spi outbound esp 123
                                                   //配置 SPI
[RouterA-ipsec-policy-manual-secpo1-200] sa spi inbound esp 321
[RouterA-ipsec-policy-manual-secpo1-200] sa string-key outbound esp abcd
                                                   //配置密钥
[RouterA-ipsec-policy-manual-secpo1-200] sa string-key inbound esp efgh
[RouterA-ipsec-policy-manual-secpo1-200] quit
[RouterA] interface S1/0/0                          //配置串口 IP 地址
[RouterA-S1/0/0] ip address 10.10.0.1 255.255.255.0
```

```
[RouterA-S1/0/0] ipsec policy secpo1          //在串口应用安全策略
```

（2）配置 RouterB，定义由子网 192.168.20.0/24 到子网 192.168.10.0/24 的数据流。

```
<RouterB> system-view
[RouterB] acl number 2000                     //配置访问控制列表
[RouterB-acl-adv-2000] rule permit ip source 192.168.20.0  0.0.0.255
destination 192.168.10.0 0.0.0.255
[RouterB-acl-adv-2000] quit
[RouterB] ip route-static 192.168.10.0 255.255.255.0 S2/0/0
                                              //配置到 PCA 的静态路由
[RouterB] ipsec proposal ipsec1               //创建名为 ipsec1 的安全建议
[RouterB-ipsec-proposal-ipsec1] encapsulation-mode tunnel
                                              //报文封装采用隧道模式
[RouterB-ipsec-proposal-ipsec1] transform esp //采用 ESP 安全协议
[RouterB-ipsec-proposal-ipsec1] esp encryption-algorithm des
                                              //选择 DES 加密算法
[RouterB-ipsec-proposal-ipsec1] esp authentication-algorithm sha1
                                              //选择 SHA1 认证
[RouterB-ipsec-proposal-ipsec1] quit
[RouterB] ipsec policy secpo2 200 manual      //创建安全策略，手动协商
[RouterB-ipsec-policy-manual-secpo2-200] security acl 2000
                                              //引用访问控制列表
[RouterB-ipsec-policy-manual-secpo2-200] proposal ipsec1 //引用安全提议
[RouterB-ipsec-policy-manual-secpo2-200] tunnel remote 10.10.0.1
                                              //配置对端地址
[RouterB-ipsec-policy-manual-secpo2-200] tunnel local 10.10.10.1
                                              //配置本端地址
[RouterB-ipsec-policy-manual-secpo2-200] sa spi outbound esp 321
                                              //配置 SPI
[RouterB-ipsec-policy-manual-secpo2-200] sa spi inbound esp 123
[RouterB-ipsec-policy-manual-secpo2-200] sa string-key outbound esp efgh
                                              //配置密钥
[RouterB-ipsec-policy-manual-secpo2-200] sa string-key inbound esp abcd
[RouterB-ipsec-policy-manual-secpo2-200] quit
[RouterB] interface S2/0/0                    //配置串口 IP 地址
[RouterB-S2/0/0] ip address 10.10.10.1 255.255.255.0
[RouterB-S2/0/0] ipsec policy secpo2          //在串口应用安全策略
```

10.5.2　传输层安全协议

1994 年，Netscape 公司为了保障 TCP 传输的应用层数据安全，开发出安全套接字层（SSL）协议[RFC 6101]。2008 年，IETF 基于 SSL 设计了传输层安全（TLS）协议[RFC 5246]。

1997 年 5 月，VISA 和 MasterCard 两大信用卡公司联合推出传输层的线上信用卡安全交易全球标准，即安全电子交易（Secure Electronic Transaction，SET）协议。SET 采用非对称密钥密码体制和 X.509 数字证书标准，提供了 PKI 框架下消费者、商家及银行间的认证。

SSL 体系结构包括两个协议子层,即底层的 SSL 记录协议层和高层的 SSL 握手协议层。SSL 记录协议层使用记录来封装各类高层协议,进行压缩/解压缩、加密/解密、计算/校验 MAC 地址等,便于在 HTTP 上运行 SSL。SSL 握手协议层用于协调与同步客户端和服务器的状态,包括 SSL 握手协议(SSL Handshake Protocol)、SSL 密码参数修改协议、应用数据协议和 SSL 告警协议。

TLS 协议采用主从式架构,可以确保两个应用程序之间的跨网络通信的保密性和数据完整性,避免数据交换时受到攻击篡改。与 SSL 类似,TLS 协议包括两个协议子层,即 TLS 记录(TLS Record)协议和 TLS 握手(TLS Handshake)协议。

10.5.3 应用层安全协议

1. 电子邮件安全协议

保密增强邮件(Privacy Enhanced Mail,PEM)[RFC 1421~RFC 1424]是用于增强安全性的私人邮件,采用公开密钥加密机制,发送方使用接收方的公钥对消息进行数字签名,并使用多种加密算法提供机密性、认证和数据完整性,仅指定的接收方才可阅读该邮件。

多用途互联网邮件扩展(Multipurpose Internet Mail Extensions,MIME)类型可自行设定用某种应用程序来打开某种扩展名的文件类型。安全/多用途 Internet 邮件扩展(Sesure/Multipurpose Internet Mail Extensions,S/MIME)[RFC 2633]是一种端到端的电子邮件加密协议,可在电子邮件发送之前对其加密,只有收件人才可解密邮件,但对发件人、收件人、邮件标题等部分不加密。S/MIME 需要数字证书才可在电子邮件客户端实现。

优良隐私性(Pretty Good Privacy,PGP)是基于 IDEA 散列算法的加密与验证程序。1991年,齐默尔曼(Zimmermann)设计了第一版 PGP。1997 年 7 月,IETF 制定 OpenPGP 并将其作为一项开源的 PGP 互联网标准[RFC 4880]。PGP 每个公钥绑定唯一的用户名或 E-mail 地址,支持电子邮件的安全性、发送方鉴别和报文完整性检测。

2. 安全外壳协议

安全外壳(Secure Shell,SSH)协议[RFC 4254]是专为远程登录会话或其他网络服务提供安全性的应用层协议。SSH 默认端口号为 22,包括客户端和服务器端的软件。SSH 服务器端是一个守护进程(Daemon),客户端包含 SSH 程序、远程安全复制(Secure Copy,SCP)、slogin(安全远程登录)、安全文件传送协议(Secure File Transfer Protocol,SFTP)等。SSH 主要子协议包括服务器认证的 SSH 传输层协议(SSH-trans)、客户端用户鉴别的用户认证协议(SSH-userauth)、将多个加密隧道分成逻辑通道的连接协议(SSH-connect)。

3. 超文本传输安全协议

超文本传输安全协议(S-HTTP、HTTPS、HTTP over SSL、HTTP Secure)[RFC 2660]专为互联网的 HTTP 加密通信而设计,应用安全套接字层(SSL)或传输层安全(TLS)作为 HTTP 应用层子层,默认端口号为 443。

10.5.4　Internet 密钥交换

Internet 密钥交换（IKE）是一种混合型协议，解决了在不安全的 Internet 环境中安全地生成或更新共享密钥的问题。IKE 包括互联网安全协会密钥管理协议（Internet Security Association Key Management Protocol，ISAKMP），以及 Oakley 与 Skeme 两种密钥交换协议。

ISAKMP[RFC 2408]为建立、协商、修改、删除安全关联（SA）的过程和包格式提供了一个框架，由美国国家安全局（NSA）开发。ISAKMP 端口号为 500，报文通常使用 UDP，但也可用 TCP。在配置 IPsec VPN 时，只可设置 ISAKMP，而无法设置 Oakley 与 Skeme。ISAKMP 定义了 13 种载荷，不同载荷可按一定规则堆叠起来。ISAKMP 定义了每次报文交换使用的包结构和包数量，包括主要模式 6 个包交换和主动模式 3 个包交换。ISAKMP 未定义具体的 SA 格式或密钥交换协议细节，可用于不同的密钥交换协议中。

Oakley 密钥交换协议为 IKE 提供了多模式、多样化的密钥交换模式和应用。Skeme 密钥交换协议为 IKE 提供了使用 D-H 进行密钥共享和交换的算法与管理方式。IKE 工作的第 1 步是通过主要模式和主动模式生成 IKE SA，第 2 步是通过快速模式完成产生 IPsec SA。

IKE 支持 4 种身份认证方式：基于数字签名的身份认证、基于公开密钥（Public Key Encryption）的身份认证、基于修正的公开密钥（Revised Public Key Encryption）的身份认证、基于预共享字符串（Pre-shared Key）的身份认证。

【案例 10.3】IKE 配置组网案例如图 10.6 所示。请采用 IKE 方式在 RouterA 和 RouterB 之间建立一个安全 IPsec 隧道，对 PCA 所在子网（192.168.30.0/24）和 PCB 所在子网（192.168.40.0/24）之间的数据流提供安全保护。要求安全协议采用 ESP 协议，加密算法采用 DES，认证算法采用 SHA1-HMAC-96。

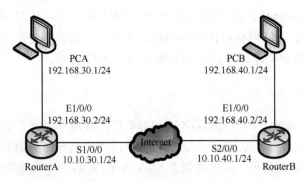

图 10.6　IKE 配置组网案例

【解】（1）配置 RouterA，定义由子网 192.168.30.0/24 到子网 192.168.40.0/24 的数据流。

```
<RouterA> system-view
[RouterA] acl number 3000                          //配置访问控制列表
[RouterA-acl-adv-3000] rule permit ip source 192.168.30.0 0.0.0.255
destination 192.168.40.0 0.0.0.255
[RouterA-acl-adv-3000] quit
[RouterA] ip route-static 192.168.40.0 255.255.255.0 S1/0/0
                                                   //配置到 PCB 的静态路由
[RouterA] ipsec proposal ike1                      //创建名为 ike1 的安全提议
```

```
[RouterA-ipsec-proposal-ike1] encapsulation mode tunnel
                                        //报文封装采用隧道模式
[RouterA-ipsec-proposal-ike1] transform esp     //采用 ESP 安全协议
[RouterA-ipsec-proposal-ike1] esp encryption-algorithm des
                                        //选择 DES 加密算法
[RouterA-ipsec-proposal-ike1] esp authentication-algorithm sha1
                                        //选择 SHA1 认证
[RouterA-ipsec-proposal-ike1] quit
[RouterA] ike peer peer                 //配置 IKE 对等体
[RouterA-ike-peer-peer] pre-shared-key 12345 //预共享密钥
[RouterA-ike-peer-peer] remote-address 10.10.40.1
[RouterA] ipsec policy isa1 200 isakmp          //创建安全策略，ISAKMP 协商
[RouterA-ipsec-policy-isakmp-isa1-200] proposal ike1 //引用安全提议
[RouterA-ipsec-policy-isakmp-isa1-200] security acl 3000
                                        //引用访问控制列表
[RouterA-ipsec-policy-isakmp-isa1-200] ike-peer peer //引用 IKE 对等体
[RouterA-ipsec-policy-isakmp-isa1-200] quit
[RouterA] interface S1/0/0              //配置串口 IP 地址
[RouterA-S1/0/0] ip address 10.10.30.1 255.255.255.0
[RouterA-S1/0/0] ipsec policy isa1      //在串口应用安全策略
```

(2)配置 RouterB，定义由子网 192.168.40.0/24 到子网 192.168.30.0/24 的数据流。

```
<RouterB> system-view
[RouterB] acl number 3000                       //配置访问控制列表
[RouterB-acl-adv-3000] rule permit ip source 192.168.40.0 0.0.0.255
destination 192.168.30.0 0.0.0.255
[RouterB-acl-adv-3000] quit
[RouterB] ip route-static 192.168.30.0 255.255.255.0 S2/0/0
                                        //配置到 PC A 的静态路由
[RouterB] ipsec proposal ike1           //创建名为 ike1 的安全提议
[RouterB-ipsec-proposal-ike1] encapaulation mode tunnel
                                        //报文封装采用隧道模式
[RouterB-ipsec-proposal-ike1] transform esp     //采用 ESP 安全协议
[RouterB-ipsec-proposal-ike1] esp encryption-algorithm des
                                        //选择 DES 算法
[RouterB-ipsec-proposal-ike1] esp authentication-algorithm sha1
                                        //选择 SHA1 认证
[RouterB-ipsec-proposal-ike1] quit
[RouterB] ike peer peer                 //配置 IKE 对等体
[RouterB-ike-peer-peer] pre-shared-key 12345 //预共享密钥
[RouterB-ike-peer-peer] remote-address 10.10.30.1
[RouterB] ipsec policy isa2 200 isakmp          //创建安全策略，ISAKMP 协商
[RouterB-ipsec-policy-isakmp-isa2-200] security acl 3000    //引用访问控制列表
[RouterB-ipsec-policy-isakmp-isa2-200] proposal ike1        //引用安全提议
[RouterB-ipsec-policy-isakmp-isa2-200] ike-peer peer        //引用 IKE 对等体
[RouterB-ipsec-policy-isakmp-isa2-200] quit
[RouterB] interface S2/0/0              //配置串口 IP 地址
[RouterB-S2/0/0] ip address 10.10.40.1 255.255.255.0
[RouterB-S2/0/0] ipsec policy isa2      //在串口应用安全策略
```

第 11 章　生物信息网络

生物信息网络是由不同生物分子互相连接而组成的复杂网络系统，以共同完成各种不同层面和不同组织的生命活动，基础元件是基因和蛋白质。人们认为，借助各类生物代谢与信号传导网络、基因转录调控网络、蛋白质相互作用网络、神经网络等，有可能构建一种新型的计算机网络。不同于第 1 章～第 10 章无水的"干"网络，生物信息网络属于"湿"网络，必须有水才能生存。

11.1　生物分子网络

1956 年，在美国田纳西州召开的首次生物学信息理论研讨会上，学者提出了生物信息学的概念。1987 年，林华安使用生物信息学(Bioinformatics)命名这一学科。1995 年，美国人类基因组计划五年总结报告首次对生物信息学做了完整定义，即生物信息学是一门综合运用数学、计算机科学和生物学各种工具的交叉科学，包括生物信息的获取、解释、加工、分析、存储等，阐明和解释信息背后所蕴含的生物学意义。生物信息网络实质上由许多不同的参与生物过程的分子元件组成。从宏观角度来看，生物信息网络系统最关键的并不在于元件本身，而在于元件之间的关系。从微观角度来看，生物信息网络包括分子与分子间的相互作用，以及各种类型的化学反应。

11.1.1　生物分子网络的特性

1. 生物分子网络的模块性

生物分子网络由彼此紧密联系且协同工作的一组生物分子(节点)通过物理上或功能上的模块(Module)组合而成，以共同完成特定的细胞功能。模块化网络中较高连通度的中心节点连接了不同的模块，通常具有较高的聚类系数。整个生物分子网络呈现无标度特性，即连通度分布函数 $p(k)$ 符合 k 的幂律分布。生物分子网络中模块间需要大量的信息交换。

2. 生物分子网络的层次性

从宏观上看，不同的人类个体通过模块化结成不同层次的多种团体，团体间联系构成了整个复杂的人类社会；从微观上看，不同的生物分子通过模块化组成不同层次的细胞、组织、器官，并进一步通过相互联系构成完整的生物体。生物分子网络的网络平均聚类系数都要高于同样规模和连通度的随机网络，且聚类系数均值与连通度倒数成正比。

3. 生物分子网络的动态性

生物分子网络并非一直静止不动，而是需要特定时间和空间条件完成生物分子间的相互作用。例如，在物体的不同生长阶段，生物学功能均有所不同，分子组装、能量代谢在不同的细胞器上也有所不同；在外界刺激不同时，生物体会开启不同的信号通路以产生不同的应激反应。生物分子网络的动态性使生物网络一直处于时变的状态中。

4. 生物分子网络的时空特异性

生物分子网络是整合时空信息的网络，还具有时空特异性。即使使用非实验条件相关的检测技术获得的蛋白质互作用信息也具有时空特异性。蛋白质间互作用并非固定不变，有的互作用能够稳定且持久，有的互作用只有在特定时空下才会发生。在实践中，通过结合其他实验结果可以得到相关的时间或空间信息，以供参考。

11.1.2　基因调控网络

1. 基因调控检测

微阵列技术出现于 20 世纪 90 年代，主要用于检测基因表达水平，包括染色质免疫沉淀（Chromatin Immunoprecipitation，ChIP）技术、ChIP-chip 芯片技术等。

染色质免疫沉淀技术能够检测生物体内转录因子与脱氧核糖核酸（Deoxyribonucleic Acid，DNA）之间的动态作用，还可以分析组蛋白的不同共价修饰与基因表达之间的关系。DNA-ChIP 与体内足迹法可以搜索转录因子在体内的结合位点。RNA-ChIP 主要用于研究核糖核酸（Ribonucleic Acid，RNA）在基因表达调控中所起的作用。

ChIP-chip 芯片技术特别适合分析活细胞或组织中 DNA 与蛋白质间的互作用关系，主要包括以下几个步骤。

第 1 步，将细胞内 DNA 和蛋白质在生理状态下交联。

第 2 步，利用超声波打碎成多个染色质片段。

第 3 步，利用目标蛋白质特异性抗体对此复合物进行沉淀，将与目标蛋白质相结合的 DNA 片段进行特异性富集。

第 4 步，纯化并检测目标片段，获得互作用信息。

2. 基因转录调控数据库

基因转录调控数据库是采集并存储各种转录调控信息的生物学数据库，包括 Compel、RegulonDB、Transfac 和 TRRD 数据库。

（1）Compel 数据库主要存储了各种复合转录元件信息。复合转录元件是转录调控的最小单元。

（2）RegulonDB 数据库主要存储了转录起始、调控网络等相关信息，包括转录因子、转录单元、启动子、操纵子、结合位点、受控基因等。

（3）Transfac 数据库主要存储了转录因子、转录因子在基因组上的结合位点信息。

（4）TRRD 数据库主要存储了真核生物基因调控区的不同结构-功能特性信息，还分为不同的子数据库。

3. 基因转录调控网络

基因转录调控网络是基于基因转录调控数据来构建的，其节点包括转录因子和受调控基因，其有向边包括各类不同的调控关系。根据转录因子对受控基因的表达是起促进作用还是抑制作用，可将调控网络中的边分为正调控和负调控。

11.1.3　蛋白质互作网络

蛋白质互作网络是由各种不同蛋白质相互作用（蛋白质互作）关系组成的网络系统，能够参与生命活动过程的各个环节。蛋白质互作网络的节点是各种蛋白质大分子，也是组成生物体并行使生物功能的重要物质。蛋白质之间的相互关系构成了蛋白质互作网络的边，用于传输生物信号、调节基因表达、完成能量和物质代谢、调控细胞周期等。蛋白质互作网络通常是一个无向网络，即蛋白质间的互作关系可能是双向的。

蛋白质互作包括物理互作和遗传互作两大类。物理互作指蛋白质之间通过空间构象或化学键进行结合或发生化学反应。遗传互作主要包括特殊环境下蛋白质表型变化之间的相互关系、蛋白质及其编码基因受其他蛋白质基因影响的情况。

1. 蛋白质互作检测

蛋白质互作检测主要用于检测蛋白质之间的相互作用关系，包括早期的免疫共沉淀（Co-immunoprecipitation）技术和高通量蛋白质互作检测技术。

免疫共沉淀技术能够以极高的可靠性检测处于自然状态下蛋白质的互作关系，主要包括以下几个步骤。

第 1 步，将细胞在非变性条件下分解。

第 2 步，利用特异性抗体来沉淀提取目标蛋白质，与该目标蛋白质互作结合的其他蛋白质也会随之沉淀。

第 3 步，利用抗体原反应（如 Western 印迹法）检测与目标蛋白质共同沉淀的互作蛋白质，从而确认互作关系。

免疫共沉淀技术必须预先准备相应的抗体和互作关系，不适合大规模的互作关系检测。

新型的高通量蛋白质互作检测技术常用酵母双杂交技术、串联亲和纯化-质谱分析技术。

酵母双杂交（Yeast Two Hybrid，Y2H）技术基于真核生物调控转录机制，利用酵母来研究细胞体内蛋白质之间的相互作用。酵母的个别转录因子（如 GAL4 转录因子）包含转录激活结构域（Activating Domain，AD）和特异性 DNA 结合域（Binding Domain，BD）两个相对独立的功能区域，可以确保细胞起始基因转录得到反式转录激活因子的参与，主要包括以下几个步骤。

第 1 步，将报告基因（被转录因子激活的基因）与已知编码的诱饵（Bait）蛋白质基因在 DNA 结合域进行基因融合。

第 2 步，融合转录因子激活结构域与待测 cDNA 文库基因（Prey）。

第 3 步，通过载体将两组融合基因转染酵母细胞，借助酵母表达融合蛋白质来判断蛋白质互作关系。

酵母双杂交技术在大规模分析哺乳动物、高等植物的蛋白质互作方面效果显著。

串联亲和纯化-质谱(Tandem Affinity Purification-Mass Spectrometry，TAP-MS)分析技术使用不同空间构象的物理互作，能检测出与已知编码的诱饵蛋白质同属至少一个复合物的蛋白质，检测可靠性高于酵母双杂交技术，主要分为串联亲和纯化(Tandem Affinity Purification，TAP)及高通量质谱蛋白质复合物(High-throughput Mass-Spectrometric Protein Complex Identification，HMS-PCI)鉴定，主要包括以下几个步骤。

第 1 步，利用串联亲和纯化反应或免疫共沉淀反应获得含有目标蛋白质的蛋白质复合物。

第 2 步，将所得蛋白质复合物进行分离提纯。

第 3 步，使用蛋白质检测或质谱分析来确定蛋白质复合物的不同组分和蛋白质互作关系。

串联亲和纯化-质谱分析技术和免疫共沉淀技术一样适用于大规模的稳定互作检测，两者均不适用于检测瞬时互作或短时间内不稳定的蛋白质互作关系。

不同于以上物理互作检测，遗传互作检测技术使用剂量增长不足、联合致死等方法进行遗传互作检测。剂量增长不足(Dosage Growth Defect)的基本原理是，当某个基因发生突变或被敲除时，另一个有互作关系的基因表达量会显著增加，从而检测出遗传互作关系。联合致死(Synthetic Lethality)的基本原理是，两个互作基因在基因敲除实验中一旦被同时敲除就会导致细胞死亡，但敲除两个互作基因中的任何一个均不会导致细胞死亡。

2. 蛋白质互作数据库

蛋白质互作数据库是存储不同物种蛋白质互作信息及其实验证据的数据库。

BIND 数据库记录了蛋白质和生物分子间互作信息，是组成生物分子对象网络数据库(Biomolecular Object Network Databank，BOND)的最重要的子数据库。

BioGrid 数据库存储了模型生物和人类等多个物种的蛋白质互作信息，包括物理互作信息和遗传互作信息。

蛋白质相互作用数据库(Database of Interacting Protein，DIP)专门存储蛋白质互作信息，包括不同格式、不同物种的蛋白质互作信息。

MIPS 数据库由德国 Max-Planck 研究所创建，存储了跨物种的综合性数据信息，包括多个子数据库，如酵母蛋白质互作信息的数据库(Comprehensive Yeast Genome Database，CYGD)和哺乳动物蛋白质互作信息的 MIPS 哺乳动物数据库(MPPI)。

11.1.4　代谢网络

1. 代谢信息传递

代谢网络是描述细胞内代谢和生理过程的网络，其节点由各种代谢反应和代谢反应调控机制组成，其边由代谢通路所需的信号传导通路构成。代谢通路是指在酶的辅助下将细胞中某种代谢物转化为另一种新代谢物时所发生的一系列生物化学(生化)反应。一系列分子、酶按特定顺序产生生化反应时存在信号传递或信号传导(Signal Transduction)，即细胞将一种刺激或生物信号经传递后转换为另一种刺激或生物信号的过程。多个信号传导通路便组成信号传导网络。在代谢网络和信号传导网络中使用了大量的代谢通路与信号传导通路，每条通路均包括多种多样的生物分子生理和化学反应，共同构建了代谢信息网络。

代谢网络往往可以分为不同层次。

第 1 层，完全网络，以最完整的方式存储了代谢通路中的所有反应，以及每个反应涉及的代谢物（含底物、产物、酶）。参与不同代谢反应的同一个酶可表示成不同的节点。

第 2 层，多反应物网络，存储了参与生物通路的代谢物（含底物、产物、酶）的有向网络，其中一种代谢物为一个节点，代谢底物指向产物，构成边，酶与底物、产物之间构成双向边。

第 3 层，主要反应物网络，存储了主要代谢物（含底物、产物）的网络，由代谢底物指向主要产物，构成边。主要反应物网络通常会丢弃代谢反应中的一些共反应因子，如酶、提供能量与磷酸键的腺嘌呤核苷三磷酸（Adenosine Triphosphate，ATP，三磷酸腺苷）等。

2. 代谢通路数据库

BioCyc 综合数据库存储了各种不同物种的代谢通路信息，包括超过 500 个不同的子数据库，根据数据可信程度划分了 3 个层次。

ERGO 是一个综合性数据库，存储了多个物种基因组信息，包括代谢通路和非代谢通路的综合信息。

GeneDB 是一个综合性数据库，存储了多物种基因信息及各基因所参与的所有通路信息。

KEGG 数据库主要存储蛋白质、基因、生化反应和通路的信息，能够将已经完整测序的基因组和基因目录关联到更高级别的细胞、物种与生态系统的系统功能。KEGG 包括多个子数据库。

11.1.5 细胞间通信网络

细胞间通信能够协调生物体细胞的基本活性、调节细胞活动的信息传递，地球上各种生物中都存在细胞间通信。细胞间通信若能正确接收和应答，便可确保细胞正常协作，维护正常的机体平衡，调控自身发育、组织修复，开启免疫保护。但如果细胞间通信出现错误，便容易诱发多种疾病，包括癌症、自身免疫性疾病、糖尿病等。细胞间通信既存在于单细胞生物之间、多细胞生物相同和不同组织细胞之间，也存在于细胞内部。

从系统生物学的角度来看，细胞间通信以网络的形式存在于生物体内。细胞可以使用细胞内的受体蛋白质接收环境信息，受体蛋白质再将从外界接收到的信息传递到与其相连的细胞内的信号传递网络，进而刺激细胞做出合适的反应。若以细胞间的距离作为标准，可以将细胞间通信分为直接接触（邻分泌通信）、近距离通信（旁分泌通信）、远距离通信（内分泌通信）、仅限于同类细胞的自分泌通信。

11.2 神 经 网 络

1890 年，美国心理学之父詹姆斯（James）出版了第一部详细论述人脑结构和功能的成果《心理学原理》(*Principles of Psychology*)，指出大脑皮层上任意一点的刺激量为其他所有发射点进入该点的刺激量的总和。1943 年，美国生理学家麦卡洛克（McCulloch）和数学家皮茨（Pitts）在 *Bulletin of Mathematical Piophysics* 上共同发表文章，基于数学逻辑工具提出形式神经元的数学模型（McCulloch-Pitts' Neuron Model，M-P 模型），它是现代神经元模型的雏形和基础。

1949 年，加拿大心理学家兼神经生物学家赫布（Hebb）出版了《行为组织：神经心理学理论》(*The Organization of Bahavior: A Neurosychological Theory*)一书，他提出 Hebb 学习规则。Hebb 定义了连接主义（Connectionism），即大脑的活动是通过脑细胞的连接来完成的，神经网络的信息则由连接权值来存储。Hebb 提出了 3 个假设：①连接为对称的，即神经元 A 到 B 的连接权值与 B 到 A 的连接权值相同；②连接权值的学习速率与神经元所有激活值之积成正比；③学习会导致连接权值的类型和强度发生变化，且该变化会影响细胞之间的连接关系。

1982 年，美国加州理工学院的物理学家霍普菲尔德（Hopfield）在美国科学院院报（Proceedings of the National Academy of Sciences of the United States of America，PNAS）上发表论文，引入了李雅普诺夫（Lyapunov）计算能量函数对网络进行训练，并建立了神经网络稳定性判据，即著名的 Hopfield 网络模型。Hopfield 认为，信息存储在网络中神经元的连接上。1984 年，Hopfield 设计并实现了 Hopfield 网络模型的硬件电路，使用普通放大器来实现网络模型中的神经元，用电子线路模拟神经元之间的连接，并成功解决了著名的"旅行商问题"（Travelling Salesman Problem，TSP）。

11.2.1　神经元模型

1. 生物神经元模型

神经元是大脑处理信息的基本单元。不同的神经元在形态和功能上有各自的特点，但都具有相同的特性，主要由细胞体、树突、轴突和突触几部分组成。

(1)细胞体(Cell Body)是对信息进行接收与处理的部件，也是神经元新陈代谢的中心，主要包括细胞核、细胞质和细胞膜。细胞膜对两侧细胞液中的不同离子具有不同通透性，从而产生了浓度差，细胞膜内外的离子浓度差会产生电位差，从而为神经元提供电信号。

(2)树突(Dendrite)是接收其他神经元发送的输入信号的部分，即细胞体的信号输入端，包括细胞体向外延伸出的多个神经纤维，大多数突起较短且形状不规则。

(3)轴突(Axon)是从细胞体向外延伸出的一条长的神经纤维，用于输出细胞体产生的电化学信号，即细胞体信号的输出导线。不同于短而粗的树突，轴突更长且更细。

(4)突触(Synapse)能够把一个神经元的树突同另一个神经元的轴突末梢连接起来，所有神经元的树突和轴突通过突触互相连接成网络。突触相当于细胞体的信息输入/输出接口，也是调整神经元之间相互作用的基本结构和功能单元。

2. 人工神经元模型

人工神经元是生物神经元的简化模拟，每个神经元均可接收来自其他神经元的输入信号，是人工神经网络处理信息的基本单元。人工神经元模型包括连接权值、求和单元、激活函数 3 个基本元素，如图 11.1 所示。

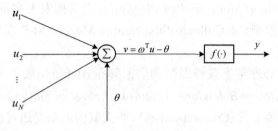

图 11.1　人工神经元模型

神经元的每个输入信号均有一个连接权值，全部输入信号的加权和由求和单元计算，决定了该神经元激活函数的状态。连接权值用于描述不同神经元之间的连接强度，对应生物神经元突触的连接强度。权值为正，说明神经元之间的连接处于激活状态；权值为负，说明神经元之间的连接处于抑制状态。

求和单元用于求解各输入信号与其连接权值的加权和，即所有输入信号的线性组合。

激活函数用于非线性映射，可将神经元的输出振幅信号限制在一定范围内。激活函数通常为幅度[0,1]或[-1,1]的非线性函数。阈值的正或负可对激活函数的输入信号进行增或减操作。

设一个神经元具有 N 个输入和 1 个输出，所有输入向量满足 $u = (u_1, u_2, \cdots, u_N)^{\mathrm{T}} \in R^N$，输入向量对应连接权值向量满足 $\omega = (\omega_1, \omega_2, \cdots, \omega_N)^{\mathrm{T}} \in R^N$，输出值为 y，阈值为 θ，激活函数为 $f(\cdot)$，Σ 为求和单元，v_i 表示经过求和单位后所得的输入信号累积加权和，有

$$v_i = \sum_{j=1}^{N} \omega_j u_j - \theta, \quad i = 1, 2, \cdots, N \tag{11.1}$$

设 y_i 为神经元的第 i 个连接，则有

$$y_i = f(v_i), \quad i = 1, 2, \cdots, N \tag{11.2}$$

3. 人工神经元的激活函数

激活函数也称变换函数或激励函数，可以对神经元的输入信号进行函数变换而得到一个变换后的输入信号。不同激活函数会导致神经元具有不同的数学模型与输出特征。

线性激活函数是一种线性运算的激活函数，对神经元的输出信号进行线性放大处理，有

$$f(u) = ku + c \tag{11.3}$$

式中，k、c 均为常数，k 为放大系数，c 为位移；u 为输入量。

阈值型激活函数常用的有阶跃函数和符号函数 $\mathrm{sgn}(\cdot)$，这两种函数的输出都有两种状态：当输出为 1 时，神经元处于激活状态；当输出为 0 或-1 时，神经元处于抑制状态。

S 型激活函数又称 Sigmoid 函数，函数本身与其倒数均为连续的，易于进行信号处理，包括单极性 S 型激活函数和双极性 S 型激活函数（双曲正切）。

11.2.2　神经网络的结构

神经元之间的连接形式多种多样，从而构成具有不同特性的网络结构。

1. 前馈神经网络

前馈神经网络又称前向神经网络，网络中无反馈过程，各神经元接收前一层的输入再将结果输出给下一层，信息从输入层到隐含层再到输出层依次逐层进行处理。层是由具有同等拓扑结构地位和作用相同的网络神经元构成的子集。前馈神经网络结构简单，易于实现。包括感知器网络、误差反向传播(Back Propagation，BP)神经网络在内的大部分前馈神经网络都属于学习网络，在分类能力及模式识别能力上都优于反馈神经网络。

根据层数不同，前馈神经网络还可以分为单层前馈神经网络和多层前馈神经网络。单层前馈神经网络中只有输入层和输出层，输入层的输入节点直接将信号传递到输出层，且无反向作用。多层前馈神经网络中除了输入层和输出层以外，还有一个或多个隐含层。隐含层的功能类似于特征检测器，能够从输入模式中提取内含的有效特征信息，确保传输给输出单元的模式线性可分。一个典型多层前馈神经网络如图 11.2 所示。

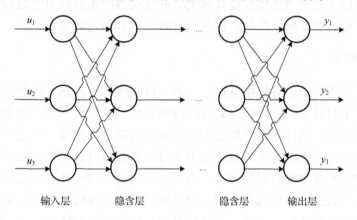

图 11.2　多层前馈神经网络

前馈神经网络是一种静态非线性映射，仅需进行简单的非线性复合映射处理，便可用于解决复杂非线性系统问题。但前馈神经网络在计算上缺少动力学行为。

2. 反馈神经网络

反馈神经网络又称递归神经网络，网络中有反馈连接，是一种反馈动力学系统，所有节点均拥有信息处理能力，网络的计算过程往往需要经过一段时间才可达到稳定状态。由于反馈连接的增加，神经网络的学习能力及计算性能都会有所提高。反馈神经网络的每个节点不仅可接收外界输入信息，还可向外界输出信息，如图 11.3 所示。有些反馈神经网络的神经元还拥有一个自反馈环作为输入。Hopfield 神经网络就是应用最广泛的反馈神经网络。

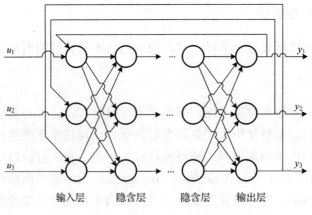

图 11.3　反馈神经网络

11.2.3　神经网络的学习

神经网络按照某种拓扑结构将神经元连接起来以后，还需根据指定的学习规则或算法来修改或更新神经元之间的连接权值及阈值。修改权值的规则称为学习(训练)规则或学习(训练)算法，根据其有无教师信号，可分为有教师学习和无教师学习。

1.　有教师学习

在神经网络系统的学习过程中存在一个教师机制或监督机制，也称有监督学习。神经网络中的教师基于自身了解的知识可对神经网络的期望响应做指导，期望响应是神经网络所需完成的最优动作，而神经网络期望响应与实际响应之间的偏差就是误差信号。神经网络在教师的指导下，不断判断从外部环境中获得的训练向量(即学习例子)，根据误差信号和训练向量的变化来调整神经网络参数，直至神经网络能够模拟教师信号，称为神经网络的训练过程(即学习过程)。训练完成后，神经网络尽可能地接收了教师掌握的知识。一旦条件成熟，还可以将教师信号移除，由神经网络自主地工作和适应环境(即工作过程)。将训练过程(即学习过程)和工作过程分开是有教师学习网络的重要特点。

2.　无教师学习

在神经网络系统的学习过程中没有教师机制或监督机制，即神经网络没有任何例子供学习。无教师学习模式在网络内部隐含了网络评价的学习标准，以防止外界教师信号影响网络中连接权值的调整。在外界对神经网络学习指导信息增多的情形下，有教师学习模式所掌握的知识也会增多，有助于提升其解决问题的能力；但无教师学习模式不会出现知识增多的情况，更适合于只有少量先验信息的求解问题。

无教师学习又可分为强化学习和无监督学习两类。强化学习完成输入输出映射的学习是通过索引与外界环境持续作用最小化的性能标量来进行的。无监督学习也叫作自组织学习或自我学习，仅依据特定的内部结构和学习规则不断调整连接权值以激励响应输入模式。

11.2.4 深度学习

2006 年，深度学习的鼻祖(2018 年图灵奖得主)欣顿(Hinton)提出在无监督学习机制上构建多层神经网络的两步法，其最顶层仍为一个单层神经网络，其他层则为图模型。Hinton 在除顶层外的其他层间使用双向权重，包括向上的认知权重和向下的生成权重。主要步骤如下。

第 1 步，逐层构建单层神经元，每次仅训练一个单层神经网络。

第 2 步，训练完所有层后，利用 wake-sleep 算法完成所有权重的调优。

wake-sleep 算法包括 wake(醒)和 sleep(睡)两个阶段。wake 阶段是认知过程，根据外界特征和向上的认知权重形成每一层的抽象表示，并用梯度下降法修改层间的向下权重。sleep 阶段是生成过程，根据顶层表示和向下的生成权重生成底层状态，并修改层间的向上权重。wake-sleep 算法试图确保认知和生成一致，让生成的最顶层尽可能复原底层节点。

自顶向下的监督学习使用带标签的数据自顶向下训练并微调神经网络，误差逐层向下传输。

自底向上的无监督学习使用无标签数据(有标签数据也可)从底层开始，一层一层地往顶层训练各层参数，可视为一个无监督训练过程或一种特征学习过程。

深度学习主要包括以下 3 类方法。

(1)基于卷积运算的卷积神经网络(Convolutional Neural Network，CNN)。卷积神经网络具备表征学习(Representation Learning)能力，模拟生物的视知觉原理构建，可进行有监督或无监督学习，可按网络层次结构对输入信息进行平移不变分类，又称平移不变人工神经网络(Shift-Invariant Artificial Neural Networks，SIANN)。最早出现的 CNN 有时间延迟网络和 LeNet-5。

(2)基于多层神经元的自编码神经网络(Autoencoder Neural Network，ANN)。自编码神经网络具备特征学习(Feature Learning)能力，是一种无监督学习，包括自编码(Autoencoder)和稀疏自编码(Sparse Autoencoder)两类。自编码器仅简单学习输入信息便复制到输出上，其输入数据的高效表示即为编码(Coding)过程，通常维度远小于输入数据，起到降维作用。自编码器还可用作特征检测器(Feature Detectors)对深度神经网络进行预训练，或作为生成模型(Generative Model)随机产生类似训练数据的数据。

(3)深度置信网络(Deep Belief Network，DBN)。深度置信网络是一个概率生成模型，以多层自编码神经网络的方式进行预训练，可进行有监督或无监督学习，结合鉴别信息进一步优化神经网络权值。DBN 多层神经元，包括显性神经元(显元)和隐性神经元(隐元)。显元可接收输入，隐元可提取特征，隐元又称特征检测器。

与传统的浅层学习相比，深度学习更强调模型结构的深度，通常有 5～10 层的隐层节点。深度学习强调特征学习，利用逐层特征变换将样本从原特征空间变换到新特征空间，简化分类及预测，比人工专家方法或大数据方法具有更高的特征学习效率。深度学习不一定能完全确保找到输入与输出之间的准确函数关系，但能够最大限度地贴近实际关联关系。

【案例 11.1】神经网络 MATLAB 示例代码如下，仿真结果如图 11.4 所示。从图中可以看到神经网络的结构和信息传递过程。

【解】

```
%参数初始化
Data1=[1.38,1.49;1.25,1.68;1.23,1.64;1.41,1.90;1.52,1.87;1.33,1.82; 1.51,
1.79;1.46,1.86;1.54,2.11;1.43,2.23];          %训练数据 Data1
Data2=[1.26,1.78;1.32,1.87;1.17,1.91;1.45,2.13 2 1.35,2.21;1.44,1.80;1.48,
1.96];                                          %训练数据 Data2
Data=[Data1;Data2];
Mm=minmax(Data)
Objective=[ones(1,10),zeros(1,7);zeros(1,10),ones(1,7)];      %Data 的输出结果
%创建 BP 神经网络
Bp_nns=newff(Mm,[2,3,2],{'logsig','logsig','logsig'});
%训练参数设置
Bp_nns.trainParam.show=5;
Bp_nns.trainParam.lr=0.02;
Bp_nns.trainParam.Objective=1e-7;
Bp_nns.trainParam.epochs=3000;
%神经网络训练
Bp_nns=train(Bp_nns,Data,Objective);
Input=[1.31 1.75;1.34 1.97;1.52 2.16]';
%训练结果输出
Output1=sim(Bp_nns,Data1')
Output2=sim(Bp_nns,Data2')
Output=sim(Bp_nns,Input)
```

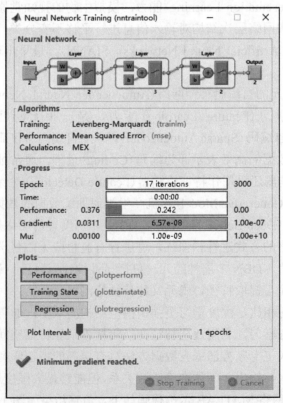

图 11.4　神经网络训练结果

11.3　社　交　网　络

社交网络(Social Network，SN)是人类社会与信息化技术相融合而形成的网络，是由拥有共同的兴趣、任务或目标的用户通过网络平台和应用服务形成的一种社会关系网络。社交网络通常包括各类社交网络服务(Social Networking Service，SNS)、社交网络软件(Social Network Software，SNS)及社交网络网站(Social Network Site，SNS)。

20 世纪 90 年代，利用计算机网络建立社交网络的 Classmates.com、SixDegrees.com、Usenet、Listserv、BBS、EIES 等相继出现，可以帮助人们通过互联网建立联系。21 世纪以后，SNS 开始流行。

11.3.1　无标度网络

社交网络、新陈代谢网络、基因调控网络、Internet、WWW、电力网、航空网等很多现实中的大型网络均属于无标度(Scale-free)网络。无标度网络节点度 k 的分布呈现 $p(k) = ck^{-\gamma}$ 的幂律特征，不服从泊松分布，随节点度 k 的增加，其度分布曲线 $p(k)$ 呈现不断下降的无峰值递减曲线，即无标度特征。其中，γ 是网络连接度分布曲线拟合的估计参数，通常 $2 \leqslant \gamma \leqslant 3$。无标度网络中，节点度值的波动范围大，网络缺乏一个特征度值(或平均度值)。而传统的随机网络中，节点度 k 的概率分布服从泊松分布 $p(k) = \lambda^k e^{-r} / k!$，并在度的平均值附近存在一个峰值，大部分节点的连接数量接近，连接数量高于平均值或低于平均值的节点都随(高于或低于平均值的)偏差的增加而呈现指数规律下降。

1998 年，Barabasi 和 Albert 分析了互联网节点度的分布，提出了形成无标度网络的两个根本机理。其一是增长机理，即通过不断增添新节点和新连接来实现网络增长。其二是优先连接机理，即新节点更趋向于连接具有较高连接度的节点，而非完全随机连接。

据此，Barabasi 和 Albert 提出了无标度网络的生长模型，即 Barabasi-Albert(BA)模型，奠定了现代无标度网络模型的基础。BA 模型包括以下两个重要假设。

(1)网络生长假设：网络规模从最初的 N_0 个节点开始不断生长，每过一个时间步长会增加一个新的网络节点，并从 N_0 个节点中选择 $N'(\leqslant N_0)$ 个节点与新节点相连。

(2)择优连接假设：新节点与网络中已存节点 i 相连接的概率与节点 i 的度 k_i 成正比，即 $p(k_i) = k_i / \Sigma_j k_j$。经过时间步长 t 之后，网络中有 $N = t + N_0$ 个节点，有 Nt 条边。

11.3.2　六度空间理论

六度空间(Six Degrees of Separation)理论又称六度分割理论，是社交网络中最早、最重要的概念之一。1967 年，美国哈佛大学心理学教授米尔格拉姆(Milgram)设计了著名的连锁信件实验。实验中每封信上都有一个波士顿股票经纪人的名字，并将信件随机发送给内布拉斯加州(Nebraska)奥马哈(Omaha)的 160 位居民。每位收信人被要求将该信通过朋友寄给该股票经纪人手中。实验结果统计显示，平均经过 5～6 个步骤后均可将该信送抵该股票经纪人。六度分割理论认为，我们和任何一位陌生人之间的间隔不会超过 6 个人。

1998 年，美国哥伦比亚大学教授瓦茨（Watts）和康奈尔大学教授斯特罗加茨（Strogatz）提出了小世界网络概念，并以低平均路径长度和高聚合系数为特征给出了 WS 小世界网络模型。2002 年，Watts 开展了"小世界研究计划"，用 E-mail 信件验证了六度空间理论在虚拟世界和物理世界均适用。随后，Watts 和 Strogatz 采用随机化加边替代了 WS 模型中的随机化重连，提出了 NW 小世界网络模型，避免了产生孤立节点。

【案例 11.2】从规则图开始生成 WS 小世界网络模型和 NW 小世界网络模型。

【解】在 WS 小世界网络模型中，完全随机网络对应于 $p=1$，完全规则网络对应于 $p=0$。因此，调节 p 的值便可控制其在完全随机网络与完全规则网络之间变化。

在 NW 小世界网络模型中，完全规则网络和完全随机网络的叠加对应于 $p=1$，最近邻耦合网络对应于 $p=0$。

主要 MATLAB 代码如下，仿真结果如图 11.5 所示。

```
Number=20                    %最近邻耦合网络中节点的总数 Number
Degree=5                     %最近邻耦合网络中每个节点的度数 Degree
Conpro=0.4                   %随机化重连概率 Conpro
theta=0:2*pi./Number:2*pi-2*pi/Number;
theta=0:2*pi/Number:2*pi-2*pi/Number;
u=10*sin(theta);
v=10*cos(theta);
plot(u,v,'bo','MarkerEdgeColor','r','MarkerFaceColor','g','MarkerSize',12);
hold on;
Connect=zeros(Number);
for i=1:Number
    for j=i+1:i+Degree/2
        j1=j;
        if j>Number
            j1=mod(j,Number);
        end
        Connect(i,j1)=1;
        Connect(j1,i)=1;
    end
end
for i=1:Number                %构造 WS 小世界网络
    for j=i+1:i+Degree/2
        j1=j;
        if j>Number
            j1=mod(j,Number);
        end
        Conpro1=rand(1,1);
        if Conpro1<Conpro
            Connect(i,j1)=0;Connect(j1,i)=0;Connect(i,i)=inf;Neighb=find
(Connect(i,:)==0);
            Rand_Connect=randi([1,length(Neighb)],1,1);
         j2=Neighb(Rand_Connect);Connect(i,j2)=1;Connect(j2,i)=1;Connect(i,i)=0;
        end
    end
end
for i=1:Number
```

```
      for j=i+1:Number
          if Connect(i,j)~=0
              plot([u(i),u(j)],[v(i),v(j)],'linewidth',1.0);
              hold on;
          end
      end
end
axis equal;
hold off
```

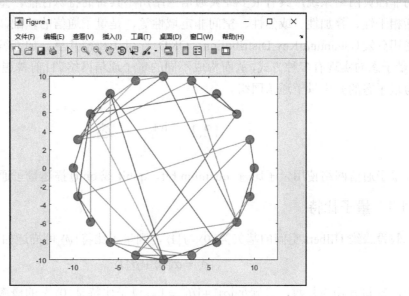

图 11.5　小世界网络仿真模型

第 12 章　量子通信网络

不同于第 1 章～第 11 章中介绍的经典通信网络，量子通信网络是采用量子比特进行通信的非经典网络系统，具有很多经典通信网络所不具备的特殊性能。量子理论的基本性质包括相干性、叠加性、或然性、空间非定域性等，是量子通信的基础，能够完成纠缠态量子密钥分发（Quantum Key Distribution，QKD）、量子秘密共享、加密编码、量子隐形传态等。量子态的实现有多种方式，从而构成不同的量子通信网络。目前普遍使用以光子（Photon）作为量子态的光学量子通信网络。

12.1　概　　述

量子通信网络使用量子比特（quantum bit，qubit 或 qbit）描述量子通信中的一位信息。

12.1.1　量子比特

假设二维 Hilbert 空间的基矢为 $|0\rangle$ 与 $|1\rangle$，则量子比特 $|\phi\rangle$ 可描述如下：

$$|\phi\rangle = \alpha|0\rangle + \beta|1\rangle \tag{12.1}$$

式中，α 与 β 均为复数，且满足 $|\alpha|^2 + |\beta|^2 = 1$。量子比特是 $|0\rangle$ 态的概率为 $|\alpha|^2$，是 $|1\rangle$ 态的概率为 $|\beta|^2$。不同于非 0 即 1 的经典比特，量子比特可能为 $|0\rangle$ 态，也可能为 $|1\rangle$ 态，还可能是 $|0\rangle$ 与 $|1\rangle$ 的叠加态 $\alpha|0\rangle + \beta|1\rangle$。只有对量子比特进行测量才能到准确的结果。

线性代数中 Hilbert 空间的基矢并非只有一个，而是无限的，因此可以使用不同的基矢来描述同一个量子比特。在不同的基矢中，同一个量子比特可能有不同的描述形式。例如，定义基矢 $|+\rangle$ 和 $|-\rangle$，且 $|+\rangle = \dfrac{1}{\sqrt{2}}(|0\rangle + |1\rangle)$，　$|-\rangle = \dfrac{1}{\sqrt{2}}(|0\rangle - |1\rangle)$，则量子比特 $|\phi\rangle$ 可重新描述为

$$|\phi\rangle = \alpha|0\rangle + \beta|1\rangle = \frac{\sqrt{2}}{2}(\alpha + \beta)|+\rangle + \frac{\sqrt{2}}{2}(\alpha - \beta)|-\rangle \tag{12.2}$$

如果使用图形方式进行描述，式（12.2）中量子比特还能够修改为

$$|\phi\rangle = e^{j\delta}\left(\cos\frac{\theta}{2}|0\rangle + e^{j\lambda}\sin\frac{\theta}{2}|1\rangle\right) \tag{12.3}$$

式中，δ、λ、θ 均为实数，且 $0 \leqslant \theta \leqslant \pi$，$0 \leqslant \phi \leqslant 2\pi$。$e^{j\delta}$ 没有可观测效应，也可省略，则式（12.3）可改写为

$$|\phi\rangle = \cos\frac{\theta}{2}|0\rangle + e^{j\lambda}\sin\frac{\theta}{2}|1\rangle \tag{12.4}$$

式(12.4)中的参数 $\lambda \theta$ 定义了位于三维 Bloch 球面上的一个点。若 $\theta = 0°$ ，则 $|\phi\rangle = |0\rangle$ 处于球面上部；若 $\theta = \pi$ ，则 $|\phi\rangle = |1\rangle$ 处于球面下部。Bloch 球能够描述高阶量子比特，或称为复合量子比特。在 Bloch 球复合系统中，各个子系统的直积合成了复合量子系统的态，n 位的复合量子比特能够描述成 2^n 项的和。其一般形式可描述为

$$|\phi\rangle = a_0 |00\cdots0\rangle + a_1 |00\cdots1\rangle + \cdots + a_{2^n-1}|11\cdots1\rangle \tag{12.5}$$

类似于经典通信中的多进制编码字符，p 进制的单基量子比特可描述为

$$|\phi^p\rangle = a_0 |0\rangle + a_1 |1\rangle + \cdots + a_{p-1}|p-1\rangle \tag{12.6}$$

式中，$|a_0|^2 + \cdots + |a_{p-1}|^2 = 1$ 。例如，对于一个四进制的量子比特，可描述为

$$|\phi^4\rangle = a_0 |0\rangle + a_1 |1\rangle + a_2 |2\rangle + a_3 |3\rangle \tag{12.7}$$

进一步地，也能够据此定义描述 p 进制的复合基量子比特。

12.1.2　量子特性

1. 量子纠缠

1935 年，奥地利著名物理学家(1933 年诺贝尔物理学奖获得者)薛定谔(Schrödinger)在量子力学中首次提出了纠缠的概念。量子纠缠有多种形式，包括单个系统波函数的不同自由度之间，以及多体系统的量子态之间。假设一个复合量子系统拥有 A 与 B 两量子比特，A 量子比特态为 $|0\rangle_A$ 或 $|1\rangle_A$ ，B 量子比特态为 $|0\rangle_B$ 或 $|1\rangle_B$ ，可用两个二维 Hilbert 空间中直积空间的一个向量描述该复合量子系统的状态：

$$|\phi\rangle = \alpha |00\rangle + \beta |01\rangle + \gamma |10\rangle + \delta |11\rangle \tag{12.8}$$

式中，复系数满足归一化条件 $|\alpha|^2 + |\beta|^2 + |\gamma|^2 + |\delta|^2 = 1$ ，可将 A 与 B 的量子纠缠态 $|0\rangle_A \otimes |0\rangle_B$ 简写为 $|00\rangle$ ， $|0\rangle_A \otimes |1\rangle_B$ 简写为 $|01\rangle$ ， $|1\rangle_A \otimes |0\rangle_B$ 简写为 $|10\rangle$ ， $|1\rangle_A \otimes |1\rangle_B$ 简写为 $|11\rangle$ 。量子不可分解为子系统状态直积的态，是量子通信的最小单位。

2. 未知量子态不可克隆定理

克隆(Clone)的概念来自遗传学，指通过无性繁殖技术从同一个祖先获取的生物学个体具有相同的基因。1982 年，*Nature* 发表了 Wootters 与 Zurek 的论文《单量子态不可克隆》，首次提出了未知量子态不可克隆定理。若使用幺正变换克隆相互正交的一对量子态，则成功概率为 1；若使用幺正变换克隆任意一个未知量子态，则不可能成功概率为 1。

3. 海森伯测不准原理

1927 年，德国的物理学家(1932 年诺贝尔物理学奖获得者)海森伯(Heisenberg)提出了著名的海森伯测不准原理(Heisenberg Uncertainty Principle)，展示了宏观的经典系统和量子系统的明显差异。海森伯测不准原理说明，物理学从本质上来说无法做出超越统计学范围的预测。

4. Bell 不等式

爱尔兰物理学家贝尔(Bell)于 1964 年首次提出了基于局域隐变量理论的 Bell 不等式(Bell's Inequality)。在经典物理学中，该不等式成立；在量子物理学中，该不等式不成立。实验表明，可以复制量子力学每一个预测的局域隐变量理论是不存在的，即贝尔定理。应用隐变量理论解释量子力学测量结果概率性，定域实在论和量子力学依然不相容。

1969 年，Clauser、Horne、Shimony 和 Holt 考虑了 Bell 不等式在现实中的不完美因素造成的偏差，提出了著名的 CHSH 不等式(CHSH Inequality)。1982 年，Aspect 首次用实验验证了量子力学不遵循 Bell 不等式，与量子力学预言相符，也证明了定域实在论的错误。

12.2　量子通信协议

量子通信协议是基于量子力学基本原理进行远距离通信的工作方法，描述了通信各方为完成量子通信必须遵循的一组规则。

12.2.1　EPR 协议

量子力学自提出以后解释了很多经典理论无法解释的物理现象，爱因斯坦将量子力学的随机性描述为"上帝不掷骰子"，并提出 EPR 悖论(佯谬)来证实量子力学理论不完备性。1935 年，爱因斯坦、波多尔斯基(Podolsky)和罗森(Rosen)等在 *Physical Review* 上发表了一篇题为《物理实在的量子力学描述能认为是自洽的吗?》的论文，并正式提出了著名的 EPR 悖论(*Einstein-Podolsky-Rosen Paradox*)。

爱因斯坦等提出了完备性判据，若一个物理理论对物理实在的描述是完备的，则物理实在的每个要素都在物理理论中有对应量。爱因斯坦主要针对定域性假设和实在性判据两点进行验证，合称为定域实在论。定域性假设认为空间上分离(类空间隔)的两个事件或者两次测量不存在因果性关系。实在性判据认为在一个没有扰动的系统中，所有的可测量的物理量(物理实在的一个要素)都有确定的数值。利用 EPR 悖论，可以构建简单的量子通信协议，即 EPR 协议。

12.2.2　BB84 协议

1984 年，美国 IBM 公司的科学家本内特(Bennett)和布拉萨德(Brassard)根据量子力学原理提出了世界上第一个量子保密通信协议，简称为 BB84 协议。BB84 协议基于未知量子态不可克隆定理和海森伯测不准原理，允许相距很远的两个认证方连续地创建密钥，使用"一次一密"(One-time Pad)加密协议完成通信，且双方通信是无条件安全的。该协议与基于计算复杂性的经典密码体系完全不同，这是人类首次从数学和物理学原理证明的无条件安全性协议。BB84 协议的过程简单，易操作，也是第一个实用化的量子通信协议。

BB84 协议如图 12.1 所示。它包括两个通信方 Alice、Bob，一条量子信道和一条经典信道，以及一个量子信号源。量子信号源是 BB84 协议的信号源，能随机调制出两组基矢组成 4 种状态不一样的量子信号。量子信号经过调制以后，发送方 Alice 能够利用量子信道传递该信号。接收方 Bob 使用随机的基矢去测量收到的量子信号，并使用经典的公共信道交换测量基矢信息和对比测量结果。经典信道也经过认证，并假设所有的窃听者均可从经典信道获得对比测量结果，但是无法修改结果信息。根据 BB84 协议，通信双方能够通过协商获得安全的量子密钥，并利用"一次一密"加密方法，最后传送密文完成通信。

图 12.1 BB84 协议示意图

在 BB84 协议中，Alice 可以随机选择两组互为正交的光子偏振态作为基矢，如水平偏振态 $|0°\rangle$ 和竖直偏振态 $|90°\rangle$ 构成一组，45° 偏振态 $|45°\rangle$ 和 –45° 偏振态 $|-45°\rangle$ 构成一组。其中，$|45°\rangle=|0°\rangle+|90°\rangle/\sqrt{2}$，$|-45°\rangle=|0°\rangle-|90°\rangle/\sqrt{2}$。再使用二进制编码中的 0 代表 $|0°\rangle$、$|45°\rangle$，使用 1 代表 $|90°\rangle$、$|-45°\rangle$，便可完成通信所需的量子态编码。

12.2.3 B92 协议

为了简化 BB84 协议中的两组基矢 4 种量子态，Bennett 提出一个新的两态协议——B92 协议，即用 2 个非正交态替换 BB84 协议中的 4 个量子态。假设发送方 Alice 仍然将二进制 0 使用 $|0°\rangle$ 进行编码，但将二进制 1 使用 $|45°\rangle$ 进行编码，并将编码的一组量子态传递给 Bob。接收方 Bob 在两组基矢 $\{|0°\rangle,|90°\rangle\}$ 和 $\{|45°\rangle,|-45°\rangle\}$ 中随机地选取一组去测量量子态。但是，Bob 并不会把所有的测量结果都记录下来，而只是记录由 $|90°\rangle$ 与 $|-45°\rangle$ 测量的结果。因为在测量量子态 $|-45°\rangle$ 时就将 $|45°\rangle$ 的可能性给剔除掉了，所以 Bob 会把该信号的状态认定为 $|0°\rangle$，也就是 0。同理，测得量子态为 $|90°\rangle$ 时认定为 1。在所有的量子态测量完成后，Bob 会把结果是正的部分在经典信道公开，但不公开测量所用的基矢。若没有窃听者存在，通信双方相关的部分大约为原始密钥的 1/4，可以从原始密钥中协商安全密钥。若有窃听者存在，通信双方还必须从相关部分中再拿出一小部分用于测算误码率，并推断是否被窃听。

尽管 B92 协议看起来与 BB84 协议相比更为简化，但却难以操作。一方面，通信双方 Alice 和 Bob 仅有大约 1/4 的原始密钥部分是相关的，密钥利用率低，而 BB84 协议能够提供两倍的原始密钥。另一方面，实际量子通信中还需要考虑通信损耗，如果损耗过大，通信双方就无法判断误码率是通信损耗造成的还是窃听造成的，从而影响量子通信的安全性。

12.2.4 Ekert91 协议

1991 年，英国牛津大学的埃克特(Ekert)提出了基于纠缠的 QKD 协议，通过纠缠态的分发和测量来共享量子密钥，并利用贝尔不等式来检测窃听者，即著名的 Ekert91 协议。Ekert91 协议使用量子纠缠信道与经典通信协助生成及分发安全密钥，再用"一次一密"加密方法完成安全通信。

不同于一般的量子通信技术使用量子隐形传态对量子态进行传递，Ekert91 协议是为量子通信技术提供安全的信息传递。也不同于 BB84 协议使用交换或传递的方式生成量子密钥，Ekert91 协议由通信双方在两地直接生成量子密钥。Ekert91 协议有较好的应用价值。在自由空间中，使用光子偏振态可以实现相距 144km 的两个通信方生成量子密钥。

Ekert91 协议示意图如图 12.2 所示。分隔在两地的两个通信方 Alice 与 Bob 进行量子通信，两者共享 EPR 光子对，并通过 Ekert91 协议生成共同拥有的安全密钥。主要包括以下步骤。

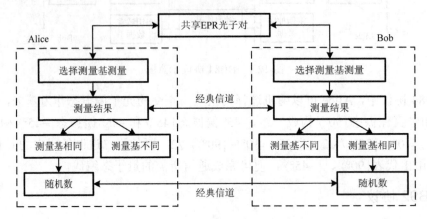

图 12.2　Ekert91 协议示意图

第 1 步，Alice 和 Bob 随机从 3 个基矢之中选取测量基，并独立测量自己手中的光子对。

第 2 步，多次测量完成之后，Alice 和 Bob 都在经典信道公开自己选择的测量基，并根据双方测量基对比情况将得到的测量结果分为两类：一类是通信双方使用相同测量基得到的测量结果，双方各自保留；另一类是通信双方使用不同测量基得到的测量结果，双方通过经典信道互相告知。

第 3 步，通信双方使用 CHSH 不等式去计算相互告知的测量结果，根据不等式破坏情况计算是否有窃听者存在。

第 4 步，在确保系统绝对安全的情况下，通信双方使用各自保留的、相同测量基得到的测量结果生成量子通信安全密钥。

12.2.5　诱骗态量子通信协议

12.2.1~12.2.4 节中提到的量子通信协议一般都使用单光子源，但是完美的单光子源是很难获得的。所以在现实中一般使用弱相干光源(平均光子数小于 1)模拟单光子源。弱相干光源可能会一次发出 2 个及以上数量的光子，其光子数遵循泊松分布。2000 年，Brassard 等提出了光子数分离(Photon-Number-Splitting Attacks，PNS)攻击，对弱相干光源的安全性提出了挑战。在 PNS 攻击中，窃听者通过伪装信道衰减的方式拦截光子脉冲，并从每个多光子脉冲中分流且截取一个光子。通信双方如果继续公布测量基，窃听者也会使用公布的测量基去测量截取的光子，有可能在不增加误码率的情况下获得双方的量子密钥。

2003 年，韩国学者 Hwang 提出了使用诱骗态去实现量子通信的方法。诱骗态量子密钥的安全性与理想单光子源密钥在数学上是等价的。在诱骗态量子通信中，Alice 可以将强弱不同的激光脉冲随机发出去，有的脉冲是信号态，而有的则是诱骗态。之后，Alice 和 Bob 共同监听不同激光脉冲的衰减率去判断有无窃听者。实际上，Alice 还能够根据信道参数测算出窃听者所获取到的数据量，再进一步计算出安全密钥产生率。最后，Alice 和 Bob 根据安全密钥产生率计算结果，采用隐私放大等技术适当处理，获得正比于 $1-\eta$ 的安全密钥。

2004 年，加拿大学者戈特斯曼（Gottesman）、Lo、Lütkenhaus 和 Preskill 等发文，分析了不完备情况下量子密钥分发的安全密钥产生率。这篇 GLLP 文章成为量子密钥分发安全性分析的里程碑，也是诱骗态量子密钥分发的成码率的基础。常用的弱相干光可以看作一种标记单光子源，Gottesman 等证实，对于信道损耗 η，使用单光子源的量子通信系统的安全密钥产生率正比于 $1-\eta$，而使用弱相干光源时速率正比于 $(1-\eta)^2$。基于当时的光纤信道损耗参数，Gottesman 等证实了使用弱相干光源的量子通信系统安全密钥产生率随通信距离增大而减少。当通信距离增大到 30km 时，安全密钥产生率接近于 0。

2006 年，中国科学技术大学潘建伟小组首先在世界上实现了 100km 诱骗态量子通信协议实验。同年，美国 Los Alamos 国家实验室与 Zeilinger 的欧洲联合实验室等也使用该协议实现了百公里级量子通信。3 个小组同时在 *Physical Review Letters* 上发表了各自的实验论文。

12.3　量子通信网络的交换技术

和经典通信网络一样，量子通信网络同样需要使用交换技术。常见的量子通信系统普遍使用激光脉冲传输量子信号，因此也会使用经典激光通信网络中的交换技术，包括光路交换（Optical Circuit Switching，OCS）和光分组交换（Optical Packet Switching，OPS）。光路交换能够使用光分插复用器（Optical Add-Drop Multiplexer，OADM）、光交叉连接（OXC）等技术，而光分组交换则需要性能更好的光部件。光路交换技术有时分光交换（Time Division Optical Switching，TDOS）、空分光交换（Space Division Optical Switching，SDOS）、波分光交换/频分光交换（Wave Division Optical Switching/Frequency Division Optical Switching，WDOS/FDOS）、码分光交换（Code Division Optical Switching，CDOS）和复合型光交换（Hybrid Optical Switching，HOS）等技术。光分组交换技术有光标记分组交换（Optical Multi-Protocol Label Switching，OMPLS）、光突发交换（Optical Burst Switching，OBS）和光子时隙路由（Photonic Slot Routing，PSR）等技术。受限于当前的技术水平，光逻辑部件尚难以完成较复杂的逻辑处理，往往借助电信号来控制，又称电控光交换。

12.3.1　量子门交换技术

基于量子门的量子交换技术（量子门交换技术）并非直接控制作为量子态载体的光子实体，而是使用量子门直接对量子态进行交换。量子门又称量子比特逻辑门，功能类似于经典计算机中的逻辑门，是组成量子运算器件的基本单元，能够对通过量子门的量子态执行指定的幺正变换。按作用量子比特数目不同，可将量子门划分为一位门、二位门和多位门。

1. 量子一位门

一位门 U 作用到一个量子比特态 $|\alpha\rangle$ 上，则输出态为 $U|\alpha\rangle$，在 Deutsch 的量子线性网络模型中，这一过程可用如图 12.3 所示的线路图表示。

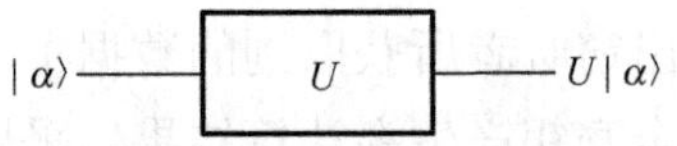

图 12.3　量子一位门

其中水平线表示一个量子比特，线从左到右表示时间进行方向，方框（有时用圆圈）表示逻辑门操作，方框中的 U 表示执行 U 幺正变换。一个量子比特是一个二维 Hilbert 空间，取其两个线性独立态矢量为计算基：

$$|0\rangle = \begin{bmatrix} 1 \\ 0 \end{bmatrix}, \quad |1\rangle = \begin{bmatrix} 0 \\ 1 \end{bmatrix} \tag{12.9}$$

作用到该空间上的 U 幺正变换包括 2×2 的幺正矩阵及 3 个 Pauli 算子，共同构成二维 Hilbert 空间一组完备基，即二维复矢量空间幺正变换群的一组生成元。

$$\hat{\sigma}_0 \equiv I = \begin{bmatrix} 1 & 0 \\ 0 & 1 \end{bmatrix}, \quad \hat{\sigma}_1 = \begin{bmatrix} 0 & 1 \\ 1 & 0 \end{bmatrix}, \quad \hat{\sigma}_2 = \begin{bmatrix} 0 & -i \\ i & 0 \end{bmatrix}, \quad \hat{\sigma}_3 = \begin{bmatrix} 1 & 0 \\ 0 & -1 \end{bmatrix} \tag{12.10}$$

式中，$\hat{\sigma}_1$、$\hat{\sigma}_3$ 对两个基矢的作用分别为

$$\hat{\sigma}_1|0\rangle = |1\rangle, \quad \hat{\sigma}_1|1\rangle = |0\rangle, \quad \hat{\sigma}_3|0\rangle = |0\rangle, \quad \hat{\sigma}_3|1\rangle = -|1\rangle \tag{12.11}$$

有时记 $X \equiv \hat{\sigma}_1$，$X \equiv \hat{\sigma}_3$ 分别表示非门（NOT）及相位门（Phase Gate）。

一个量子比特态的 U 幺正变换实际上就是 Bloch 球上某个矢量的转动，意味着分别绕 x、y、z 轴进行适当的转动，能够实现一个量子比特态的任意幺正变换。

若先绕 y 轴转动 $\pi/2$，再对 x-y 平面反射，可得到一位 Hadamard 门，简称 H 门，即

$$H = \frac{1}{\sqrt{2}} \begin{bmatrix} 1 & 1 \\ 1 & -1 \end{bmatrix} \tag{12.12}$$

H 门对两个计算基的作用分别为

$$H|0\rangle = \frac{1}{\sqrt{2}}(|0\rangle + |1\rangle), \quad H|1\rangle = \frac{1}{\sqrt{2}}(|0\rangle - |1\rangle) \tag{12.13}$$

H 门是量子信息中最重要的一位门之一。进一步，可得到另一个常用的相位门：

$$P = \begin{bmatrix} 1 & 0 \\ 0 & i \end{bmatrix} \tag{12.14}$$

相位门在计算基 $\{|0\rangle, |1\rangle\}$ 之间产生 $i = e^{i\pi/2}$ 的相位差，对基 $|0\rangle = [1 \quad 0]^{\mathrm{T}}$ 的作用是恒等变换，但对基 $|1\rangle = [0 \quad 1]^{\mathrm{T}}$ 的作用是 $i|1\rangle$。因为 $P^2 = \hat{\sigma}_3$，相位门是 $\hat{\sigma}_3$ 的平方根门。

2. 量子二位门

两量子比特态矢构成一个四维 Hilbert 空间，可用两量子比特基矢的直积来构造其基矢。

$$|00\rangle = \begin{bmatrix} 1 \\ 0 \\ 0 \\ 0 \end{bmatrix}, \quad |01\rangle = \begin{bmatrix} 0 \\ 1 \\ 0 \\ 0 \end{bmatrix}, \quad |10\rangle = \begin{bmatrix} 0 \\ 0 \\ 1 \\ 0 \end{bmatrix}, \quad |11\rangle = \begin{bmatrix} 0 \\ 0 \\ 0 \\ 1 \end{bmatrix} \tag{12.15}$$

可以用 4×4 的幺正矩阵表示两量子比特态矢空间的幺正变换。其中控制 U 门操作如下：

$$CU = |0\rangle\langle 0| \otimes \hat{I} + |1\rangle\langle 1| \otimes \hat{U} \tag{12.16}$$

其中，操作的第 1 量子比特称为控制位(Control Qubit)，第 2 量子比特称为靶位(Target Qubit)，即当且仅当第 1 量子比特态为 $|1\rangle$ 时，才对第 2 量子比特执行 U 门操作。图 12.4 给出了控制 U 门操作的图形表示。其中带有黑圆点的线表示控制位，被方框隔开的线表示靶位。

1) 控制 Z 门

控制 Z 门又称控制相位门(Controlled Phase Gate)，如图 12.5 所示。其对量子比特基矢的作用如下：

$$Z|0\rangle = \begin{bmatrix} 1 & 0 \\ 0 & -1 \end{bmatrix} \begin{bmatrix} 1 \\ 0 \end{bmatrix} = \begin{bmatrix} 1 \\ 0 \end{bmatrix} = |0\rangle, \quad Z|1\rangle = \begin{bmatrix} 1 & 0 \\ 0 & -1 \end{bmatrix} \begin{bmatrix} 0 \\ 1 \end{bmatrix} = -\begin{bmatrix} 0 \\ 1 \end{bmatrix} = -|1\rangle \tag{12.17}$$

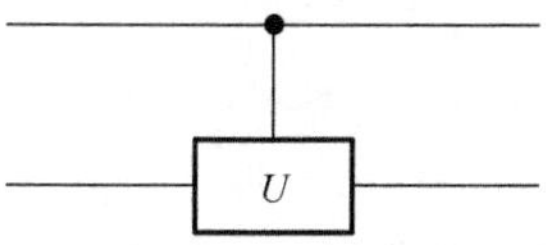

　　　　图 12.4　控制 U 门 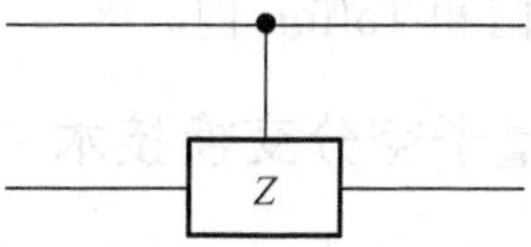　　　　　　　　　　　　　图 12.5　控制 Z 门

对于控制 Z 门，当且仅当变换控制位态为 $|1\rangle$ 时，才对靶位执行 Z 门操作，可得

$$CZ|00\rangle = |00\rangle, \quad CZ|01\rangle = |01\rangle, \quad CZ|10\rangle = |10\rangle, \quad CZ|11\rangle = -|11\rangle \tag{12.18}$$

控制 Z 门还存在如图 12.6(a)所示的恒等式，可见控制 Z 门对控制位和靶位作用的结果相同。

由于控制相位门的恒等式，还可以用如图 12.6(b)所示的图形表示控制相位门。

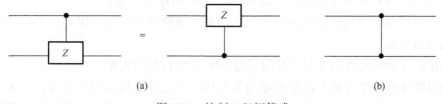

(a)　　　　　　　　　　　　　　　　　　　　　　(b)

图 12.6　控制 Z 门恒等式

2) 控制非门(CNOT)

控制非门即控制 NOT 门，当且仅当控制位态为 $|1\rangle$ 时，才对靶位取逻辑非操作，即

$$CNOT|00\rangle = |00\rangle, \quad CNOT|01\rangle = |01\rangle, \quad CNOT|10\rangle = |11\rangle, \quad CNOT|11\rangle = |10\rangle \tag{12.19}$$

可以用图 12.7(a) 表示控制非门。图 12.7(a) 中 a、b 分别表示控制位和靶位态的逻辑值，运算符 $\oplus$ 表示模 2 加。对控制非门，图 12.7(b) 所示恒等式成立。

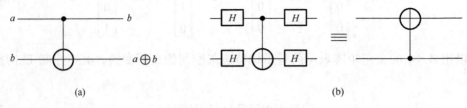

图 12.7　控制非门

3）交换门

交换门可完成两个量子比特态的交换，实现电路如图 12.8 所示。交换门的表示矩阵如下：

$$\mathrm{SWAP} = \begin{bmatrix} 1 & 0 & 0 & 0 \\ 0 & 0 & 1 & 0 \\ 0 & 1 & 0 & 0 \\ 0 & 0 & 0 & 1 \end{bmatrix} \quad (12.20)$$

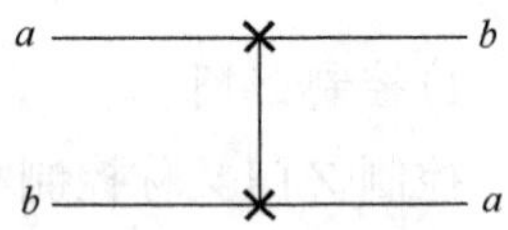

图 12.8　交换门

3. 量子多位门

量子并行计算实现的基石是量子多位门，可用于实现量子并行计算的通用 3 位逻辑门，有 Fredkin 门和 Toffoli 门。

12.3.2　量子空分交换技术

量子空分交换技术使用光子作为量子态载体，光开关控制着光子进入不同传输信道。量子空分交换用于调整光量子信号的空间物理位置，从而改变其物理传输信道，通常包括输入/输出单元、交换网络和控制单元。输入单元用于接收光量子信号，并传递至开关矩阵。输出单元可按照通信链路规定的格式对交换网络输出信号进行格式转换。交换网络也称为开关矩阵或光开关矩阵，能够切换光量子信号的传输通道。输入/输出单元、交换网络均受控制单元的控制，控制单元还负责接收和响应使用者的呼叫/连接请求、选路功能、网络管理功能。量子空分交换包括以下 3 个主要步骤。

第 1 步，控制单元通过输入单元接收用户的呼叫/连接请求。

第 2 步，控制单元按照相应的目的地址控制交换网络的切换，将光量子信号通过交换网络送到输出单元。

第 3 步，控制单元控制光量子信号从输出单元发往目的地址。

交换网络可分为全连通与部分连通两种结构，全连通结构又可分为 $N\times N$ 单向全连通交换网络和 $N\times N$ 双向全连通交换网络。单向全连通交换网络指输入单元的所有光量子信号都可传输至输出单元每个端口。双向全连通交换网络指输入单元的所有光量子信号不仅可传输至输出单元每个端口，也可传输至输入单元其他端口（但不包括信号的输入端口）。部分连通交换网络只允许输入单元的所有光量子信号传输到输出单元部分端口。另外，还可以根据是否发生阻塞，将交换网络分为阻塞型和无阻塞型。

12.3.3　量子时分交换技术

在量子时分复用的基础上又出现了量子时分交换，即一个帧可以包含多个用户的光量子信号在主干链路上同时传输，每个用户都能够使用一个或多个时隙占用主干链路。量子时分交换通常使用比光量子脉冲更强的光信号组成帧首部，确保整个网络在时间上严格同步。

量子时分交换系统主要包括分路器、光量子缓存器、合路器及控制器。以 4 路分路器为例，其将用户同时输入的 4 路帧信号分配不同时隙，并按照不同目的地址存入光量子缓存器，各信号根据各自的时隙分配情况进行延时处理，再由合路器输出，整个过程均由控制器控制。另外，各个时隙中的信号需要由控制器进行一定的交换处理。例如，交换前的 4 个时隙分别为 $\{T_1, T_2, T_3, T_4\}$，交换后的 4 个时隙分别为 $\{T_1', T_2', T_3', T_4'\}$，则时隙 T_1 的信号交换为 T_3' 时隙，时隙 T_2 的信号交换为 T_4' 时隙，时隙 T_3 的信号交换为 T_1' 时隙，时隙 T_4 的信号交换为 T_2' 时隙。光量子缓存器是量子时分交换技术的关键，通常使用光纤延时线制成定时的光量子可控缓存器。如果要构建可调节的时隙，以实现任意时隙的交换过程，目前尚有难度。

12.3.4　量子波分交换技术

量子波分交换技术能够在发射端将两种以上不同波长的光量子信号通过波分复用器耦合到一起进行传输，接收端能够将接收到的两个以上波分复用的光量子信号分解成各自的信号，并依次通过波分滤波器、波长变换器、波长滤波器后再输出。经典的光通信系统使用的波长变换器主要是基于光波分非线性效应制成的，包括交叉增益调制(Cross Grain Modulation，XGM)、交叉相位调制(Cross Phase Modulation，XPM)、交叉吸收调制(Cross Absorption Modulation，XAM)等。但是光量子信号通常使用单光子或弱相干光源，如此弱的信号难以实现非线性效应，从而影响了波长变换器和波分交换技术的效率。

12.4　光学量子通信网络

光不同于一般物质，有许多普通物质没有的特质。运动的光子没有质量，但有能量，光子在真空中的传播速度 $c=2.99792458\times10^8\text{m/s}$，特别适合在量子通信中作为信息的承载者。在经典物理学中，光被认为是一种电磁场，或称辐射场；在量子物理学中，光为量子化的电磁场，每一个光子是不可分的。德国物理学家普朗克(Planck)最早于 1900 年将最小的不可分割的基本单位定义为量子(Quantum)。量子一词来自拉丁语 Quantus，意为"有多少"或"相当数量的某物质"。

12.4.1　光学信号的量子化

假设，$A=\omega_0 S$，$C=\gamma_0 F$，$\omega_0\gamma_0=c^{-2}$，c 是真空中的光速。使用麦克斯韦方程组(Maxwell's Equations)能够对经典电磁场进行量子化。

$$\begin{cases} \nabla \times S = \dfrac{\partial C}{\partial i} \\[2mm] \nabla \times F = -\dfrac{\partial A}{\partial i} \\[2mm] \nabla \cdot A = 0 \\[2mm] \nabla \cdot C = 0 \end{cases} \tag{12.21}$$

由此可以推出与库仑规范下真空中的麦克斯韦方程组等效的方程：

$$\nabla^2 F - \frac{1}{c^2}\frac{\partial^2 F}{\partial i^2} = 0 \tag{12.22}$$

式中，等式 $\nabla \times (\nabla \times F) = \nabla(\nabla \cdot F) - \nabla^2 F$。

麦克斯韦方程组描述了经典电磁场，但却无法解释一些物理现象，包括光谱中的兰姆频移(Lamb Shift)、原子拉比振荡(Rabi Oscillation)等。可是光的量子理论却能够解释这些现象，而且还预言了许多新的物理现象，光信号的量子化也被主流物理学家所接受。根据波动性来研究，光场能够看作经典电动力学理论中的电磁场，满足麦克斯韦方程组。同时，根据粒子性分析，原子、电子、光子等实物粒子也都遵循量子力学规律。

为了研究光学信号的量子化及光与物质的相互作用，需要对光场使用全量子化理论，并对电磁场实施量子化处理。对于一个有限的一维腔中的辐射场量子化，因为腔的本征模是分离的，可由驻波模为基函数进行推导，将电磁场演化为分离模的形式。如果使用一个没有边界的自由空间来传输量子信号，就要将方程的行波解纳入考虑范围，其波矢 $\boldsymbol{m}$ 的定义是不同的。驻波模中腔长为半波长的整数倍，而行波解是在三维空间中展开的，且为全波长的整数倍，有 $\boldsymbol{m} = (m_x, m_y, m_z)$。因此，量子化之后的经典电磁场可用产生和湮灭算符描述为

$$F(t, i) = \sum_{m} \gamma_m \wp_m a_m \mathrm{e}^{-\mathrm{j} v_m i + \mathrm{j} \boldsymbol{m} \cdot t} + \mathrm{S.c.} \tag{12.23}$$

$$S(t, i) = \frac{1}{\omega_0} \sum_{m} \frac{\boldsymbol{m} \times \gamma_m}{v_m} \wp_m a_m \mathrm{e}^{-\mathrm{j} v_m i + \mathrm{j} \boldsymbol{m} \cdot t} + \mathrm{S.c.} \tag{12.24}$$

式中，γ_m 是单位偏振矢量；S.c.表示厄米共轭，产生和湮灭算符的乘积实质上就是光子数量。光学信号的量子化即使用产生和湮灭的算符来描述光场的正频部分及副频部分的幅值，同时描述其光量子对易关系。

12.4.2　有线光学量子通信网络

有线光学量子通信网络使用有线通信链路传输量子态并完成量子通信，很容易通过光纤技术实现。而光纤量子通信极少受外界环境影响，传输性能非常稳定，而且设备简单，商业化程度高。在 1993 年，Gisin 小组和 Townsend 小组首次利用光纤展示了量子密钥分发实验。1995 年，Gisin 小组在距离 23km 的两个城市 Geneva 与 Nyon 之间实现了光纤量子通信实验，该实验也是世界上首次位于室外的量子密钥分发实验。

偏振调制、相位调制、时间调制是光纤量子通信中最常用的几种方式。

(1)偏振调制是利用光的偏振状态来传递光量子信号的光调制方式。1993 年，瑞士日内瓦大学的 Gisin Nicolas 小组首次使用偏振调制完成了 800nm 波长、1100m 距离的量子密钥分发实验。2006 年，华东师范大学曾和平小组使用偏振调制和时分复用技术实现了不间断的量子密钥分发。2007 年年初，清华大学-中国科学技术大学联合团队、Danna Rosenberg 小组及 Tobias Schmitt-Manderbach 小组各自完成了诱骗态量子密钥分发，其中，中国科学技术大学利用超导探测器和偏振调制实现了 200km 距离的光纤量子密钥分发。

(2)相位调制是利用光载波的相位对其参考相位的偏离值来传递光量子信号的光调制方式。1993 年，Townsend 小组首次使用相位调制完成了 10km 距离的光纤量子密钥分发实验。1997 年，Gisin 小组完成了 Geneva 与 Nyon 两个城市之间即插即用的量子密钥分发实验。2004 年，东芝欧洲研究中心的研究小组改进干涉仪和探测器的性能，完成了 122km 距离的单向量子密钥分发实验。2010 年，东芝公司剑桥研究所使用相位调制完成了 50km 距离的光纤量子通信实验，量子密钥的产生率高达 1Mbit/s。

差分相位调制通过控制调制信号前后码元之间载波的相对相位来传递光量子信息。2006 年，华南师范大学基于差分相位调制提出了一种优化的量子通信方案。2008 年，美国斯坦福大学使用上变换光子检测器完成了 10km 距离的光纤量子通信，安全量子密钥分发速率达到 1.3Mbit/s。

(3)时间调制是利用时间维度信息来传输光量子信号的光调制方式。2009 年，Gisin 小组使用时间编码完成了 250km 距离的光纤量子通信，这也是当时世界上距离最远的量子密钥分发，但安全量子密钥分发速率仅为 15bit/s。

与经典的光纤通信类似，光量子信号在光纤中传输时也会产生色散与损耗。在光纤中传输光量子信号时，色散会串扰行进中的光量子脉冲展宽，导致门控量子测量的效率降低，以及相位干涉对比度降低。损耗也会造成单光子脉冲信号存活率随传输距离的延长而降低。

12.4.3　无线光学量子通信网络

无线光学量子通信网络完全无需任何有线介质便可完成光量子通信，完全不受通信方地理位置限制，也不需要预先布设传输介质和通信基础设施，甚至能够完成星地间的远距离量子通信，具有很好的应用前景。但是自由空间信道的电磁量子通信和无线量子通信很容易受到气候和环境因素的影响，信道性能和信道结构也比较复杂。

自由空间信道经常使用微波通信和激光通信。但因为微波与激光光束传播的直线性，要求通信双方必须互相可视，而不允许有遮挡。如果要在弯曲的地球表面传输，必须设置多个基站进行转发。在近地大气层内也需要考虑不良天气条件的影响，以及量子信号在近地传输时的通信可靠性。

如果在几乎为真空的外太空进行自由空间量子通信，无线量子通信的优势会变得突出，因为量子信号在太空中传输的衰减和退相干效应都非常小。如果把近地传输的量子信号发射出大气层，通过外太空进行远距离量子密钥分发，并利用现有的星载平台技术及光束精确定位技术，有可能实现高可靠的、超远距离的全球量子通信网络。

12.5 量子攻击算法

密钥的安全性对通信网络安全起着决定性的作用。随着量子并行计算、Shor 量子算法、Grover 算法等的出现，包括 DES、RSA 在内的经典加密算法的安全性受到了严重威胁。如果借助量子态测不准原理及量子不可克隆定理，有可能建立一种抗量子算法攻击的绝对安全的量子密钥，确保量子通信网络不被窃听者测量及复制。

12.5.1 Shor 算法

1994 年，舒尔(Shor)提出利用量子算法完成大数的素数因子分解，成功将该 NP 完备问题简化为 P 问题。Shor 算法使得以 RSA 算法为代表的双密钥安全系统土崩瓦解，是量子计算理论的里程碑。

对于 L 位的傅里叶变换，有 $L(L+1)/2 \leqslant L^2$，当 $L>5$ 时，有 $2^L>L^2$。设 $L=200$，$2^{L/2}=2^{100}\approx10^{30}=10^{60/2}$，即相当于对 60 位十进制数进行因子分解。设经典计算机的运算速度约为 10^{12} 次/秒，进行 10^{30} 次运算需要 10^{18} 秒，超过了宇宙的寿命(约为 10^{17} 秒)；而在量子计算机上，所需的运算次数为 $L^2\approx4\times10^4$，即使以经典计算机同样的运算速度 10^{12} 次/秒，也仅需 10^{-8} 秒即可完成。

【案例 12.1】取 N=21，m=5，使用 Shor 算法分解。

【解】N=21=10101B，使用 5 位二进制表示，则输入寄存器和输出寄存器分别设置为 10 位、5 位。设置寄存器的状态，并用余因子函数 $f_{m,N}(x)$ 实施操作。余数有 1、5、4、20、16、17 共六个，得到两个寄存器的总状态为

$$(1/30)(|0\rangle|1\rangle+|1\rangle|5\rangle+|2\rangle|4\rangle+|3\rangle|20\rangle+|4\rangle|16\rangle+|5\rangle|17\rangle+|6\rangle|1\rangle+|7\rangle|5\rangle$$
$$+|8\rangle|4\rangle+|9\rangle|20\rangle+|10\rangle|16\rangle+|11\rangle|17\rangle+|12\rangle|1\rangle+|13\rangle|5\rangle+|14\rangle|4\rangle+|15\rangle|20\rangle$$
$$+|16\rangle|16\rangle+|17\rangle|17\rangle+|18\rangle|1\rangle+|19\rangle|5\rangle+|20\rangle|4\rangle+|21\rangle|20\rangle+|22\rangle|16\rangle$$
$$+|23\rangle|17\rangle+|24\rangle|1\rangle+|25\rangle|5\rangle+|26\rangle|4\rangle+|27\rangle|20\rangle+|28\rangle|16\rangle+|29\rangle|17\rangle)$$

测量输出寄存器状态，可随机得到 1、5、4、20、16、17 六个余数中的一个。以测得的 16 为例，则寄存器的状态为

$$(1/30)(|4\rangle|16\rangle+|10\rangle|16\rangle+|16\rangle|16\rangle+|22\rangle|16\rangle+|28\rangle|16\rangle)$$
$$=(1/30)(|4\rangle+|10\rangle+|16\rangle+|22\rangle+|28\rangle)|16\rangle$$

对输入寄存器状态进行傅里叶变换，得到结果 r=4，由 $(5^{4/2}-1)/21$ 得余数 3，即 Shor 算法分解因子的最小整数。进一步可得到 N=21 的质因子 3 和 7。

12.5.2 Grover 算法

数据库文件中往往记录众多，每个记录都有自己的索引值，不同索引值对应的记录也不同。假设，一个有 2^n 个记录的数据库文件已按索引来记录，则在 n 次查找中一定能找到一个特定的记录。如果一个数据库文件是随机排列或没有索引的，查找就很复杂。设查找到第 i 个记录的概率为 p_i，第 i 个记录需要 i 次查找，由于查找每个记录的概率都是相同的 $(p_i=1/N)$，经典的查找技术平均查找一个记录大约要查找全部记录的一半。

　　Grover 算法能够大大减少查找次数，甚至能够求解在经典计算中需要使用穷举法才可解决的问题，如 DES 密码。一个数据库文件可以用一个数学函数 $f(x)$ 表示，其中 x 为记录的索引值，$f(x)$ 就是索引值为 x 的记录所对应的内容。给定要查找的记录 a，一个量子黑盒能够与 a 比较并计算函数值 $f_a(x)$；当 $f_a(x)$ 是 a 时，置 $f_a(x)=1$；当 $f_a(x)$ 非 a 时，置 $f_a(x)=0$。查找记录 a 的问题可以描述成：输入一个索引值 x，询问量子 Oracle，x 对应的记录是否为 a，若是则输出 1，否则输出 0。

　　数据加密标准(DES)在加密和解密时都使用同一个 56 位的密钥，传统的穷举搜索必须搜索 2^{55} 个密钥才能找到正确解，即使每秒搜索 10 亿个密钥，也需要花费一年以上。同样情况下，Grover 算法找到密钥只需要 185 次搜索。传统的 DES 在阻止电子计算机破解密码时，仅在密钥上增加额外的数字，就能使经典电子计算机的查找次数呈指数增长。但是，这种办法对于量子 Grover 算法几乎没有影响。

　　【案例 12.2】从共有 100 个记录的数据库中搜索一个特定的记录 $|a\rangle$。

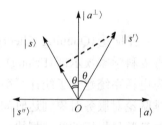

　　【解】Grover 算法示例如图 12.9 所示。因为 $N=100$，所以 $\sin\theta = \dfrac{1}{\sqrt{N}} = \dfrac{1}{10}$，$\theta = \arcsin 0.1$。

图 12.9　Grover 算法示例

　　因此，输入矢量 $|s\rangle$ 与矢量 $|a^{\perp}\rangle$ 的夹角 $\theta = \arcsin 0.1$。在第 1 次迭代中，首先将输入矢量 $|s\rangle$ 通过变换 U_a 反射到图中矢量 $|s'\rangle$ 的位置，然后被变换 U_s 变换到 $|s''\rangle$ 的位置。在几何上，即输入矢量 $|s\rangle$ 被 U 转动 2θ 到 $|s''\rangle$ 的位置。

　　$|s''\rangle$ 与 $|a\rangle$ 在同一直线上且方向相反，即二者相位差为 π，当测量计算基上的投影时，能以概率 1 找到 a 的值。量子黑盒只需要运行 $\sqrt{N}=10$ 次就能搜索到一个特定的记录 $|a\rangle$；而在经典搜索时，平均需要 50 次才能找到，在最坏的情况下，需要 $N=100$ 次才能找到。

第 13 章　网络建模与仿真方法

传统的网络流量模型常用泊松模型，即数据包的到达过程符合泊松过程，数据包长度服从指数分布，并成功应用于 ARPANet 网络建模。随着网络规模日渐增大，传统的泊松模型难以描述现代网络流量特征。网络协议是形式化的网络模型，是计算机网络发展的基础。但计算机网络的发展也增加了协议的复杂性，导致协议开发难度加大、周期变长、潜在错误增多。随着工程化的思想被引入协议设计，又出现了网络协议工程。

13.1　排队论及网络建模

排队论(Queuing Theory)是最常见的网络流量模型，又称随机服务系统理论，最早由丹麦科学家埃尔朗(Erlang)于 1909 年提出，当时称为话务理论。埃尔朗根据热力学理论，为电话系统建立了统计平衡模型和一组递推状态方程，并推导了埃尔朗电话损失率公式。排队论对服务对象到达时间和服务时间进行统计研究，建立排队长度、等待时间、忙期长短等数量指标的统计规律，进而优化服务系统结构或优化调度被服务对象。1951 年，英国数学家肯德尔(Kendall)首次把一个排队系统描述为 3 个字母 $X/Y/Z$。其中，X 为排队到达时间分布，Y 为服务时间分布，Z 为服务系统中的服务台数量。

概率论研究随机现象的数量规律和统计特性。17 世纪，概率论先驱、瑞士数学家伯努利(Bernoulli)根据事件频率稳定于其概率而提出了伯努利大数定律，即概率论第一极限定理。之后，法国数学家棣莫弗(Moivre)和拉普拉斯(Laplace)又推导出了中心极限定理，即概率论第二极限定理。泊松分布(Poisson Distribution)由法国数学家泊松(Poisson)于 1838 年提出，常用于对传统网络进行概率论建模。当二项分布的次数很大而概率很小时，泊松分布可作为二项分布的近似。

随机过程研究随机变量的数量表现，即一组随机变量的全体依赖于参数(如时间)的变化情况。20 世纪中期，俄国数学家柯尔莫哥洛夫(Kolmogorov)和美国数学家杜布(Doob)共同奠定了随机过程的学科理论基础。随机过程的研究方法通常包括两种：一种是概率论，如随机微分方程、轨道性质和停时等；另一种是分析法，如希尔伯特空间、微分方程、测度论、半群理论和函数堆等。两种方法也往往并用。

20 世纪初，俄国数学家马尔可夫(Markov)提出了用数学分析方法描述自然过程的一般图式，即马尔可夫链(Markov Chain，MC)。之后，他又提出了一种无后效性的随机过程，即马尔可夫过程(Markov Process)。马尔可夫模型(Markov Model)中，在系统状态转换过程中存在转换概率，该概率可由其前一种状态推算得出，与系统的初始状态和经历的马尔可夫过程无关。20 世纪 70 年代出现的隐马尔可夫模型(Hidden Markov Model，HMM)描述含有未知隐含参数的马尔可夫过程，被建模的系统视为一个未知(隐藏)参数的统计马尔可夫模型。如果网络排队论模型中的节点数变化具有马尔可夫特性，即为马尔可夫排队模型；

否则，网络排队论模型中的节点数变化不具有马尔可夫特性，排队系统中的服务时间分布不具有无记忆特性，即为非马尔可夫排队模型。

排队网络又称排队图示评审技术，是排队论与图示评审技术(Graphical Evaluation and Review Technique，GERT)结合的网络模型。排队网络是由多个排队系统互相连接所构成的复杂网络，每一个排队系统中服务完的节点也可加入其他排队系统继续请求服务，也可离开整个排队网络。排队网络与排队论系统的差别在于：排队网络中的一个节点通常需在多个服务台接受服务，而排队论系统中的一个节点往往只在一个服务台接受服务。

排队网络主要包括三种类型：开环网络(Open Networks)，包括至少一个外部的输入节点流和至少一个内部的输出节点流，常用于描述包括外部到达流和内部离开流的事务处理类型排队网络；闭环网络(Closed Networks)，所有节点均在网络内部流动，网络节点总数量通常固定不变，常用于描述流量恒定情况下内部循环的批量处理类型排队网络；混合网络(Mixed Networks)，兼具开环网络和闭环网络的特点，其对于一些节点是开环网络，而对于另一些节点是闭环网络，常用于表示同时具有事务处理和批量处理的排队网络。

分形(Fractal)几何学主要研究不规则几何形态。分形具有自相似性，但不限于几何形式，包括统计自相似、时间过程自相似，与鞅论相关。1973 年，波兰数学家曼德勃罗(Mandelbrot)首次提出分形和分维的思想。自相似性理论认为，自然对象或社会对象在统计意义上的总体形态，其每一部分均可视为整体标度减少的映射。20 世纪 90 年代初，利兰(Leland)等首次提出网络流中的自相似现象，且与网络的拓扑和业务无关。

网络流量模型基于特征向量分层的思想，用于描述网络流量的特征。网络流量通常指单位时间内通过网络设备或传输介质的信息量。网络流量模型按照流量粒度从大到小可划分三个层次：Stream-level，包括源 IP 地址、目的 IP 地址、协议；Flow-level，包括源 IP 地址、源端口、目的 IP 地址、目的端口、协议；Packet-level，数据包的流量特征。网络流量特征可分为两类：基本特征，往往是固定的，包括流量大小、包长、协议、端口流量、TCP 标志位等；组合特征，可根据实际需要而设置，如某种攻击行为的特征。现代网络流量模型通常按相关性分为两大类：短相关流量模型，包括马尔可夫模型和回归模型；长相关流量模型，包括分形布朗运动模型(Fractional Brownian Motion)、分形高斯噪声模型(Fractional ARIMA Model)、基于 mallat 算法的自相似模型、基于混沌映射的模型等。

13.2　网络协议工程及形式化方法

网络协议工程是工程化方法在网络协议中的应用，可分为三个主要发展阶段。

1. 网络协议形式描述阶段

网络协议形式描述阶段(1968～1979 年)主要研究各种描述协议形式的模型，包括自动机、Petri 网、形式语言、程序设计语言、抽象代数语言、时序逻辑、混合模型等。

2. 网络协议形式标准化阶段

网络协议形式标准化阶段(1979～1985 年)发现网络协议错误的主要来源是自然语言

描述的协议文本本身存在着二义性或矛盾性。1976 年，国际电报电话咨询委员会(CCITT)基于扩展状态变迁图和抽象数据类型提出规范描述语言(Specification and Description Language，SDL)，其普遍用于描述各类电子交换和通信系统。1988 年，国际标准化组织(ISO)公布了 Estelle 与 Lotos，并将其作为描述运输层和会话层等协议文本的标准。

3. 网络协议工程阶段

网络协议工程阶段(1985 年至今)网络协议工程逐渐系统化，并形成几个方面内容：网络协议设计、网络协议描述、网络协议验证、网络协议实现、网络协议测试等。

1)网络协议设计

网络协议设计即设计网络协议文本初稿，是网络协议开发的第一步。网络协议设计通常包括分析协议环境、提出协议功能、构造协议元素、设计协议组织形式、撰写协议文本等。

2)网络协议描述

网络协议描述即使用自然语言、程序设计语言、形式语言或专用语言来描述网络协议。ISO 推荐使用自然语言作为网络协议描述的标准，以提高协议的可读性。

3)网络协议验证

网络协议验证即验证网络协议本身的通信功能和逻辑结构是否正确，包括死锁、活锁、不可执行步骤、协议外部性能等，以尽可能在协议开发前期检测出协议错误或缺陷。

4)网络协议实现

网络协议实现即产生与机器无关的可执行代码来实现网络协议，如 C、Pascal 等程序设计语言代码。网络协议实现常用半自动实现，即将 Estell 和 Lotos 等语言描述的网络协议文本通过编译器转换成可执行代码。

5)网络协议测试

网络协议测试用于检测网络协议实现与网络协议设计之间是否一致，是网络协议开发的最后一步。其通常包括：一致性测试，即检测协议实现与协议文本的一致性程度；互操作性测试，即检测某一协议文本与不同协议实现之间的互操作和互通信情况；性能测试，即测试协议实现可达到的性能指标，如数据传输率、带宽、通信周期、响应速度、吞吐量、并发数等；健壮性测试，即测试协议实现可靠工作的能力，如故障、时延、抖动、丢包、误码等。

13.3　网络仿真技术与方法

网络仿真技术使用数学建模方法和统计分析手段来模拟真实的网络运行过程，为网络设计和规划提供定量的依据，从而改进网络设计和优化网络性能。网络仿真技术包括网络设备仿真、通信信道仿真、网络链路仿真、网络流量仿真、网络协议仿真等。

1. OPNET

OPNET 是 OPNET 公司开发的网络仿真软件包，为客户提供了仿真模型库，可在网络模型的任意位置插入标准探头或用户定义探头，分析复杂网络的行为和性能。OPNET 可运行于 Windows NT、SUN、HP 等多种平台上。OPNET 探头获取的仿真输出有三种形式：图形化显示、数字方式、输出至第三方软件包。OPNET 软件包主要包括三个模块：ItDecisionGuru，具有设备、链路及协议的库模型，适合最终用户；Modeler，在 ItDecisionGuru 基础上支持建库；Modeler/Radio，在 Modeler 基础上支持移动通信和卫星通信建模。ItDecisionGuru、Modeler 和 Modeler/Radio，三个模块层层嵌套，并基于同一用户界面，而非互相独立。

OPNET 的仿真模型库包括两类：标准模型库，可以满足大部分网络仿真的需求；特殊模型库，针对特殊需求、新技术、专有技术而设计的模型库。OPNET 仿真模型库与其网络仿真引擎（OPNET Modeler、ITGuru、Application DecisionGuru 等）相分离，以便对模型进行更新和升级。OPNET 的核心产品有四个：ServiceProviderGuru，面向网络服务提供商的网络管理平台；OPNET Modeler，面向技术人员和工程师的网络开发平台，可用于设计与分析网络、设备和协议；ITGuru，面向专业人员的网络预测和分析平台，可分析性能、诊断问题、查找瓶颈、验证解决方案；WDM Guru，面向波分复用光纤网络的分析测试平台。

2. NS

网络仿真器（Network Simulator，NS）是加利福尼亚大学伯克利分校（University of California，Berkeley）开发的面向对象的网络仿真软件，内嵌一个虚拟时钟。NS 也是一个离散事件模拟器，其所有仿真均由离散事件驱动。NS 由 Otcl 和 C++编写，其源码公开，可提供免费的网络模拟服务。NS 仿真分两个层次：纯 Otcl 编程层次，即只需编写 Otcl 脚本，使用 NS 现有网络元素仿真，而无须修改 NS 本身；C++和 Otcl 混合编程层次，即添加新的 C++和 Otcl 类，编写新的 Otcl 脚本，可添加 NS 中没有的网络元素。NS 包括网络组件对象库、网络构建模型库和仿真事件调度器等。网络组件对象之间的通信由分组传递来实现，不占用仿真时间。凡是占用仿真时间来处理分组的网络组件对象都必须使用仿真事件调度器。

NS2 是 NS 的第 2 个版本，封装的功能模块如下。

（1）事件调度器：NS2 有四种数据结构的调度器，即链表、堆、日历表和实时调度器。

（2）节点（Node）：由 TclObject 对象组成的复合组件，可描述端节点和路由器。

（3）链路（Link）：由多个组件构成的复合组件，可连接网络节点，以队列形式管理。

（4）代理（Agent）：用于网络层分组的产生和接收，也可用于层次协议实现。

（5）包：包括头部和数据两部分，仿真时通常只有头部，没有数据部分。

3. GloMoSim

GloMoSim 是加利福尼亚大学洛杉矶分校（University of California，Los Angeles）为无线

网络开发的网络仿真平台，与 OSI 模型对应，主要用于 Ad hoc 网络。GloMoSim 引入了网格的概念，并在不同层之间提供了标准 API 接口函数。在 GloMoSim 中，网格中的一个实体可以仿真网络中的若干节点，而每个节点的状态由该实体中的一个数据结构来描述。GloMoSim 在仿真时需要初始化每个节点，且每个节点以一个 PARSEC 实体为单位。当网络中节点数量变化时，GloMoSim 仿真的实体数量仍然维持稳定。

4. Mininet

Mininet 是斯坦福大学基于 Linux Container 架构和进程虚拟化开发的轻量级网络仿真工具，也是一个软件定义网络的开发测试平台。Mininet 具有良好的硬件移植性，兼容 Linux，其虚拟网络交换机支持 OpenFlow。与仿真器相比，Mininet 启动更快，易于拓展，带宽大，方便易用。与模拟器相比，Mininet 可连接真实的网络，并运行真实的代码。与硬件测试床相比，Mininet 成本更低，易于配置和重启。

5. PlanetLab

2003 年发起的 PlanetLab 是一个全球分布式计算机群，所有计算机均连接到 Internet，大多数由研究机构托管。个别计算机位于相同的路由中心或网络中心，包括 Internet 2 的 Abilene 骨干网。所有 PlanetLab 计算机均运行一个分布式虚拟化软件包，将 PlanetLab 网络中的硬件资源以分片方式分配给应用程序。PlanetLab 允许一个应用程序分布式运行于全球多台计算机上，也允许多个应用程序同时运行于 PlanetLab 的各个分片中。PlanetLab 可作为重叠网络测试床或超级测试床，包括内容分发网络、路由和多播重叠网、QoS 重叠网、文件共享、网络内置存储、可规模扩展的事件传播及对象定位、异常检测与网络测量。

参 考 文 献

蔡康, 唐宏, 丁圣勇, 等, 2011. P2P 对等网络原理与应用[M]. 北京: 科学出版社.

长铗, 韩锋, 等, 2016. 区块链从数字货币到信用社会[M]. 北京: 中信出版社.

费怡文, 王一丁, 博扬, 2007. IPv4-IPv6 过渡期隧道技术分类比较及实现[J]. 数据通信, (4): 39-43.

国家市场监督管理总局, 国家标准化管理委员会, 2019. 信息安全技术 网络安全等级保护基本要求:
  GB/T 22239—2019[S]. 北京: 中国标准出版社.

国务院学位委员会第七届学科评审组, 2020. 学术学位研究生核心课程指南(二)(试行)[M], 北京: 高等
  教育出版社.

韩敏, 2014. 人工神经网络基础[M]. 大连: 大连理工大学出版社.

黄玉兰, 2010. 物联网射频识别(RFID)核心技术详解[M]. 北京: 人民邮电出版社.

姜会林, 佟首峰, 等, 2010. 空间激光通信技术与系统[M]. 北京: 国防工业出版社.

雷震甲, 严体华, 胡晓葵, 2014. 网络工程师教程[M]. 4 版. 北京: 清华大学出版社.

李勃, 陈启美, 沈薇, 2003. 跻身未来的电力线通信(五)宽带 PLC 的扩频技术融入[J]. 电力系统自动化,
  27(9): 77-81.

李承祖, 陈平形, 梁林梅, 等, 2011a. 量子计算机研究(上)[M]. 北京: 科学出版社.

李承祖, 陈平形, 梁林梅, 等, 2011b. 量子计算机研究(下)[M]. 北京: 科学出版社.

李英敏, 陈启美, 许成, 2003. 跻身未来的电力线通信(九)PLC-NET 技术体制探讨[J]. 电力系统自动化,
  27(14): 87-90.

刘鹏, 2015. 云计算[M]. 3 版. 北京: 电子工业出版社.

马强, 陈启美, 李勃, 2003. 跻身未来的电力线通信(二)电力线信道分析及模型[J]. 电力系统自动化,
  27(4): 72-76.

纳拉亚南, 贝努, 费尔顿, 等, 2016. 区块链技术驱动金融 数字货币与智能合约技术[M]. 林华, 王勇, 帅
  初, 等译. 北京: 中信出版社.

PALAIS J C, 2011. 光纤通信 [M]. 5 版. 王江平, 刘杰, 闻传花, 等译. 北京: 电子工业出版社.

全国计算机专业技术资格考试办公室, 2017. 网络工程师 2009 至 2016 年试题分析与解答[M]. 北京: 清华
  大学出版社.

沈薇, 陈启美, 马强, 2003. 跻身未来的电力线通信(三)PLC 的基础调制及其改进[J]. 电力系统自动化,
  27(5): 71-75.

舒悦, 陈启美, 李英敏, 2003. 跻身未来的电力线通信(七)PLC 组网方案及应用[J]. 电力系统自动化,
  27(12): 90-94.

王达, 2014. 华为路由器学习指南[M]. 北京: 人民邮电出版社.

王建锋, 钟玮, 杨威, 2011. 计算机病毒分析与防范大全[M]. 3 版. 北京: 电子工业出版社.

魏祥麟, 陈鸣, 范建华, 等, 2013. 数据中心网络的体系结构[J]. 软件学报, 24(2): 295-316.

谢希仁, 2017. 计算机网络[M]. 7 版. 北京: 电子工业出版社.

徐恪, 吴建平, 徐明伟, 2003. 高等计算机网络——体系结构、协议机制、算法设计与路由器技术[M]. 北京: 机械工业出版社.

许成, 陈启美, 舒悦, 2003. 跻身未来的电力线通信(八)基于 IP 的 PLC-NET 业务融合[J]. 电力系统自动化, 27(13): 82-86.

李霞, 2010. 生物信息学[M]. 北京: 人民卫生出版社.

杨义先, 林须端, 1992. 编码密码学[M]. 北京: 人民邮电出版社.

尹浩, 韩阳, 等, 2013. 量子通信原理与技术[M]. 北京: 电子工业出版社.

张春红, 于翠波, 朱新宁, 等, 2012. 社交网络(SNS)技术基础与开发案例[M]. 北京: 人民邮电出版社.

赵天恩, 陈启美, 邹志威, 2003. 跻身未来的电力线通信(四)宽带 PLC 的 W-OFDM 实现[J]. 电力系统自动化, 27(7): 77-81.

中国电信, 2018. 中国电信 5G 技术白皮书[R]. 北京:中国电信.

中国电子技术标准化研究院, 全国信息技术标准化技术委员无线个域网标准工作组, 2016. 可见光通信标准化白皮书(2016 年版)[R]. 北京:中国电子技术标准化研究院.

周炯槃, 庞沁华, 续大我, 等, 2005. 通信原理(合订本)[M]. 北京: 北京邮电大学出版社.

邹志威, 陈启美, 左雯, 2003. 跻身未来的电力线通信(一)回顾与展望[J]. 电力系统自动化, 27(3): 72-76.

左雯, 陈启美, 赵天恩, 2003. 跻身未来的电力线通信(六)PLC 固件设计及其应用[J]. 电力系统自动化, 27(11): 86-90.

GLASS S, MUTHUKKUMARASAMY V, 2007. A study of the TKIP cryptographic DoS attack[C]. IEEE international conference on networks, IEEE, Adelaide: 59-65.

HAWILO H, SHAMI A, MIRAHMADI M, et al, 2014. NFV: state of the art, challenges, and implementation in next generation mobile networks (vEPC)[J]. IEEE Network, 28(6): 18-26.

WATKINS M, WALLACE K, 2008. CCNA security official exam certification guide (exam 640-553)[R]. Hoboken: Cisco Press.

NORDRUM A,2017. Everything you need to know about 5G[J]. IEEE Spectrum, 27. https://spectrum. ieee.org/video/telecom/wireless/everything-you-need-to-know-about-5g.

ZIMMERMANN P, 1995. PGP source code and internals[M]. Cambridge: MIT Press.